Griechische Philosophie und Wissenschaft bei den Ostsyrern

Transmissions

Studies on conditions, processes and dynamics of textual transmission

Edited by
Rosa Maria Piccione

Volume 3

Griechische Philosophie und Wissenschaft bei den Ostsyrern

Zum Gedenken an Mār Addai Scher (1867–1915)

Herausgegeben von
Matthias Perkams und Alexander M. Schilling

DE GRUYTER

ISBN 978-3-11-065890-3
e-ISBN (PDF) 978-3-11-066829-2
e-ISBN (EPUB) 978-3-11-066734-9
ISSN 2625-4018

Library of Congress Control Number: 2019947321

Bibliografische Information der Deutschen Nationalbibliothek
Die Deutsche Nationalbibliothek verzeichnet diese Publikation in der Deutschen Nationalbibliografie; detaillierte bibliografische Daten sind im Internet über http://dnb.dnb.de abrufbar.

Coverabbildung: Salone Sansovino © Biblioteca Nazionale Marciana
Satz: Integra Software Services Pvt. Ltd.
Druck und Bindung: CPI books GmbH, Leck

www.degruyter.com

Mār Addai Scher (1867–1915)

Vorwort

Die hier gesammelten Beiträge wurden zum überwiegenden Teil auf dem Kolloquium *„Griechische Wissenschaft und Philosophie bei den Ostsyrern. Kolloquium aus Anlass des 100. Todestags von Mar Addai Scher"* am 11. und 12. Juni 2015 an der Friedrich-Schiller-Universität Jena gehalten, mit dem wir, auf die für einen Fachkollegen angemessene Weise, des Wirkens von Mār Addai Scher sowie seines grausamen Todes im Rahmen des armenisch-assyrischen Genozids exakt 100 Jahre zuvor gedacht haben. Hinzu gekommen sind neue Beiträge von Martin Heimgartner, Ute Possekel und Alexander Schilling. Allen Beiträgerinnen und Beiträgern sei herzlich für ihr Engagement gedankt, das auch einen Beitrag zur weiteren Erinnerung an die ostsyrischen Menschen und Traditionen zu einer Zeit leistet, in der die Erforschung des Christlichen Orients im deutschsprachigen Raum um ihr Überleben zu kämpfen hat.

Die Herausgeber danken ferner der Friedrich-Schiller-Universität Jena sowie der Deutschen Forschungsgemeinschaft mit ihrem Projekt „Rezeption und Weiterführung von Philosophie in der Schule von Nisibis. Kommentierung und Analyse von Barhadbeschabbas *Ursache für die Einsetzung der Lehrperiode der Schulen* (um 600)" für die Finanzierung und vielfältige Förderung von Kolloquium und Band. Zu danken haben wir auch Tim Haubenreißer, M.A., Samuel Klinge, Lisa-Maria Knothe und Annemarie Zöllner für vielfältige Hilfen während des Kolloquiums und bei der Drucklegung. Nicht zuletzt sei Rosa-Maria Piccione und den übrigen Herausgebern der Reihe „Transmissions" für die Annahme des Manuskripts ebenso gedankt wie Serena Pirrotta und Marco Michele Acquafredda vom Verlag De Gruyter für die fachliche Betreuung sowie Anne Stroka für die Betreuung der Drucklegung des Manuskripts.

Jena, im Juli 2019
M. P. A. S.

https://doi.org/10.1515/9783110668292-202

Inhaltsverzeichnis

Matthias Perkams

Einleitung: Eine christliche Wissenstradition zwischen Griechen, Persern und Muslimen. Zur Bedeutung, Überlieferung und Erforschung des ostsyrischen Schrifttums ein Jahrhundert nach Addai Scher

1 Die Rolle der ostsyrischen Kirche in Asien und ihre Rezeption der antiken Wissenschaft

Griechische Philosophie und Wissenschaft haben sich stets in engem Austausch mit ihren östlichen Nachbarkulturen entwickelt. Nachdem sich das vorsokratische Denken in Ionien in unmittelbarer Nähe zu östlichen Vorbildern herausgebildet hatte, haben insbesondere Alexander der Große und seine Nachfolger, die sogenannten Diadochen aus den Herrscherfamilien der Ptolemäer und Seleukiden eine starke Verbreitung griechischer Kultur und griechischer Bildung bis nach Baktrien, das heutige Grenzgebiet zwischen dem östlichen Usbekistan und Afghanistan, bewirkt. In der Spätantike wurde diese Tradition vor allem durch die christlichen Kirchen fortgesetzt, die sich in den Ländern des Vorderen Orients bildeten, in Armenien, Äthiopien, Ägypten, Georgien, Persien und Syrien. Die Mitglieder und Kleriker dieser Kirchen übernahmen mit ihrer Religion stets auch wichtige Elemente griechischer Bildungswelten, also wissenschaftliche Kenntnisse und Methoden, und verbreiteten sie innerhalb ihrer Kirche sowie im Austausch mit ihren Nachbarkulturen.

Von allen diesen orientalischen Kirchen sind die Ostsyrer, das heißt die Angehörigen der „Apostolischen Kirche des Ostens“, deren Nachfahren sich heute Assyrer oder (soweit sie katholisch sind) Chaldäer nennen, am weitesten nach Asien vorgestoßen. Die von ihrer Mission zwischen dem 6. und dem 14. Jahrhundert erfassten Gebiete überschreiten die Grenzen der Ursprungsregion deutlich und umfassen Mittel- und Zentralasien, Indien und China, wo überall christliche Bistümer, Klöster und Gemeinden gegründet wurden. Doch schon das eigentliche Kernland der Ostsyrer lag jenseits der Grenzen des römischen Reiches im antiken Parther- sowie im sassanidischen Perserreich der Spätantike.[1]

Das große Innovationspotential der ostsyrischen Kirchenmänner zeigt sich nicht zuletzt an ihrer Bereitschaft zur Inkulturation des Christentums, die vor allem inden verwendeten Sprachen sichtbar wird. Die Masse der erhaltenen ostsyrischen Literatur,

1 Einen informativen, aber leider nicht mit Belegen versehenen Überblick über die Geschichte der Ostsyrer geben Baum, Winkler 2000, Siehe dort 11f. zur Terminologie.

https://doi.org/10.1515/9783110668292-001

und insbesondere der wissenschaftlich interessanten Werke, ist, nicht anders als die so genannte westsyrische Literatur der Monophysiten, in syrischer Sprache erhalten, das heißt in dem ostaramäischen Dialekt der Stadt Edessa (heute Urfa im türkischen Kurdistan), der zur wichtigsten Schriftsprache der syrischen Kirche wurde, bevor dieses sich aufgrund dogmatischer Streitigkeiten in zwei Zweige aufspaltete. Neben dieser Schriftsprache wurden jedoch stets auch die Sprachen der Umgebung aufgenommen, in sie wurden syrische Texte übersetzt, und in ihnen wurden eigene Texte verfasst. Das gilt schon im 6. Jahrhundert für das Mittelpersische, die Landessprache des Sassanidenreichs, bald darauf für das Sogdische, die Verkehrssprache der mittleren Seidenstraße mit einem Zentrum in der Nähe des heutigen Samarkand, verschiedene Turksprachen, die vor allem in Zentralasien, also östlich des Pamir-Gebirges, gesprochen wurden, sowie schließlich das Chinesische, in dem bis heute einige christliche Texte erhalten sind. Eine besonders bedeutende Rolle spielt im Übrigen das Arabische, das seit etwa 800 das Syrische als wichtigste Schriftsprache der Kirche des Ostens ablöste.

Trotz dieser weiten Ausbreitung und kulturellen Offenheit der Kirche des Ostens sind die griechischen Wurzeln stets dominant in der ostsyrischen Bildungswelt geblieben. Sie verdanken sich vor allem einer intensiven Rezeption des spätantiken Bildungswesens im 5./6. nachchristlichen Jahrhundert. In dieser formativen Phase empfing die ostsyrische Kirche einen starken Impuls aus der griechischen Wissenschaftskultur, als die Lehrer der Schule von Edessa in Syrien mit den Schriften der griechischen Lehrer Diodor von Tarsus und Theodor von Mopsuestia ins persische Nisibis übersiedelten. Etwa zur selben Zeit reisten vornehme persische Christen wie Mār Aḇā, griechisch Patrikios, und ein gewisser Paulus aus Nisibis nach Konstantinopel, Alexandrien und in andere Städte, wo sie in einen vielschichtigen Austausch mit ihren Zeitgenossen traten. Hierüber informieren uns so verschiedene Werke wie die griechische Kosmographie des Kosmas Indikopleustes, die lateinisch erhaltenen *Institutiones Iunilii*, die auf Material der Schule von Nisibis zurückgeht, die Aristoteles-Übersetzungen des Sergios von Rēšʿaynā, die in Zusammenarbeit mit dem Ostsyrer Theodoros entstanden sind, sowie eine ganze Reihe anonymer Quaestionensammlungen aus der antiochenisch-ostsyrischen Tradition, die erst neuerdings als solche erkannt worden sind, aber bemerkenswerte philosophische Anleihen zeigen.

Die Resultate dieser Begegnungen können wir im erhaltenen ostsyrischen Schrifttum aus dem 6.-9. Jahrhundert verfolgen. Schon eine grobe Auflistung der wichtigsten Werke macht deutlich, dass die Ostsyrer das griechische Wissen nicht nur tradierten, sondern immer wieder auch übersetzten und so in neue kulturelle Kontexte einführten: Die Schriften der sogenannten *Causa*-Literatur aus der Schule von Nisibis (entstanden zwischen ca. 540 und 620) zeigen Kenntnisse der scholastischen Methode des Bildungswesens sowie der Philosophie und Rhetorik; die Deutungen der aristotelischen Logik und Wissenschaftslehre des Philosophen Paul des Perser (*floruit* vor 579) sowie die anthropologischen Traktate des Michael Bāḏōqā und des Aḥudemmeh (um 600) vermitteln diese Wissenschaft an den Perserkönig Chosrau; der monastische Schriftsteller Babai der Große (gest. 628) und seine Nachfolger, wie Isaak von

Ninive (gest. etwa 700), rezipieren die philosophisch ausgearbeiteten christlichen Texte eines Evagrios Pontikos und Dionysios Areopagites; im 8./9. Jahrhundert zeigen das *Buch der Schätze* des Ijob von Edessa, das *Scholion* des Theodor bar Kōnī, der dazu verfasste Appendix des Silvanos von Qardu und nicht zuletzt der Patriarch Timotheos I. eine breite Kenntnis der aristotelischen Logik sowie der griechischen Rhetorik und Medizin, die im Gespräch mit dem Islam festgemacht werden; ähnliche Spuren philosophischer Aktivität darf man in einer auf Chinesisch erhaltenen ostsyrischen Schrift über den Monotheismus erwarten; in den folgenden Jahrhunderten spielen die Ostsyrer Abū Bišr Mattā, Abū-l Farağ Ibn aṭ-Ṭayyib und vor allem die großartigen Übersetzer Ḥunayn ibn Isḥāq und Isḥāq ibn Ḥunayn eine entscheidende Rolle bei der Übermittlung griechischer Philosophie an die Araber; die ostsyrische theologische Kommentarliteratur ist uns vor allem im Sammelwerk des Išōʿdād von Merw erhalten, und ihre Leistungen in der ursprünglich griechischen Gattung der (Kirchen-) Geschichtsschreibung zeigt sich in Werken wie der so genannten Kirchengeschichte des Barḥadbšabbā und der arabischen *Chronik von Seert*.

2 Leben und Sterben des Mār Addai Scher und seine Bedeutung für die Wiederentwicklung der wissenschaftlichen Literatur der Ostsyrer

Die Tatsache, dass uns die gerade genannte Fülle von Quellen zur Verfügung steht, liegt in erster Linie an der Aktivität der Handschriftensammler und Editoren der Zeit um 1900, die häufig selbst aus der ostsyrischen Kirche hervorgegangen sind. Unter Persönlichkeiten wie Alphonse Mingana und Paul Bedjan, deren Werk heute in mancherlei Hinsicht umstritten ist, nimmt Mār Addai Scher, dessen Andenken dieser Band gewidmet ist, eine besondere Stellung ein: Nicht nur bekleidete er als „chaldäischer Erzbischof von Seert (Kurdistan)" (Archéveque Chaldéen de Seert (Kurdistan)), wie er auf den Titelblättern seiner Werke genannt wird, ein hohes kirchliches Amt, sondern insbesondere sein wissenschaftliches Werk, seine geistige Weite und schließlich sein Martyrium lassen sein Wirken unter seinen Zeitgenossen herausragen.

Scher, geboren 1867, war selbst der Sohn eines chaldäischen Geistlichen und erhielt seine wissenschaftliche Ausbildung in Philosophie und Theologie bei den Dominikanern in Mossul. Während seines Studiums und danach erlernte er neben dem Syrischen und Neuaramäischen das Lateinische, Griechische, Hebräische, Arabische, Persische, Kurdische, Türkische und Französische, wohl auch ein wenig Deutsch und Englisch. Seine ersten, meist Arabisch verfassten Schriften befassen sich mit der Geschichte seines Volkes und seiner Region.[2] 1902 wurde Scher Erzbischof

2 Eine Übersicht über Schers Werke befindet sich bei Fiey 1965, 121–142.

von Seert. Sein Ansehen zeigt sich daran, dass er während einer Europareise in den Jahren 1908 und 1909 von Sultan Abdulhamid II. empfangen wurde und Kontakte mit bedeutenden Orientalisten seiner Zeit knüpfte. Dies wurde auch dadurch erleichtert, dass er bereits vorher begonnen hatte, wichtige wissenschaftliche Beiträge über die chaldäischen Bibliotheken in europäischen Sprachen, vor allem auf Französisch, zu veröffentlichen. Hierzu gehören insbesondere Kataloge der Bibliotheken seines Bischofssitzes Seert (1905) sowie der chaldäischen Bibliotheken in Diyarbakir (1908), Mardin (1908), dem *Chaldäischen Patriarchat* in Mossul (1907) und dem Kloster Notre Dame des-Semences (1906), bis hin zu Anmerkungen zum Bestand syrischer Handschriften aus dem Bestand des Stefano Borgia (bzw. *Museo Borgiano*), die gerade von der *Congregazione di Propaganda Fide* in die *Biblioteca Vaticana* übergegangen waren (1909).[3] Im Zuge dieser Katalogisierungsarbeiten fand Scher bedeutende unbekannte oder als verloren geltende Werke, von denen er einige in den folgenden Jahren selbst kritisch edierte: die historisch wie sachlich zentrale *Ursache der Gründung der Schulen* des Barḥaḏbšabbā (1908), die letzten Werke des großen Gelehrten Ḥnānā von Adiabene sowie eine weitere *Causa* des Isai (1911), das Scholion des Theodor bar Kōnī (1910) sowie die *Chronik von Seert* (1908–1919).[4] Alle diese Editionen entsprechen den kritischen Standards der Zeit und hatten nicht zuletzt deswegen große Bedeutung, weil sie anhand von Originalen aus orientalischen Bibliotheken angerfertigt wurden, die für die europäischen Orientalisten der Zeit meist nur indirekt, über speziell angefertigte Abschriften, zugänglich waren. Neben seinen Editionen veröffentlichte Scher auch verschiedene Fachartikel, von denen die „Épisodes de l'histoire du Kurdistan" aus dem *Journal Asiatique* von 1910 hervorgehoben seien: Dieser Artikel, der nicht nur auf schriftliche Quellen, sondern auch auf mündliche Erzählungen zurückgreift, zeigt eindrücklich, dass Scher die Erfahrungen seiner christlichen Gemeinschaft als Teil einer übergreifenden Geschichte seiner kurdischen Umwelt verstand.

Aus dieser intensiven Schaffensphase wurde Scher durch den Ersten Weltkrieg und die türkischen Christenverfolgungen rüde hinausgerissen, die nicht nur den Armeniern, sondern auch den Assyro-Chaldäern galten. Im Laufe des Frühjahrs 1915 erreichten die antichristlichen Maßnahmen der türkischen Armee und ihrer kurdischen Handlanger auch Seert. Scher konnte sich durch seine gute Reputation und seine Freundschaft mit einem kurdischen Aga zunächst retten, wurde aber schließlich aufgespürt und im Juni 1915 direkt in Seert getötet, so wie es offenbar auch den allermeisten Mitgliedern seiner Gemeinde erging.[5] Die Berichte über die genauen Umstände schwanken und widersprechen sich,[6] doch wird der grobe Ablauf relativ

3 Notiert z. B. bei Baumstark 1922, 2.

4 Zu den Ausgaben vgl. das Literaturverzeichnis unter den einschlägigen Autoren.

5 Allerdings sollen einige entlegenere christliche Dörfer der Region der Zerstörung im Ersten Weltkrieg entgangen sein: Wilmshurst 2000, 86–99, hier 99.

6 Vergleiche vor allem Fiey 1965, 122–124. Im Übrigen wurden zuletzt am 28. Juni 2018 vor allem die englischen, deutschen und französischen Wikipedia-Seiten zu Addai Scher angesehen, die zum Teil

einheitlich geschildert. Zu ihm gehört auch die Verbrennung der Bibliothek von Seert durch die Christenverfolger. Unklar ist freilich, ob vorher noch einige besonders wertvolle Bücher von Scher versteckt werden konnten. Man wird damit rechnen müssen, dass Scher eine derartige Vorsorge getroffen hat, denn er war schon zuvor klug genug, 19 besonders wertvolle Manuskripte der *Bibliothèque nationale de France* zu schenken, darunter ein Exemplar der Chronik von Seert und die offenbar älteste erhaltene ostsyrische Aristoteles-Handschrift. Alle 1915 in Seert und Umgebung befindlichen Handschriften sind jedoch seit diesem Zeitpunkt verschollen,[7] so dass *De incarnatione*, das Hauptwerk des Theodor von Mopsuestia, das offenbar in Hs. Seert 88 komplett erhalten war, bis heute nur fragmentarisch ediert werden kann. Kurioserweise erhöht dieser tragische Verlust noch den Wert von Schers wissenschaftlichem Werk, sind doch in ihm sämtliche verfügbaren Informationen über die verlorenen Schätze erhalten.

3 Addai Schers Erbe: Bemerkungen zu Bestand und Bedeutung ostsyrischer Handschriften heute

Auf diese Weise führt uns die Gestalt Addai Schers direkt auf das materielle Erbe der Tradition ostsyrischer Schriftstellerei, nämlich die ostsyrischen Handschriften. Es ist hinlänglich bekannt, dass einige der in syrischer Sprache erhaltenen Handschriften sich durch ein besonders hohes Alter auszeichnen – mehrere gehen um die Zeit um 400 zurück. Bei diesen ältesten Stücken handelt es sich zumeist um Handschriften, die im „syrisch-jakobitischen Muttergotteskloster in der nitrischen oder Skete-Wüste (Deir es-Surjan)", aufbewahrt wurden, das heute von koptischen Mönchen bewohnt wird. Die meisten von dort stammenden Handschriften erwarb der Abt Mošē von Nisibis 932 in Mesopotamien, und der Großteil gelangte im 19. Jhdt. an die British Library in London, aus deren Beständen dann viele Texte ediert wurden.[8] Diese alten Kodizes enthalten sowohl syrische Originaltexte – beispielsweise Werke von Ephrem sowie der gleich noch einmal zu erwähnende *Kategorien-Kommentar für Theodoros* des Sergios von Rēšʿaynā – als auch bedeutende Übersetzungen aus dem Griechischen, von denen einige, namentlich Eusebios von Kaisareias *Theophaneia*, ein pseudo-platonischer Dialog, einzelne Texte von Themistios und Plutarch sowie eine

weitere (häufig wenig informative) Links bieten. Für mehr Details zu Scher vergleiche den Artikel von Adam Becker in diesem Band.

7 Es ist interessant, dass bereits Alphonse Mingana 1924 nur widersprüchliche Nachrichten über die Situation in Seert erhalten kann. Vergleiche die zwei Briefe des allerdings selbst häufig unzuverlässigen Mingana vom 20.3.1924, abgedruckt bei Heal 2015, 15f.

8 Vgl. kurz zu dieser Sammlung Baumstark 1922, 2.

bestimmte Redaktion der Pseudo-Klementinen, im Original verloren sind.[9] Aufgrund ihres Alters wie ihres unvergleichlichen Inhalts sind sie wesentliche Eckpfeiler für die Erforschung der christlichen Geistesgeschichte in der syro-mesopotamischen Spätantike. Bei dem Handschriftenbestand des Skete-Klosters handelt es sich allerdings um einen westsyrischen, monophysitischen Bestand, auch wenn einige Stücke älter sind als die Kirchentrennung und bei vielen, aufgrund ihrer so genannten Estrangela-Schrift, die Ost- und Westsyrern gemeinsam war, die Provenienz nicht immer sicher ermittelt werden kann.

Das Lebenswerk Addai Schers ist hingegen vorwiegend den ostsyrischen Handschriften gewidmet, die zu seinen Lebzeiten überwiegend in Klöstern und Kirchen, teils aber auch in Privathaushalten im traditionellen ostsyrischen Siedlungsgebiet in der Südosttürkei, dem nordwestlichen Iran und dem Nordirak aufbewahrt wurden. Dieser Bestand ist insgesamt in den letzten Jahrzehnten großen Gefährdungen ausgesetzt gewesen, doch scheinen die größeren Bestände abgesehen von Seert in der Regel mehr oder wenig vollständig überlebt zu haben. Einige verloren gegangene Sammlungen sind erst in jüngerer Zeit wieder aufgetaucht, als sie durch das geduldige Nachfragen eines Teams um Father Columba Stewart OSB zum Abfotografieren freigegeben wurden, so dass man durch die *Hill Museum & Manuscript Library* an der Benediktinerabtei Collegeville (Minnesota) Zugang zu Fotografien erhalten kann.[10] Hierzu gehören nicht zuletzt die ebenfalls von Scher katalogisierten Bestände in Mardin und Diyarbakir, die, ebenso wie der damals in Mossul (heute in Bagdad) befindliche Bestand, zu ihrem Schutz mehrmals von Ort zu Ort geschafft wurden.[11] Nicht wenige ostsyrische Handschriften sind aber nach Europa gelangt, namentlich in die *Mingana Library* in Birmingham, einzelne aber z. B. auch in den Libanon, wo das ursprünglich ebenfalls in Mardin ansässige (west-)syrisch-katholische Patriarchat einige ostsyrische Handschriften besitzt, darunter eine bisher wenig beachtete Handschrift der *Ursache der Gründung der Schulen*.[12]

Diese Kodizes sind in aller Regel deutlich jünger als die eben genannten: Zu den ältesten dürfte die Makarios/Simeon-Handschrift gehören, die in Straßburg aufbewahrt wird, eine der jüngsten ist die 1933 abgeschriebene Handschrift Birmingham, Mingana 606, auf die wir gleich zu sprechen kommen werden. Ab ca. dem 16. Jahrhundert sind diese Handschriften in der so genannten „nestorianischen" Schrift geschrieben, die sich sowohl von der eben erwähnten Estrangela (die auch für die syrischen Buchstaben in diesem Band Verwendung findet) als auch von der jüngeren westsyrischen Serto-Schrift unterscheidet; bei leidlicher Beherrschung der syrischen

9 Grundlegende Notizen zum Handschriftenbestand finden sich in den entsprechenden Einträgen von Baumstark 1922, wobei sich in den letzten Jahrzehnten natürlich teils Veränderungen ergeben haben.

10 Vgl. die Übersichtsartikel Stewart 2015; McCollum 2015.

11 Vgl. z. B. Kessel 2015, 83–94.

12 Debié 2015b, 133 f.

Sprache lassen sich allerdings Handschriften in allen drei Schriftvarianten problemlos lesen, zumal orthographische Varianten ganz geringfügig sind.

Trotz ihres relativ jungen Alters sind die ostsyrischen Handschriften inhaltlich von großer Bedeutung: Sie überliefern nicht nur, meist als einzige Zeugen, die ostsyrischen Texte an sich, sondern ebenso äußerst wichtige Übersetzungen aus dem Griechischen sowie wissenschaftliche Texte in syrischer Sprache: Nachdem die letzte Handschrift von Theodor von Mopsuestias *De incarnatione* zusammen mit der Bibliothek von Seert verloren gegangen ist, gelang es Alphonse Mingana immerhin, mit Mingana 561 eine vollständige Handschrift der *Katechetischen Homilien* des Theodor aus dem 14. Jahrhundert zu erwerben; sie ist in der Faksimile-Edition von Tonneau neben der französischen Übersetzung direkt einsehbar.[13] Ein weiterer jedenfalls dem Grunde nach antiker Text, der nur in ostsyrischer Überlieferung erhalten ist, ist der *Liber Heraclidis* des Nestorius.

Die Probleme und Chancen der Arbeit mit dem handschriftlichen und edierten syrischen Material lassen sich an der eben erwähnten *Ursache der Gründung der Schulen* exemplarisch verdeutlichen: Die eben erwähnte Handschrift aus Charfet, die Alexander Schilling und mir anhand von Fotos aus der Sammlung des bedeutenden Syriazisten Arthur Vööbus teilweise zugänglich ist,[14] scheint nach ersten Sondierungen nahe verwandt mit der verlorenen Leithandschrift Seert 109 (Sigle C) der Edition von Addai Scher zu sein. Nun findet sich eine direkte Kopie dieser Handschrift im Haupttext von Schers Notizbuch, das als Paris, Bibliothèque nationale, syr. 394, firmiert.[15] Dieses Notizbuch erklärt das bemerkenswerte Faktum, dass Scher teilweise einen Text übersetzt, den er nur in den Fußnoten abdruckt:[16] Eine kursorische Inspektion der Handschrift im August 2018 ergab nämlich, dass Scher offenbar zunächst die Handschrift Seert 109 komplett kopierte und erst in einem zweiten Arbeitsgang in Fußnoten die Varianten der Handschrift Seert 82 (T) hinzufügte, aber offenbar noch nicht der weiteren in der Edition benutzten Textzeugen.[17] Trotzdem war das Erscheinungsbild der Edition mit diesem Vorgehen festgelegt, da offenbar die westlichen Editoren Text und Fußnoten des Notizbuches als Grund für den Satz des syrischen Textes der Edition nahmen. Schers editorische Entscheidungen sind folglich nicht aus dem syrischen Text, sondern aus seiner französischen Übersetzung zu entnehmen, in der wir allein fassen können, welcher der zunächst ganz mechanisch angefügten Varianten Scher persönlich den Vorzug gab. Abgesehen von möglichen Abschreibefehlern Schers oder der westlichen Editoren ist uns aber gegenwärtig eine weitere Klärung der

13 Vgl. Heal 2015, 21–25.

14 Ich danke der *Hill Museum & Manuscript Library* für die Möglichkeit, mit diesen Werken zu arbeiten.

15 Vgl. Scher, in: Barḥad̲bšabbā, Ursache/Erklärung der Gründung der Schulen, 319f.; Briquel-Chatonnet 1997, 112f.

16 Vgl. Becker 2008, 165f.

17 Hierzu wäre evt. ein weiteres Notizbuch Schers, ms. Vaticanus Syrus 507, zu vergleichen, das z. B. von Briquel-Chatonnet 1997, 112, erwähnt wird.

Zusammenhänge nicht möglich, weil uns die unvollständige, offenbar niemals fotografierte Handschrift Alqosh 52 Scher/65 Vosté nicht zugänglich ist, welche, wie Scher selbst erwähnt,[18] große Teile des Werkes enthält, von ihm aber nicht benutzt wurde.

Besonderes Interesse verdient die ostsyrische Handschriftenüberlieferung aber für die aristotelische Philosophie. Wie Henri Hugonnard-Roche gezeigt hat, liegt die Bedeutung der syrischen Aristoteles-Handschriften neben der Textüberlieferung auch darin, dass man ihnen einerseits die Zirkulation logischer Texte in späteren Zeiten erkennen kann, andererseits aber auch die Curricula, in denen diese Texte offenbar studiert oder gelesen wurden bzw. werden sollten. Grundsätzlich folgt dabei der Aufbau der Handschriften häufig den spätantiken Schemata, die mit Porphyrios' *Eisagoge* beginnen und nach Behandlung der *Kategorien* und der *Hermeneutik* bei den *Analytica priora* enden. Im Detail ist bei den syrischen Handschriften auffällig, dass vor allem die Schriften des Probā dazu dienen, das Curriculum auszufüllen, sowie dass logische Texte häufig mit grammatischen kombiniert werden.[19] Derartige Kombinationen lassen sich interessanterweise in deutlich mehr west- als ostsyrischen Handschriften feststellen: Die Berliner syrischen Handschriften 88 (13. Jhdt.) und 89, Birmingham Mingana 606, die beiden schon von Scher katalogisierten Handschriften 169 und 171 des Bestandes Bagdad, *Monastère chaldéen*, bzw. Alqosh/*Notre Dame des sémences* und schließlich die Handschrift Paris, *Bibliothèque nationale*, syr. 354, sind sämtlich ostsyrische Handschriften, die auf grammatisches oder logisches Material beschränkt sind, und stellen meist thematische Sammelhandschriften bzw. *multiple texts manuscripts* dar.[20] Dieser beachtlichen Reihe stehen anscheinend deutlich weniger westsyrische Textzeugen gegenüber, obwohl die Autoren der verwendeten Texte zumeist, mit Ausnahme Paul des Persers, Westsyrer sind (Sergios von Rēšʿaynā, Athanasios von Balad, Severos Sebohṯ, u. a.). Diese Zahl lässt zwar keine direkten Rückschlüsse auf den praktizierten Wissenschaftsbetrieb zu – hierzu wäre es unter anderem erforderlich, die Abhängigkeitsrelationen der Kodizes festzustellen, da einige (Berlin syr. 89, Mingana Syriac 606) Kopien orientalischer Vorlagen für europäische Gelehrten sind – weist aber doch in eindrucksvoller Weise auf das Faktum hin, dass in ostsyrischen Kontexten noch im frühen 19. Jahrhundert, bei der Neugründung des Klosters Alqosh, zwei Sammelhandschriften mit thematisch geordneten Texten

18 Scher, in: Barḥadbšabbā, Ursache/Erklärung der Gründung der Schulen, 319.

19 Vgl. Hugonnard-Roche 2004, 91–97.

20 Von den von Hugonnard-Roche abgesehen von London, British Library, Add. 14658. benutzten Handschriften lässt sich, anhand der von ihm zitierten Kataloge, nur Escorial. Arab. 655 wohl als westsyrisch klassifizieren. Zu Vaticanus Syrus 158 und Paris, Bibliothèque nationale, 254, konnte ich keine Angaben finden. Zu den beiden Bagdader Handschriften vgl. zuletzt die kurzen Bemerkungen in Hugonnard-Roche 2004, 187 f. Die beiden Handschriften wurden offenbar noch nicht von HMML fotografiert, scheinen aber von Bagdad bereits wieder nach Alqosh oder in seine Umgebung gewandert zu sein (nach Auskünften von S. P. Brock und D. Calabro, für die ich herzlich danke).

zur aristotelischen Logik kopiert wurden, was die Dauerhaftigkeit des Interesses an diesen Texten bei den Ostsyrern in eindrucksvoller Weise bezeugt.

Den Schluss dieses kurzen Abschnittes mag aber wiederum ein Verweis auf Addai Scher bilden, denn der älteste vollständige Kodex von Sergios von Rēšʿaynā's *Kategorien-Kommentar für Theodoros* ist, aufgrund der Unvollständigkeit des eingangs genannten London, *British Library*, Syr. add. 14658 aus der sketischen Wüste, die Handschrift Paris, *Bibliothèque nationale*, syr. 354, ein Geschenk Addai Schers aus seinen Schätzen in Seert, das auf diese Weise die Zeitläufte überdauert hat.

4 Philosophie und Wissenschaft bei den Ostsyrern – ein Forschungsprogramm für die nächsten Jahrzehnte

Bemerkenswert und zukunftsweisend ist Addai Schers Werk schließlich unter inhaltlichen Gesichtspunkten. Schon die Titel der von Scher zur Edition ausgewählten Werke zeigen, dass sein Interesse gerade der Geschichte sowie dem schulisch-wissenschaftlichen Erbe der Ostsyrer selbst galt, während ein theologischer Klassiker wie Theodor von Mopsuestia nachrangig behandelt wurde – leider mit der Konsequenz seines endgültigen Verlustes. Mit diesem Interesse an der syrischen Wissenschaftstradition steht Scher interessanterweise durchaus im Gegensatz zu einigen europäischen Syriazisten seiner Zeit, wie sich in den Begleitmaterialien zu Schers Edition der „Ursache der Gründung der Schulen" eindrucksvoll zeigt. Während die Herausgeber der Reihe sich in ihrer Anmerkung zu Schers Einleitung fast für die Publikation des Werkes rechtfertigen, „so wenig interessant der erste Teil – vollständig spekulative Philosophie – auch sein mag",[21] so viel Wert legt Scher selbst auf genau diesem Punkt. In seinem Nachwort hält er ausdrücklich fest: „Zu verneinen, dass die säkularen Wissenschaften dort unterrichtet wurden, hieße im Übrigen, den nestorianischen Schulen Unrecht tun. [...] Es zeigt sich eindeutig aus dem Kommentaren, die auf uns gekommen sind, dass man in den Schulen auch Philosophie, Geographie, säkulare Geschichte, Astronomie und Naturgeschichte lehrte".[22] Der chaldäische Erzbischof, der, sicherlich dank seiner soliden neuscholastischen Ausbildung, auch die schwierigen philosophischen Passagen der „Ursache der Gründung

21 Note der Herausgeber R. Graffin und F. Nau, in: Barḥaḏbšabbā, Ursache/Erklärung der Gründung der Schulen Scher, 11. Die Übersetzung ist meine eigene.
22 Scher, in: Barḥaḏbšabbā, Ursache/Erklärung der Gründung der Schulen, 398f. Diese Aussage kann auch verglichen werden mit der Behauptung von Winkler, Einleitung, 10, „die syrische Literatur" umfasse „fast ausschließlich religiöse Schriften", welche den nennenswerten Fundus syrischer wissenschaftlicher Texte ignoriert.

der Schulen“ souverän übersetzt, hat demnach großen Wert darauf gelegt, gerade die wissenschaftliche Dimension seines ostsyrischen Erbes aufrechtzuerhalten.

Nachdem anlässlich von Addai Schers 50. Todestag von Maurice Fiey vor allem seine Bezüge zur Hagiographie gewürdigt wurden,[23] stellte die zu seinem 100. Todestag veranstaltete Tagung das literarische und wissenschaftliche Erbe der Griechen in den Mittelpunkt, und in genau dieser Hinsicht möchte auch der vorliegende Band, der ebenfalls ganz dem Erbe der griechischen Wissenschaften bei den Ostsyrern gewidmet ist, an Scher anschließen und zu weiteren Forschungen auf diesem Gebiet anregen. Fünf hier abgedruckte Beiträge – Becker, Fiori, Kavvadas, Perkams und Schmitt – gehen auf das Kolloquium zurück, das wir fast auf den Tag ein Jahrhundert nach dem Tod dieses großen Gelehrten am 11. und 12. Juni 2015 in Jena abhalten konnten, um seiner in einer angemessenen Weise zu gedenken. Drei weitere Beiträge von Martin Heimgartner, Ute Possekel und Alexander Schilling, die wichtige Aspekte der ostsyrischen Rezeption und Weiterführung griechischer Wissenschaft betreffen, haben wir freundlicherweise ebenfalls in diesem Band veröffentlichen dürfen. Die acht Beiträge decken die drei wichtigsten Strömungen der ostsyrischen Kultur ab und weisen auf die Wirkung des Erbes der griechischen Wissenschaften darin hin: Die Schulbewegung mit ihrem Zentrum in Nisibis wird in den Beiträgen von Matthias Perkams und Ute Possekel behandelt, die kirchliche Hierarchie steht am Beispiel ihres wohl berühmtesten Vertreters, des Patriarchen Timotheos I., im Mittelpunkt des Beitrages von Nestor Kavvadas und eines einschlägigen Aufsatzes des Editors Martin Heimgartner. Die monastische und mystische Tradition der Ostsyrer ist durch den Beitrag von Emiliano Fiori vertreten. Alexander Schilling und Jens-Ole Schmitt betrachten die Leistung der ostsyrischen Autoren vor allem vor dem Hintergrund ihrer Rezeption bei den Westsyrern des 12./13. Jahrhunderts. Besondere Bedeutung kommt schließlich dem einführenden Beitrag von Adam Becker zu, der Schers eigene Interessen mit Detailinterpretationen der von ihm herausgegebenen Texte in Beziehung setzt.

Eine gewisse Breite haben auch die griechischen Traditionen, auf die hier Bezug genommen wird: Während in den Beiträgen von Emiliano Fiori, Martin Heimgartner und Matthias Perkams die direkte Rezeption der griechischen Philosophie im Mittelpunkt stehen, wird die Rolle der griechischen Kultur für die rhetorische und scholastische Gestaltung syrischer Texte von Adam Becker und Nestor Kavvadas analysiert. Ute Possekel stellt die ostsyrischen Schulen in die Tradition des griechischen Unterrichtswesens, und die Beiträge von Schilling und Schmitt zeigen nicht zuletzt, wie methodische Modelle griechischer Textarbeit über die Ostsyrer die orientalische Kultur mitprägten, zum Beispiel das Arbeiten mit und in Exzerpten und Kommentaren. Leider mussten aufgrund der geringen Zahl von Forschern, die auf diesem Gebiet arbeiten, weitere wichtige Sachbereiche, auf die auch Scher hinweist, außer Betracht

---

23 In dem schon mehrfach zitierten Artikel Fiey 1965.

bleiben: Zur Medizin, Astronomie, Grammatik und Geschichtsschreibung, für die es bedeutende ostsyrische Beiträge gibt, ist es uns leider nicht gelungen, entsprechende Autoren zu gewinnen.

Unsere Hoffnung ist aber, dass gerade der exemplarische Charakter dieses Bandes dazu beitragen kann, auch die Bearbeitung dieser Disziplinen bei den Ostsyrern und in anderen orientalisch-christlichen Sprach- und Konfessionsräumen anzuregen. Diese Forschungsarbeit hat nicht zuletzt deswegen große Bedeutung, weil den orientalischen Christen, vor allem den Syrern, ein wichtiger Anteil bei der Überlieferung griechischen Wissens bei den Arabern zukam. Es geht also nicht einfach um die Erforschung eines kleinen Fachs, sondern um die Klärung eines kulturgeschichtlich und selbst politisch wichtigen Zusammenhangs, nämlich der Rolle orientalischer Christen bei der Vermittlung griechischer Einflüsse in die persischen und islamischen Wissenskulturen.

Hierbei gilt es eine Vielzahl von Aufgaben anzupacken:

Erstens die Edition der syrischen wissenschaftlichen Texte, die häufig, etwa in der Philosophie, bis heute nur äußerst partiell geleistet ist.

Zweitens die inhaltliche Analyse dieser Texte im Vergleich mit griechischen und arabischen Werken, die aufzeigt, inwieweit die Aneignung des griechischen Wissens auch eine neue Kontextualisierung und eine Veränderung desselben bedeutete.

Drittens ist hierzu eine sorgfältige Quellenanalyse erforderlich, die möglichst exakt feststellt, welche Quellen die syrischen Autoren benutzten und wie sie diese bearbeitet haben.

Viertens eine Untersuchung der Benutzung des griechisch-wissenschaftlichen Materials in den christlich-orientalischen Kontexten. Hier ist sowohl an die Benutzung von wissenschaftlichen Denkansätzen und Methoden in Werken zu anderen, vor allem religiösen, Thematiken zu denken als auch an die Rolle der wissenschaftlichen Texte selbst zum Beispiel in Schul- und Unterrichtskontexten.

Zuletzt können diese Leistungen der Ostsyrer nicht erforscht werden, ohne einen starken Akzent auf die Überlieferungsträger zu legen, das heißt auf diejenigen Handschriften, welche die entsprechenden Werke enthalten und unsere wichtigste Quelle für deren Form und Kontext sind.

In Anbetracht dieses breiten Aufgabenfelds – aber auch vor dem Hintergrund von nicht wenigen Einwanderern aus syrischen Kirchen – scheint es dringend erforderlich, die Erforschung der wissenschaftlichen Leistungen der orientalischen Christen stärker im deutschen Wissenschaftssystem zu verankern. Dies ist dringend erforderlich: Nicht nur im Vergleich zu den Aufgaben und Chancen der syrologischen Forschung ist deren Status prekär, sondern das Gebiet ist direkt vom Verschwinden bedroht. Lehrstühle mit syrologischem Schwerpunkt gibt es in Deutschland traditionell praktisch nur im Rahmen des Faches „Wissenschaft vom christlichen Orient“, das selbst aber nur noch an der Universität Halle vertreten ist. Dieses Fach widmet sich aber neben dem Syrischen auch mehreren anderen Sprachen und hat in der Regel weder einen wissenschaftsgeschichtlichen noch einen kodikologischen

Schwerpunkt. Schon rein forschungspolitisch wäre es daher dringend geboten, nach einer geeigneten Situierung von Fachleuten des Syrischen an deutschen Universitäten zu suchen. Wir hoffen, dass ein interdisziplinäres Unterfangen von Gelehrten aus Nachbarfächern, wie es der vorliegende Band darstellt, das Interesse an derartigen Forschungen unterstreicht sowie zu weiteren Reflexionen anregt.

Adam H. Becker

Mār Addai Scher and the Recovery of East Syrian Scholastic Culture

1 Introduction

> And when the child had arrived at the age of twelve years they took him to school that he might learn the Psalms and be trained in spiritual doctrine, and when he had remained there learning for six years he could repeat by heart the Psalms and the New Testament, in which books the young man laboured both by night and by day. Now when he had completed the years of his life in that place, and was about twenty years old, there began to stir in him the natural motions of the fear of God which were established in the nature of our constitution by God, the Creator of our nature, and these warm desires rose up in him so frequently that he was always saying to his parents, "I will become a monk, and I will prepare myself with gladness to serve the Lord according to His will." With this thought of the fear of God, and with this righteous meditation his heart burned with divine fire both by night and by day, and he was anxiously desiring and awaiting the time when he might receive the garb of the monk.[1]

This account of a young man's education is from the life of Rabban Hormizd, an East Syrian monk of the seventh century.[2] It is one of the more mundane, even stereotypical, parts of this long hagiography, which contains numerous tales of wondrous healing, sorcery, and conflict. The typicality of this passage is what makes it noteworthy: several East Syrian texts, saints' lives as well as works in other genres, make similar references to a standard practice within the Church of the East, that is, young men attending schools where they studied scripture, after which they eventually proceeded to the monastery.[3] The description of Hormizd's education consists of a number of tropes that we find in other sources. Combined, these multiple sources demonstrate how common attendance at schools was within the Church of the East from the sixth century into the early Islamic period.

I begin with this passage because it is one Mār Addai Scher would have known. He published a two-part article related to the *History of Rabban Hormizd* in 1906–7.[4] In this chapter I hope to elucidate what texts like this meant for Scher and his vision of Syriac literature and how this vision contributed to our own awareness of the sources for the school culture of the Church of the East. Addai Scher is a scholar whose works have been fundamental to my own engagement with the scholastic tradition of the

1 [Anonymus], Story of Rabban Hôrmîzd (Syriac 9–10, translation 14–15 Budge).
2 For date and background of the text, see Hoyland 1997, 189–192. For the well-known monastery of Rabbān Hormizd, see Murre-van den Berg 2011.
3 See Becker 2006b, 155–168, for a typology of East Syrian schools. For recent work on East Syrian school culture, see Bettiolo 2013.
4 Scher 1906.

https://doi.org/10.1515/9783110668292-002

Church of the East, that Syriac Christian church which spread across pre-Islamic Mesopotamia and Iran and east into China, the descendants of which make up the modern-day Assyrians and Chaldeans of Iraq, Syria, and beyond. However, it is important to understand why Scher was drawn to this tradition and what his interests were in it, especially because these interests may contrast with our own. I shall discuss Scher's life and the scholastic focus of his work, while devoting space to one particular genre of East Syrian school literature, the so-called 'cause' or 'explanation' genre (*ʿellṯā*). In doing this my goal is both to provide background for Scher, the dedicatee of the original colloquium in which most of the papers collected here were given, and to direct our attention to late antiquity and to "Griechische Wissenschaft und Philosophie bei den Ostsyrern".

2 The Life and Works of Addai Scher

To begin, some details on Scher's life, which itself has become intermingled with hagiography, as Jean-Maurice Fiey (1914–1995), that great Dominican scholar to whom we owe so much in Syriac Studies, points out in an article devoted to Scher's life and works.[5] However, before beginning I should note: I have not done archival work on Scher's life and various details remain to be filled in regarding his biography.[6]

Asmar Ṣlewa Scher was born in 1867 in Shaqlāwa, a town northeast of Erbil. Although technically Catholic, in accordance with common practice in the Syriac churches, both his father and his grandfather were priests. As a young teen, in 1879 he began his residence at the Dominican seminary in Mosul.[7] The seminary was established in 1878 at the mission, which had been taken over by the French in 1856 from the Italians who founded it in 1750. Scher was ordained in 1889, taking the name Addai, and served as secretary to two consecutive bishops of Kirkuk, briefly acting in this office between their succession of terms.[8] In 1902 he became bishop of Siirt, an office he held until his violent death in 1915. As bishop, in 1908–9 he travelled to Beirut, Constantinople, Rome, and Paris. In Rome he enjoyed an audience with Pope Pius X and catalogued the Borgia Syriac collection, whereas in Paris he met with other Orientalists and lectured at the Académie des Inscriptions et Belles Lettres on the

5 Fiey 1965, 121.

6 Brock, Kiraz 2011a; Macuch 1976, 402–405.

7 Harrak 2011. See also Richard 2001.

8 The name 'Addai' has an attested prior usage but it seems to have increased by the later nineteenth century due to the new popularity of the *Teaching of Addai*, a fifth century text purporting to describe the early spread of Christianity in Edessa. William Cureton's edition of the *Teaching of Addai* was published posthumously in 1864 by Cureton in [Auctores varii], Collection of Documents relative to Edessa.

eighth-century monastic author, Joseph Ḥazzāyā ("The Seer").[9] While in Paris he also sought aid for his diocese. By the turn of the twentieth century travelling to Europe and even the US to seek aid for their community had become a common responsibility among Syriac Christians, one that even required the discernment of would be benefactors because a racket had developed whereby charlatans went about bilking naive European and American Christians who wanted to help their confreres in the Near East.[10] Such an itinerary no doubt helped Scher build up his scholarly connections both in and outside of the church.

The range of Scher's scholarship is wide.[11] His early works from the Kirkuk years (1890–1902), including a Neo-Aramaic liturgical work, demonstrate a self-conscious promotion of Neo-Aramaic literary culture. A focus on vernacular prayer was common among the lively community of Chaldean scholars of his day, and the primary focus of the Dominican Press in Mosul was liturgical.[12] In 1900 he wrote a now lost history of East Syrian ("syrienne-orientale") literature which was based in part on the well-known medieval metrical catalogue of ʿAḇdīšōʿ of Nisibis (d. 1318), but which run up to the nineteenth century. Scher would have been acquainted with J.S. Assemani's eighteenth-century *Bibliotheca Orientalis*, which printed ʿAḇdīšōʿ's work with annotation. He would also possibly been aware of more recent histories of Syriac literature, such as William Wright's slender volume based upon his article for the *Encyclopedia Britannica* (1894) and, more significantly, the large anthology of Syriac literature published in 1898 at the Archbishop of Canterbury's Mission to the Assyrians in Urmia.[13] Scher's interest in Neo-Aramaic literacy belongs to a trend already common by the 1890s of writing grammars and creating translations of works that traditionally had only been read in Classical Syriac or, in the case of some Catholic texts, in Latin. We witness this trend in the work of various proto-Assyrian nationalists who advocated the orthographic reform of Neo-Aramaic from the 1890s onward.[14] An important Dominican figure – though perhaps late to this conversation – was Jacques Rhétoré (1841–1921), the missionary and scholar who lived for many years in Mosul, Van, and Hakkari, promoting Neo-Aramaic literary culture and later providing an important witness to the genocide.[15]

A concern to reformulate the tradition is apparent in Scher's large two volume Arabic hagiographical collection, *Kitāb sirat ašhar šuhadāʾ al-mašriq al-qiddīsīn*, the first volume of which was published in 1900, the second in 1906 when he was bishop

9 Scher 1909; Fiey 1965, 122. Note the article he composed on Joseph Ḥazzāyā: Scher 1909.
10 For example, Becker 2015, 238–9.
11 Fiey 1965, 125–9.
12 Coakley and Taylor 2008.
13 Wright 1894; *Books of Crumbs* (*kṯāḇōnā ḏ-partūṯē*). Perhaps it was the appearance of Duval's history of Syriac literature in 1899 that inspired Scher (Duval 1899).
14 Becker 2015, 310–18.
15 Mengozzi 2011.

of Siirt.[16] This large compendium, often referred to by its French title, *Vie des saints martyrs d'Orient* ("The Life of the Saints of the East"), includes saints' lives that had been forgotten in the Church of the East but recently retrieved under the influence of Orientalist scholarship. One striking feature of "The Life of the Saints of the East" is that Scher attempted to put the saints' lives in chronological order (as opposed to the custom of setting them according to the liturgical calendar). This demonstrates the historicism of his work.[17]

Scher's time in Siirt was especially productive. He produced catalogs of local libraries and editions and translations of, among other texts, the Arabic *Chronicle of Siirt* and several works that represent the scholastic, or school, culture of the Church of the East.[18] He also turned to wider history, composing, for example, his large synthetic two volume work, *Tārīḫ Kaldū wa-ʾĀṯūr* ("The History of Chaldea and Assyria") in Arabic.[19] This work consists of two volumes, the first a history of the so-called Chaldo-Assyrians up to the time of Christ, published in 1912, and the second a history of the Church of the East up to the Arab conquest, published in 1913. There was a third unpublished volume treating the Islamic period onward but this has presumably been lost. Fiey contrasts Scher's qualified assimilation of Jérôme Labourt's historico-critical engagement with the sources in Labourt's *Le christianisme dans l'empire perse* (1904) to the rejection of Labourt's work by other Chaldeans who saw it as scandalous.[20] A focus on Chaldo-Assyrian history, one that treats the Eastern Syriac Christians as the descendants of ancient near eastern peoples, was a trend that had already started a few years before and Scher's book is on the cusp of a wave of ongoing interest, which was closely linked to the development of nationalism among Syriac Christians.

Assyrian nationalism had already begun in Urmia by the turn of the century. The first nationalist newspaper, *Kōḵḇā* ("The Star"), was printed at the American mission press in 1906, and East Syrians had begun to engage in contentious speculation about their ancient near eastern origins for some time, for example, in the pages of *Zahrirē d-Bahrā* ("Rays of Light"), the American missionary periodical founded in 1849, and *Qālā d-Šrārā* ("Voice of Truth"), the Lazarist missionary periodical, which began circulation in 1896. Such speculation and disagreement has continued up to the present within the Syriac communities.

Scher's proto-nationalist project fit within the Catholic humanism that had been emerging among the Chaldeans for some time.[21] He had several predecessors in this

16 Fiey 1965, 129–135 for discussion of this work.

17 Fiey 1965, 130.

18 [Anonymus], Chronicle of Seert, ed. Scher.

19 Published at the Catholic Press in Beirut. It is not clear if volume II is extant.

20 Fiey 1965, 135–141. According to Coakley 1985, 72, Scher may have also been aware of the history of the church up to the seventh century published by the Archbishop of Canterbury's Assyrian Mission Press, a work which relies on Labourt's book.

21 For the period that just preceded this, see Murre-van den Berg 2015.

Catholic Syriac awakening, which must also be analyzed in conjunction with the increasing Orientalist scholarship undertaken by members of the Church of the East and Syrian Orthodox Church. A significant portion of this scholarly work was done at the Dominican seminary in Mosul. Eugene (Awgen) Manna (1866–1928), who was head of the seminary in the late 1890s, was in fact ordained alongside Scher.[22] In addition to a Syriac grammar and a dictionary Manna produced a still useful anthology of Syriac literature in 1901. It is commonly referred to by its French title, *Morceaux choisis de literature araméenne*, but its Syriac title is more telling: *Margē pegyānāyē d-mardutā d-ʾArāmāyē*, the "Verdant Meadows of the Culture (or: Education) of the Aramaeans". While advocating an originally Aramaic identity for the Syrians Manna notably combines authors from both the East and the West Syrian traditions. Alphonse Mingana (1878–1937), a scholar whose work has been significant if at times controversial, also studied at the Dominican seminary.[23] Later in the twentieth century the Syriac scholar Albert Abuna was associated with the school, as was J.-M. Fiey, the author of the biographical essay on Scher.

Scher and Manna were from the second generation of Chaldean scholars, some of whom had travelled to the *Propaganda Fide* in Rome to study in what can be understood to be a counter-Reformation move against Protestant missionaries. In this context works of lay piety, such as the fifteenth-century *De imitatione Christi* of Thomas à Kempis, were rendered into Neo-Aramaic while liturgical texts were edited and published.[24] This emergent scholarly culture combined traditional Catholic learning with the Chaldean scribal and literary culture that had long flourished at Alqosh, not far from Mosul.[25] Twelve years Scher's senior, Thomas Audo (1855–1918), later the bishop of Urmia, who would be murdered in 1918 in the same events that led to Scher's death, directed the Dominican seminary during part of Scher's residence there. Audo's dictionary of Syriac remains an important tool (1897–1901), while his works demonstrate a noteworthy concern for style, purity of language, the promotion of humanistic literary culture, and the awakening of national consciousness.[26] Further afield, Paul Bedjan, born in 1838, a generation before Scher, was trained at the Lazarist mission in Urmia but spent his later life in Europe.[27] He provided Scher significant examples of the breadth of Syriac literature. Bedjan's editions of the works of the West Syrian Jacob of Sarug as well as his seven volume *Acta Martyrum et Sanctorum Syriace*, an important source for Scher's *Lives of the Saints*, remain indispensable resources in Syriac studies. Bedjan's and others' Catholic ecumenism – if this is

22 Brock, Kiraz 2011b.
23 Kiraz 2011b; Samir 1990.
24 Macuch 1976, 29.
25 Murre-van den Berg 1998.
26 Kiraz 2011a.
27 Murre-van den Berg 2006.

the right expression – contributed to a decidedly non-sectarian view of Syriac literature, one resonant with emerging notions of nationality.

Over time Scher's interests became distinctly scholastic. The catalogs he produced are now at times the only remains of manuscripts that were either destroyed or scattered in the same cataclysm that led to his death. This scholastic focus is also apparent in his ongoing interest in the tradition of East Syrian schools and their literature, which may correlate in his pastoral work with his noted devotion to the schools of his diocese.[28] In 1905 he published *Madrasat Naṣībīn al-shahīrah: nabdhah tārīkhīyah fī aṣlihā wa-qawānīnihā wa-fī al-ʿulamāʾ alladhīna ishtaharū fīhā* ("The Famous School of Nisibis"), a slender volume in Arabic describing the history of the School of Nisibis from its possible origins in the fourth century up to the early seventh century. In this work he integrates recent French and Italian work on the school, thus demonstrating the close links to, and immediate dissemination of, European scholarly work in the East.[29]

In 1908 Scher's edition and translation of Barḥadbšabbā's *Cause of the Foundation of the Schools* appeared.[30] The *Cause* is an extensive speech addressed to the incoming class at the School of Nisibis, providing a basic epistemology and a history of education from the time of Adam in the Garden through biblical, pagan, and ecclesiastical history up to the text's present at the turn of the seventh century. Then in 1909 Scher published another school related volume in the *Patrologia Orientalis*, this time a collection of three instances of the cause (*ʿelltā*) literature, an etiological genre that describes the significance of certain holidays and practices in relation to East Syrian theology.[31] Scher's interest in schools is also reflected in his publication in 1910 and 1912 respectively of the two large volumes of his edition of the *Scholion*, Theodore bar Kōnī's massive theological and exegetical compendium of the late eighth century.[32]

3 Scholastic Culture in the Church of the East

What is this East Syrian school culture that seems to have appealed to Scher such that he edited several of its representative texts? From the late fifth century onwards there developed among Christians in Sasanian Mesopotamia an institutionalized pedagogical culture that is best attested by the most influential of the East Syrian Schools, the School of Nisibis, which flourished from the early sixth century into the seventh and which provides the most developed example of such

28 Fiey 1965, 122.

29 For example, Guidi: [Auctores varii], Gli statuti della Scuola di Nisibi; Chabot 1896.

30 Barḥadbšabbā, Cause/Explanation of the Foundation of Schools, ed. Scher.

31 Ḥnānā of Adiabene, Cause/Explanation of the Golden Friday, ed. Scher.

32 Theodore bar Kōnī, Scholium (Recension of Seert), ed. Scher.

an institution.[33] Elsewhere I have examined the institutional development of these schools, their importance for the transmission of Greek philosophical literature, and their comparative use for the study of the Babylonian *yeshivot*, those Rabbinic institutions out of which the Bablyonian Talmud emerged.[34] East Syrian Schools, from the less developed informal gatherings of the churchyard to complex quasi-monastic establishments, were such commonplace institutions in the sixth and seventh century in Mesopotamia that even West Syrians, the miaphysite theological enemies of the Church of the East, would at times attend them, even if they would have to reject the sectarian aspects of their learning once they grew up.[35]

Some of the distinctive features of the East Syrian school system come into focus when we compare it with the ancient Greek form of education, or *paideía*, as it is commonly called, that had emerged in the Hellenistic period and become relatively uniform within the Roman Empire.[36] This comparison is important because although some of the content and basic practices of the East Syrian schools may have been derived from the Classical system, there are fundamental discontinuities between the two, and too often in the past scholars have understood Christian schools as simply divergent iterations of ancient institutions.[37] Take for instance the use of books and certain texts in particular. Although Christians preserved parts of Classical literature within their own pedagogical contexts, certain innovations differentiated Christian cultures of learning from their Classical predecessors. Books are not the same thing as learning: Books are mediated by teachers and educational goals, and so, for example, the study of Aristotle, or Homer, for that matter, in one context can mean something very different than in another. Similarly, many of the accoutrements of learning, such as books, writing, even the teacher's authoritative chair, are constituent parts of a grammar of learning, the syntax of which can differ from pedagogical culture to pedagogical culture.

Formal education aims to inculcate a certain ideal social type in its audience, although often only very few reach the pinnacle of the system and instantiate this ideal. The ideal in the Classical system of learning was to become a model of beautiful speech. Language was the core of Classical rhetorical education, an elegant language that was also embodied in deportment and ethics, rendering the speaker a truly noble human being. One progressed in education from consuming beautiful language to producing it. In contrast, the goal of East Syrian learning, though focused on language, was ultimately one of transcending it. In the East Syrian school sources, language is a tool by which those of us who lack divine inspiration – that is, most of us – are able to discover the creator within the order of creation. Language is the

---

33 Becker 2006b; the same 2008. See also Vööbus 1965a, and Reinink 1995.

34 In addition to Becker 2006b see Becker 2010.

35 For example, in the *Life of Ahudemmeh*: [Anonymus], Life of Aḥūḏemmeh (19 Nau).

36 In general, see Cribiore 2001, and the still classic Marrou 1956.

37 Becker 2006b, 167–8.

tool with which God endowed us in order that we might have access to him although he is essentially unknowable.[38] Furthermore, language is the medium through which God revealed himself to us in scripture. By studying scripture and engaging in logic we have access to God. However, once we have studied scripture in a more straightforward manner, understood the text and its figures, then we can move on to private study of the text in the monastic cell and there have a more direct contact with the creator. The tools of language and logic are in the end constraints on our access to the divine. Thus, on moving to the monastery the East Syrian student, such as Rabban Hormizd in the epigraph above, would put away these childish things.[39]

4 The Cause Genre

In the East Syrian schools, at least judging from our best attested school genre, the cause literature, we find a traditionalism characterized by both the subordination of literary composition to a rhetoric of repetition and the author's acquiescence to the requests of his superiors. This makes the East Syrian schools more like philosophical schools, where originality was often obscured within commentary on the masters, Plato and Aristotle. As I mentioned above, Addai Scher published several instances of this so-called 'cause' genre. Interest in such texts seems to have begun in the 1880s as their manuscripts were identified.[40] Anton Baumstark addressed these works as a genre in 1901, after Simon Joseph Carr had already produced an 1898 edition and Latin translation of Thomas of Edessa's mid-sixth century cause on the Nativity of Christ. Ute Possekel, who has published two articles on Thomas of Edessa in recent years and has a forthcoming translation of his two causes on the Nativity and the Epiphany describes the genre thus:

> Eine *causa* ist ein längerer theologischer Diskurs, in welchem die Hintergründe für eine meist liturgische Feier dargelegt werden und in welchem verschiedene, mit dem betreffenden Fest zusammenhängende theologischer Aspekte beleuchtet werden. Als literarische Merkmale dieser Gattung können ihr katechetisch-paränetischer Charakter, die gelegentlich scholastisch anmutende Natur der Erörterungen und die Unterteilung in mehrere Kapitel, die jeweils mit einer Frage eingeleitet werden, genannt werden. Eine *causa* beginnt gewöhnlich mit einem Vorwort, auf welches ein Überblick über die zu erörternden Themen folgt. Nach der Behandlung der einzelnen thematischen Fragen schliesst eine paränetische Ermahnung die Darstellung ab.[41]

38 Becker 2006b, 126–54, for a discussion of how this relate to the reception of philosophical material at the School of Nisibis. See also Izdebski 2014, and especially in Perkams's contribution to this volume, Ostsyrische Philosophie.

39 Becker 2006b, 188–94 for criticisms of the schools within East Syrian monastic culture.

40 Baumstark 1901, 321.

41 Possekel 2011, 160–1: "A *Cause* is a rather long theological discourse in which the background for a primarily liturgical celebration is represented and in which various theological aspects related to

Baumstark points out how the cause genre develops the ideas of Theodore of Mopsuestia, but although he praises these texts as providing a "model (*Muster*) of classical Nestorian prose", he seems ultimately disappointed by them because they do not tell us much about the forms of worship associated with holidays or actual liturgical practices.[42] The cause literature has been used for dogmatic history and at times scholars mention their possible origins, but in general these texts have only been addressed briefly and in passing.[43] In my own work I have dedicated several pages to this genre with regard to *The Cause of the Foundation of the Schools*, which seems to be an instance of a possible subgenre that existed.[44]

Where does this genre come from? Several possible sources have been suggested: Greek etiological texts, *aitíai*, which describe the origins of certain festivals; the format of analytical interrogation we find in the Neoplatonic commentaries of Aristotle; and the use of 'cause' (*ʿelltā*) for *hypóthesis* as it appears in the works of Theodore of Mopsuestia when he addresses the historical background of a biblical text and its author's goals.[45] Already in the works of Narsai in the fifth century we find the word *ʿelltā* used as a technical term for the underlying principle or foundation of biblical passages or Christian practices.[46] By the sixth century it was normal, especially in the context of the East Syrian schools, for a text, even outside of this genre, to be referred to as a 'cause' (*ʿelltā*), when one of its goals was to examine the 'background' or 'origins' of something.[47]

A helpful work for thinking about the origin of this genre and rhetoric in Syriac prose literature in general is Eva Riad's *Studies in the Syriac Preface*. This book with such an unassuming title is a close study of the development of Syriac prose prefaces from the sixth to the early ninth century. Riad demonstrates the integration of Greek rhetoric into Syriac prose, thus showing how both Greek ways of speaking and self-presentation were brought into Syriac literary culture. One distinctive feature of the cause genre which may be determinative of its literary function is the self-positioning of its author, which occurs especially in the genre's standard prologue.

the holiday in question are illuminated. Its catechetical and parenetic character, the at times strikingly scholastic nature of the considerations, and the subdivision into several chapters, which are introduced respectively with a question, can be designated as literary features of this genre. A cause begins usually with an introduction upon which follows an overview of the themes to be discussed. After the treatment of individual questions a parenetic exhortation concludes the presentation." For other comments on the genre see Bettiolo 1994, 149–151; Macomber 1974, vi.

42 Baumstark 1901, 336, 321.

43 Hainthaler 2008; Hainthaler 2006. Even Gerrit Reinink's work maintains this focus on history of dogma, even while keeping an eye on the social and institutional context: Reinink 2008. More recently, see Possekel 2011; Possekel 2012. Ute Possekel and James F. Coakley have edited a forthcoming translation of Thomas of Edessa's *Causes*.

44 Becker 2006b, 101–6.

45 Reinink 2008, 519–20.

46 For example, Narsai, Homilies and Poems (I 299, 300, II 90, 101, 134).

47 Īšōʿyahḇ of Ārzōn, On the Trishagion (690, l. 1 and 14 Furlani).

Whereas this aspect of the authorial voice is typically ignored in the secondary literature or simply treated as part of the text's self-effacing rhetoric, Riad demonstrates how certain Syriac prose works incorporate Classical rhetorical reflexivity.[48] We find this use of rhetoric in a number of Syriac works from the fifth century onwards, but the cause genre combines this rhetorical reflexivity with a self-consciousness that we already find in classical Syriac poets, such as Ephrem, Jacob of Sarug, and Narsai. However, in contrast to the classical poets, in the cause genre, although the author is marked off, his authorship is demoted as he overtly makes himself subject to tradition. Reflexivity and an awareness of second order issues may be a characteristic of scholastic culture in general, and this is what we find in the cause genre.[49]

Let me demonstrate further with an example from the prologue of one of the earlier cause texts, that on the Nativity by Thomas of Edessa (d. around 542). The text begins:

> Your beneficial advice, along with that of the eminent brothers of our assembly, and your pleasant command, along with theirs, o chosen one of God, Mār Moses the Reader, have begotten in me diverse thoughts and caused me to fall into various reflections. For you [plural] have commanded me to transmit [*'ašlmīh*] also in writings that *cause* [*ʿellṯā*], to wit, which I spoke after the holy rabban Mār Aḇā the interpreter, on the glorious birth of our lord and savior Christ. I am afraid to do this lest I be easily reckoned [...][50] by those who love to blame with cause [*ʿellṯā*] or without cause [*ʿellṯā*], and I fear moreover not bringing this command to effect lest I seem to people who say everything for the purpose of the fear of the living God a transgressor of this command and one who spurns your advice. However, while I was meditating on these thoughts and on ones similar to them I adjudged that it was beneficial for me to satisfy your own will while I left it for the others to speak as they like.
>
> However, although I fear envious words, which do no harm to God, let me not provide for you, who please Christ by good will and a perfect way of life, a cause [*ʿellṯā*] to complain about me because I did not obey your command. Therefore, while I seek the aid, which comes from your prayers, which are acceptable to Christ, behold, I hand myself over to fulfill your will. At the same time, before all things I seek this from you and from those who in some way or other are going to come upon these writings: that you not suppose falsely about me in any way that, while thinking myself capable to transmit [*'ašlmīw(hy)*] everything our master [*rabban*] spoke on this matter just as he himself said it, I approached speaking in word or rendering in writing. Rather, I have supposed this about my words: that I am certainly aware that what is mine is wholly formed from our master such that someone may be wholly guided from the former things to the latter which are his, just as an image to its prototype and as a shadow to the body from which it is constituted.
>
> As it is not useful to light a small lamp in a place where the rays of the sun are diffused, so also these things of mine will waste away while these of our master will shine forth the splendors of their meanings. Therefore, I will divide the chapters through which this whole *cause* [*ʿellṯā*] runs so as to be a greater benefit and then I will begin to say the things which the order of each one of these requires in this same *cause* [*ʿellṯā*].[51]

---

48 For example, Hainthaler 2006, ignores chapters 1 and 2 of Thomas' text.

49 See further discussion in Becker 2010.

50 The text is difficult here and is possibly corrupt.

51 Thomas of Edessa, Cause/Explanation of the Birth of Christ (5–7 Carr).

The text then continues by providing an extended metaphor comparing the different designated chapters of the text to "milestones" (*mīlē*), which will aid in both the understanding of the text and for those who would like to commit it to memory. This florid prologue contains more than the Classical *recusatio* intermingled with self-abnegating humility of patristic literature. In its complex and even playful prose – note the repeated use of the word *ʿelltā* – Thomas is denying his own autonomous authorship of the text. The request by one of his superiors, Moses the Reader, for this composition creates a quandary for Thomas: If he speaks he will seem proud and suffer the harm of envy and yet he must fulfill Moses's command, which has induced in him "diverse thoughts" and "various reflections." However, everything he says, according to him, is ultimately from Mār Aḇā (d. 552), the head of the school in the mid-sixth century before his tenure of the office of Catholicos.[52]

A comparison to the prologue of one of the metrical homilies of Narsai, the founder of the School of Nisibis, who died around 500, illustrates the distinctiveness of the cause literature. Narsai's homily (*mēmrā*) on the Ascension begins in this way:

> At our lowly clay I have marvelled (seeing) how much it has been exalted,
> because, although dust, it has acquired authority and begun to reign over all.
> In (our) lowly earthen vessel, my thoughts have become absorbed (seeing) how much it has been raised (to honor),
> because it has become a vessel that is greatly suited for things glorious.
> (This) mortality, filled with passions I have sought to examine,
> because it has suddenly become a spring that pours forth life to the universe.
> In (its admiration over this) moulded clay of our bodily structure my mind has worn me out,
> because it has acquired wings (to) fly towards heaven.
> (My) lowly nature beckoned me in silence: 'See the wonder
> of how much has been exalted the humble dust of Adam'![53]

"Passibility, clothed in fear", then addresses Narsai, and after this his "soft clay, steeped in passions", calls him. Next he is chided by "discernment" and his "personal bent" whispers to him. Finally, after receiving counsel from his "mind" his "thoughts were startled by the voice of the corporeal herald, who cries out in the Spirit and shows me an image of (his) victory. / The new scribe of the New Testament I heard, interpreting according to the Spirit of revelation (what will be) the consummation of our life."[54] Narsai's wonder at the world and internal dialogue combined with his experiential account of reading, which employs the personified voice of Jesus, repeat

52 Van Rompay 2011a.
53 Narsai, Metrical Homilies (162–3, l. 1–10 McLeod).
54 Narsai, Metrical Homilies (162–5, l. 21–24 McLeod).

the rhetoric we find in the poetry of Ephrem the Syrian and Jacob of Sarug.[55] This vibrant first-person discourse of wonder differs starkly from what we find in the cause literature. When we compare Thomas of Edessa to Narsai we see a shift away from the rhetoric of inspired experience and authorial autonomy, and an emphasis on subjection to tradition as well as a more specialized imagined audience with certain technical exegetical and liturgical interests. The Syriac poetical persona who describes his experience of reading is displaced by Greek rhetorical humility, and poetry by clear and precise, if overwrought, prose. From Narsai to Thomas there is also a shift in content: The latter relies more explicitly on Theodore of Mopsuestia and focuses more directly on worship within the liturgical year as a formalized tradition.

Thomas's prologue is not an exception. Not much later, Cyrus of Edessa addressed his masters and their similar request in the prologue to his six causes. Cyrus claims that "you have urged me on to do this, not because your sanctity is in need of my feeble stammering, but so that you might thereby give me a stimulating occasion by which I might be trained, and the style of my discourse be rendered firm by means of (an exercise) of this sort."[56] Thus Cyrus does not present his composition as didactic but rather as an opportunity for himself to learn.

Īšay in his cause on the martyrs states that what he is about to say is "as much as what was said and transmitted in this holy assembly by the treasurer of the archive of the spiritual scriptures, the Holy Rabban Abraham, priest [*qaššīšā*] and exegete",[57] while it is his superiors' prayers that will give his speech wings – in contrast to Narsai, whose mind acquires wings from its own contemplation.[58] Rabban Abraham here is Abraham of Beit Rabban, the head exegete at the School of Nisibis in the mid-sixth century.[59] The title of Īšay's prologue even refers to this section as explaining the 'cause' of the composition of this 'cause'.[60] Thus, in this self-conscious mode even explanations require explanations.

The two causes attributed to Ḥnānā of Adiabene, the controversial head exegete at the School of Nisibis at the turn of the seventh century, are his only fully extant works and we can see in this instantiation of the genre a certain innovation: He does not employ the same structure as the authors of the other causes and his discussion moves beyond simply the origins of certain festivals. His topics are prayer and Golden Friday, that is, the Friday after Pentecost, which is the day on which the Twelve

55 There are a number of passages like this, for example, Narsai, Homilies and Poems (I. 167–68 Mingana). The background for such rhetoric is in Ephrem's work, on which see Den Biesen 2014.
56 Cyrus of Edessa, Cause/Explanation of the Resurrection, of the Fast, as well as of the Ascension (engl. 2/syr. 2 Macomber).
57 Ḥnānā of Adiabene, Cause/Explanation of the Golden Friday (17, 11–12 Scher).
58 Ḥnānā of Adiabene, Cause/Explanation of the Golden Friday (18 Scher); also on Išay's text, see Dal Santo, The Saints' Inactivity post mortem.
59 Van Rompay 2011b.
60 Ḥnānā of Adiabene, Cause/Explanation of the Golden Friday (16 Scher).

Apostles are celebrated.[61] Lastly, the cause on Mary, composed in the early seventh century, reveals a distinctive self-consciousness.[62] The prologue provides a concerned apology, explaining the absence of such a text in the previously existing corpus of causes.

The prologues can be employed in the reconstruction of the *Sitz im Leben* of these texts.[63] This is an approach that could be further developed, but what strikes me is how overt the texts are about their own *Sitz im Leben*. It seems incumbent upon the author employing this genre to locate himself institutionally and to make explicit his subordination to the person who requested the work. This corresponds with the self-consciousness of the genre. For example, more than once Cyrus of Edessa ends an introductory chapter of one of his causes pointing out that he will conclude his work with ethical exhortation "according to custom" (*a[y]k̲ ʿyād̲ā*).[64] This is a literary form with certain conventions, as would be expected, but it seems to be a convention even to point out the existence of the genre's own conventions. If Christianity is already a tradition characterized by reflexivity due to its self-conscious relation to the past, then this is hyper-reflexivity.

One significant word used in these texts is *ʾašlem*, "to transmit", the cognate verb of words such as *mašlmānūt̲ā*, "tradition". This is a literature that depicts itself as fundamentally traditional but this is tradition as institutional rhetoric and not necessarily real practice.[65] When we compare the cause literature to, for example, the poetical homilies (*mēmrē*) of Narsai, there are only few overlaps between the works of the founder of the school and texts written just a few decades later.[66] Some of Narsai's language appears in later school documents, but major innovations took place at the school and these were obscured by the language of tradition which itself was an innovation.[67] Such a downplaying of authorship may also help explain the general "silence of the sources" of the sixth century on exegetical matters. The trend was to create anonymous exegetical collections as time went on and these were incorporated into later collections and then lost.[68]

61 Riad 1988, 151; Maniyattu 1995. On Ḥnānā, see Childers, Ḥenana.
62 Reinink 2008, 522–3. The main collection of causes was then used by the West Syrian author, Mošē bar Kephā in the tenth century. For this see Coakley 1987 and Coakley 2007.
63 Possekel 2011, 164–6.
64 Cyrus of Edessa, Cause/Explanation of the Fast, of the Resurrection, as well as of the Ascension (Engl. 6/Syr. 6, Engl. 89/Syr. 102, Engl. 122/Syr. 138 Macomber).
65 For further thoughts on the formulation of tradition at this time, see Reinink 2009.
66 I come to this conclusion from a comparison of those of Narsai's *mēmrē* on the same topics as the extant cause texts.
67 For example, note the concerns about innovation in the proem to the canons of the School of Nisibis: [Auctores Varii], Statutes of the School of Nisibis (51–72 Vööbus).
68 Molenberg 1996.

5 Addai Scher and the Cause Genre

Why did Addai Scher decide to publish some of these texts? He clearly had an interest in East Syrian school literature and the schools, but was he concerned with how the East Syrian school tradition relied on Greek philosophy and rhetoric, which is the motivation it seems for many of us today who are interested in the East Syrian schools? His focus on the *Cause of the Foundation of the Schools* makes sense. The text recasts human history as a series of schools and is a central source for the history of the School of Nisibis. The cause literature more broadly offered him specimens of East Syrian theological discourse in a fine prose. Scher explains that he has two reasons for publishing the two causes of Ḥnānā of Adiabene: First, to defend Ḥnānā against the calumny of Babai the Great, the seventh century East Syrian theological authority who, according to Scher, unfairly demonized Ḥnānā.[69] The other reason is that Ḥnānā's style, which is "elegant and pure", should be made known, according to Scher.

In thinking about the Greek heritage of East Syrian school culture I wonder how it was understood by Scher. How did the Syriac reception of Greek philosophical ideas correspond for him with certain Catholic ideas about worldly engagement? How may a Latin scholastic form of education have helped to form his understanding of this material? Did his seminary background help him to recognize this school culture among the East Syrians? How much did the Catholic hierarchy of Scher's own day and the success of Catholic education in its institutional form contribute to his perspective on East Syrian culture? One question significant to the future of scholarship concerns how his work helped to contribute to our own sense of what East Syrian school culture was. Are there ways that his perspective has affected our approach to this material? More broadly, how are different scholastic cultures comparable?

Furthermore, we rarely talk about style (I think few of us know Syriac as well as Scher and Baumstark did). Why was Scher interested in some of these texts for stylistic purposes? This leads to further questions: to what extent did the emergent idea of Syriac as a national literature guide his interests? In my own work I have examined the cause literature as scholastic, with an emphasis in this chapter on its traditionalizing reflexivity. Is there something in the style of these texts that is scholastic? We know they are intellectual. We know they are exhortative. However, Scher saw them also as exemplars of style and this seems to fit with his concern for literature in the modern and nationalist sense of the term. This makes me question whether and how much we share the same questions with Scher when we approach such literature.

---

69 Scher says that his comments are a summary of what he states in his Nisibis book (in: Ḥnānā of Adiabene, Cause/Explanation of the Golden Friday (7–10 Scher)). See also Engelmann 2010.

6 Scher's Death

I first came across Addai Scher as a graduate student in the late 1990s when I was curious about the *Cause of the Foundation of the Schools*. In studying this text I began to look into the different manuscripts. I found that two of the more important ones had been lost, possibly destroyed at the time of Scher's death.[70] The loss of manuscripts of a sixth century text in the early twentieth century and the violent death of the editor of that text served for me at the time as a lesson concerning the connections that exist between the antiquity we study and the modern history that mediates that antiquity.

Even long after Fiey's criticisms of the tendency to embellish Scher's death it has continued to receive hagiographical treatment. In the 1990s Assad Sauma Assad, a professor of Syriac Studies in Sweden, published an article on Scher in which he reports a story he had written down twenty years before when he heard it from his uncle, who was born in 1907. His uncle had heard this story from a man who was of local prominence in the early twentieth century in the Tur ʿAbdin (a region now in south eastern Turkey).[71] This man claimed to have heard from two Kurds, Agid Agha and Rasul Agha, the sons of an Ismail Agha, a guilt-ridden confession of their participation in the murder of Scher. They felt that they had lost everything and were treated as outlaws because of Scher's murder. In fact, God, they claimed, had used Atatürk to punish them.[72]

According Assad's account, Scher had been in hiding in the home of Abderrahman, a Kurd to whom he had become an adopted kinsman. Because of a past feud between this Abderrahman and Ismail Agha his sons reported to the "Turkish" (that is: Ottoman) authorities, who sent soldiers to Abderrahman's house to seize the bishop. Assad's account employs some of the standard tropes of martyrdom, including the stoic martyr willing to give himself up for others while refusing to reject his life-long faith and the officer who has no desire to fulfill his duty and even pleads with the would-be martyr to yield. This resembles what we find in classic martyrologies, such as the Martyrdom of Polycarp. Scher even purportedly gave his watch to the officer who then further begged him to back down. Assad continues:

> Addai [Scher] asked for a [sic!] permission from the officer to let him say his last prayer, and the officer let him pray. The bishop took out of his pocket a small Syriac book and he began reading and praying silently. When he finished he put the Syriac book under the carpet he was sitting on and said, "Here I am ready to die".[73]

---

70 His hand-written notes for the critical edition are extant at the Bibliothèque Nationale in Paris. See Becker 2008, 165–171, but also the corrections in Kessel 2011.

71 Assad-Sauma 1995/96, 212.

72 Assad-Sauma 1995/96, 213.

73 Assad-Sauma 1995/96, 215.

Ignoring their commanding officer's orders not to torture the bishop, the executioners stabbed him several times and then shot him. It is said his head was removed as well as his finger with his episcopal ring to serve as tokens of his death. According to Assad, after his death there were miraculous events that confirmed Scher's innocence and holiness: "Agid Agha and Rasul Agha swore that they, together with the others, saw a marvelous light descending from heaven and embracing the corpse of the dead bishop."[74]

I end with this hagiographical account because in it Scher's life becomes part of the Syriac Christian heritage to which he was devoted.[75] Hagiography collapses the past and the present, making the life of its subject relevant long after that life has ended. In a way, our discussion of the Greek philosophical heritage of the Church of the East does something similar – not with the flamboyance of hagiography but perhaps with the same creativity – and Scher's intellectual project, which had different motivations than our own, can nonetheless contribute to our reflexive meditation on the sources.

74 Assad-Sauma 1995/96, 215.

75 Naayem 1921, 158–9 for a contemporary account of his death.

Ute Possekel

"Go and Set Up for Yourselves Beautiful Laws …". The School of Nisibis and Institutional Autonomy in Late Antique Education

1 Introduction

In his pagan days, while still zealously attached to the Zoroastrian faith, the future patriarch of the Church of the East, Mār Aḇā, was accustomed to menace and harass the Christians.[1] His scorn particularly targeted the group known as the Sons of the Covenant, ascetics who by their choice of a celibate life in effect subverted the Zoroastrian advocacy of marriage. One day, as he was about to cross the Tigris river with his companions in a little dinghy, Aba, by now a high-ranking government official, spotted a certain man, a scholar (*eskolayā*). Based on the scholar's humble demeanor and appearance (*eskēmā)*, Aba mistook him as a *bar qyāmā*, a Son of the Covenant. Irate, Aba struck him, grabbed the scholar's bag, threw it back to land, and ordered the man at once to leave the boat. Humbly, the scholar obliged. Yet Aba's river crossing was now doomed: a sudden storm arose and forced the boat back to shore. At length, and only after observing him more closely, did it occur to Aba that the man's attire, described in the *Life of Mār Aḇā* as "modest and variegated" – which perhaps means something like "patched" – might not in fact identify him as an ascetic.[2] Upon inquiry, it emerged that Aba had happened upon a Christian scholar. The encounter proved instrumental in Aba's ultimate conversion to Christianity. Of more immediate interest to us, however, is the fact that the man's shabby garb should identify him. This, to be sure, is not stated explicitly in the *Life of Mār Aḇā*, but it seems to be the logical conclusion. The *Vita* records that doubts crept up in Aba as to whether the garment was in fact that of an ascetic, upon which he began to question the man about his religious affiliation: Is he a Jew? A Marcionite? A Christian?[3] Was this *eskolayā*, we may wonder, perhaps affiliated with the premier institution of Christian higher education in Sasanid Persia, the School of Nisibis? For we know from the

1 The following episode is recorded in [Anonymus], Life of Mār Aḇā (ed. Bedjan); new edition with French tr. in [Anonymus], Life of Mār Aḇā, ed. Jullien (CSCO 658–659, Syr. 254–255). On this important figure of the East Syriac church, see Bettiolo 2006, 99–111; informative overview in Van Rompay 2011a.
2 ܘܟܕ ܡܬܚܙܐ ܗܘܐ ܠܒܘܫܐ ܒܐܣܟܡܗ ܕܢܟܦ ܗܘܐ ܘܡܨܒܬ (Life of Mār Aḇā [213 Bedjan]).
3 Life of Mār Aḇā (213–214 Bedjan).

Note: An earlier form of this essay was presented at the Dorushe Conference at Brown University in May 2016. I thank the organizers for the invitation to deliver a keynote lecture and the participants for an engaging discussion.

https://doi.org/10.1515/9783110668292-003

school's *Statutes* that its members donned a recognizable dress and hair style. The rules advise students not to shave entirely, nor to wear long curls, but this has less to do with current hair fashion than with visibly distinguishing the scholars from both monks and secular people. The *Statutes* offer sartorial advice as well: Luxurious clothes are deemed unfitting and to be avoided; students "shall go about within the school and on the streets of the city in chaste tonsure and dignified dress that is far from luxury, so that [...] they shall be known to everyone, to strangers as well as to familiar people."[4] Another reason to associate this scholar with the School of Nisibis is his curious name change: his real name was Joseph, Aḇā's hagiographer remarks, but he was called Moses.[5] Such name changes are familiar for several members of the school.[6] Thus intrigued by his encounter with the Christian scholar, Aḇā quit his high-profile government job, received baptism, and travelled to Nisibis "to enter the holy school (*eskolē qaddišta*) that was there."[7]

As was just seen, Nisibene scholars separated themselves by their appearance which was easily mistaken for that of a monk. And like Mār Aḇā, we will need to look carefully to perceive the precise nature of the school. For despite certain superficial similarities, the school was not in fact a monastery, but rather more like a university. In this essay, I would like to examine more closely how the school functioned as an institution: How was it organized? Did the local bishop supervise it? Who funded the school? The first part of this paper will survey the organizational structures in order to show that the school was an autonomous educational institution. The second part will then compare and contrast the School of Nisibis with other prominent centers of higher education in the late antique world. In particular, the philosophical schools in the Roman Empire and the rabbinic schools of Sasanid Persia will make useful points of comparison. Finally, it will be asked to what extent the School of Nisibis may have been indebted to either of these precursors, or whether it was rather an educational establishment *sui generis*.

2 Historical Overview

The school was established in the later fifth century by Bishop Barṣaumā of Nisibis and by Narsai, the poet-theologian who for decades had directed the School of the

4 Statutes of 590, no. 17 (100 Vööbus).

5 Life of Mār Aḇā (211 Bedjan).

6 Abraham of Beṯ Rabban, for instance, was called Narsai, but upon his arrival at the School, Narsai decided to call him Abraham, for "there should not be two Narsai in one cell" (Barḥaḏbšabbā, Ecclesiastical History [616, 6–11 Nau]). Similarly, John of Beṯ Rabban was actually called Abraham, but as there was already Abraham of Beṯ Rabban at the School, he now was renamed John (Barḥaḏbšabbā, Cause/Explanation of the Foundation of Schools [388,3–5 Scher]).

7 Life of Mār Aḇā (217 Bedjan).

Persians in Edessa.[8] When tensions at the Edessan school embroiled Narsai and he even received a death threat, he judiciously opted for a quick departure before matters got worse, and by night returned to his Persian homeland, taking nothing but his books.[9] Having barely crossed the frontier and arrived at Nisibis, Narsai was beseeched by Bishop Barṣaumā to stay and establish a school. Eventually, he consented. Barṣaumā promptly purchased a caravansary conveniently located adjacent to the church to serve as school building, and he co-opted the student circle of a certain Simeon of Kaškar, who had previously run a school at the site, to provide an instant student body. And – voilà! – the School of Nisibis had come into existence. Its beginnings, we imagine, were modest; but after the School of Edessa was closed by imperial edict in 489 and many of its former teachers and students had migrated across the border to Nisibis, the academy here grew in size and importance. Not long after, the community approved its first set of regulatory *Statutes*, dated to the year 496, while Narsai was still head of school.[10]

A second period of institutional growth occurred in the middle of the sixth century – this would have been the time of Aḇā's involvement with the school – under the directorship of Abraham of Beṯ Rabban.[11] Abraham was joined in leadership for a while by John of Beṯ Rabban. The latter must have enjoyed excellent connections with affluent members of the Persian elite, including Chosrow, for he is said to have penned a commemorative eulogy on the Shah's military victory at Nağrān.[12] Abraham of Beṯ Rabban capably secured funds that enabled a substantial

8 The origins of the School of the Persians in Edessa remain obscure. Detailed and insightful discussion of this school in Becker 2006b, 41–76. H. J. W. Drijvers posited that Edessa from the second century onwards "had a school, where literature, rhetoric, and philosophy were taught, as at Alexandria" (1995, 49–59, quote on p. 51). This claim would seem difficult to substantiate, and Drijvers himself concedes that his is all but "an imaginative construct" (p. 59). Later authors such as Barḥaḏbšabbā attribute to Ephrem the foundation of a school in Edessa (Barḥaḏbšabbā, Cause/Explanation of the Foundation of Schools [381 Scher]), but this is not likely to reflect the historical circumstances; see for example the remarks by Becker 2008, 77–78.

Overviews on the history of School of Nisibis in Becker 2006b; Vööbus 1965a; Hainthaler 2002a; Leclercq 1935. See also Wood 2013, esp. 106–112. On the influence of the School of Nisibis upon that of Seleucia, see Reinink 2013. See also Bettiolo 2013.

9 Barḥaḏbšabbā, Ecclesiastical History 31 (599, 602–603 Nau). Barḥaḏbšabbā, Cause/Explanation of the Foundation of Schools (384,3–5 Scher). See also [Anonymus], Chronicle of Seert II.1, 9 (114 Scher).

10 Edition with English translation: [Auctores Varii], Statutes of the School of Nisibis (73–85 Vööbus). First edition of the Syriac by Guidi, Gli statuti della scuola die Nisibi; German tr. Nestle, Die Statuten der Schule von Nisibis aus den Jahren 496 und 590 nach dem von I. Guidi herausgegebenen syrischen Text übersetzt.

11 Principal sources on Abraham of Beṯ Rabban are Barḥaḏbšabbā, Ecclesiastical History 32 (616–631 Nau) and Barḥaḏbšabbā, Cause/Explanation of the Foundation of Schools (387–393 Scher). See also the study by Vööbus 1965b. Overview in Van Rompay 2011b.

12 Barḥaḏbšabbā, Cause/Explanation of the Foundation of Schools (388 Scher). Barḥaḏbšabbā notes that John was present in person at the occasion on account of some school business.

expansion of the school: he added a new lecture hall, a hospital, dormitory buildings with eighty rooms, and three baths – a veritable building boom.[13] The school proved a huge success, with students numbering, according to one source, up to one thousand.[14] Its fame reached to distant lands, as the writings of Junillus Africanus and Cassiodorus testify.[15]

The next decisive era in the school's history – and a time of profound crisis – occurred under the leadership of Ḥnānā of Adiabene, who assumed the office of master in about 570 and held it for several decades.[16] During Ḥnānā's tenure, a second set of *Statutes* was added in the year 590.[17] Under his direction, the school suffered from prolonged controversies which to a large extent focused on the person and teaching of Ḥnānā and which threatened the very existence of the academy. The exact sequence of events and the precise nature of the accusations – which can only be derived from the writings of Ḥnānā's opponents since most of his own books were destroyed – need not be traced here.[18] Exegesis, christology, personal rivalries, and leadership style all played a role. One of the highly controversial issues was that Ḥnānā apparently questioned the unique role that Nisibene scholars had accorded to the theology of Theodore of Mopsuestia. Ḥnānā, by contrast, advocated a broader reception of the Greek patristic tradition and particularly favored the teachings of John Chrysostom.[19] Some at the school objected, as did the Nisibene bishop. The dispute drew wider circles, and the synod of 585 even condemned Ḥnānā's teachings, without, however, mentioning him by name.[20] This drawn-out controversy propelled the school into a deep crisis, and a substantial number of scholars and students departed: some joined the monastic colony on nearby Mount Izlā, others left the city to teach in Balad or elsewhere, and yet others simply moved across town and associated themselves with the School of Beṯ Sāhdē in Nisibis.[21] Despite this exodus, Ḥnānā, supported by his former classmate and now patriarch Saḇrīšoʿ, managed to remain in office. The school, however, now needed to re-constitute itself and to assert is claim of being the legitimate heir to

13 Barḥaḏbšabbā, Ecclesiastical History (622–624 Nau).
14 Barḥaḏbšabbā, Ecclesiastical History (620,1–12 Nau).
15 Iunillus Africanus, Instituta regularia, ed. Maas; Cassiodorus, Institutiones, Praefatio 1 (3,7–10 Mynors).
16 Childers 2011.
17 The Statutes of the School of Nisibis (91–100 Vööbus).
18 See for example the insightful article by Reinink 1995; see also Becker 2006b.
19 Reinink 1995, esp. 83–86.
20 The Synod of Īšōʿyahḇ I (585), can. 2, asserted a normative role for Theodore in the East Syriac church ([Auctores Varii], Synodicon orientale (136–138 [text]/398–400 [trans.] Chabot).
21 Analysis of the sources suggests that the School of Beṯ Sāhdē was rather more monastic in character, as argued in Possekel 2015, esp. 111–113.

the famous academy founded by Narsai and Barṣaumā over a century ago, a process reflected in several documents from the early seventh century.[22]

The most important source for the life at the school is the *Statutes*, mentioned already. This complex document consists of the two sets of canons (dated 496 and 590, respectively), various ratifications of these rules, and a long preface composed in the year 602. Assorted other texts supplement our knowledge of the school's history and quotidian routines, most notably Barḥadbšabbā's *Ecclesiastical History*, especially the *Lives* of Narsai and of Abraham of Bet Rabban contained therein.[23] In addition, a lengthy treatise entitled *Explanation of the Foundation of the Schools*, written in the early seventh century by a Nisibene scholar called Barḥadbšabbā, who, however, is to be distinguished from the author of the *Ecclesiastical History*, offers valuable details.[24] The name 'Barḥadbšabbā', meaning "Sunday's child," was not uncommon.

3 Nisibene Scholarship in the Middle of the Sixth Century

In the middle of the sixth century, the school flourished and its members produced an impressively wide array of scholarly literature. Though in many cases only the titles of their books have survived, the list of publications reflects the intellectual milieu at the time and offers unique insight into the research interests, and presumably the subjects taught, at Nisibis. Abraham of Beṯ Rabban was as prolific a writer as he was energetic a builder. Both he and John, his co-director until John's untimely death by the plague,[25] produced biblical commentaries, theological refutations, treatises on spirituality, homilies, and hymns.[26] Regrettably, however, none of their writings have

22 This process of renewed self-legitimization is reflected in several sources from the early seventh century, including the Proemium to the *Statutes* (dated 602) (51–72 Vööbus), and Barḥaḏbšabbā, Cause/Explanation of the Foundation of Schools (386, 390–363 Scher).

23 Barḥaḏbšabbā, Ecclesiastical History 31 (588–631 Nau). The passages relevant to the School of Nisibis are conveniently accessible in English translation in Becker 2008.

24 The question whether or not Barḥaḏbšabbā, author of the *Ecclesiastical History*, is identical with the person of the same name who composed the *Explanation* has not been satisfactorily resolved. Short overview of the relevant sources in Becker, Childers 2011, 57–58. Certain discrepancies between the two works (see for example below, no. 53 – a glaring discrepancy that can hardly be an innoccuous error), while they can be attributed to a variety of reasons, should advise caution in asserting the identity of the two Barḥaḏbšabbā.

25 Barḥaḏbšabbā, Cause/Explanation of the Foundation of Schools (389,1 Scher). English translation in Becker 2008, 94–160.

26 According to Barḥaḏbšabbā, Cause/Explanation of the Foundation of Schools (388,8–12 Scher), John of Beṯ Rabban composed "interpretations and commentaries on the Scriptures, a disputation against the Jews, and a refutation of Eutyches" as well as three treatises (*mēmrē*) – on Chosrow's conquest of Nağrān (to which Abraham was an eye witness); on prayer; and on the plague – and

come down to us. Abraham, especially, was a man of action whose primary concern was to meet the students' needs, be they material or intellectual. Many of his books specifically served didactic purposes. Barḥadbšabbā recalls:

> Because he saw that it was very difficult for the majority of the brothers to find the meaning of the Scriptures from reading the volumes of the Exegete [that is: Theodore of Mopsuestia] since they were interspersed with Greek and obscure from the loftiness of the man's discourse and the interpreters that came after him; because of this he wrote the majority of them down and interpreted them lucidly.[27]

Several other prominent scholars of the mid-sixth century are known, among them Elišā bar Qozbayē – whom we shall meet again soon – a keen scholar and prolific author who penned biblical commentaries and theological refutations which unfortunately do not appear to be extant.[28] At the same time, Mār Aḇā flourished at the school. After completing the Nisibene curriculum in record time (or so his hagiographer claims) and making subsequent extensive journeys throughout the Mediterranean world, Aḇā took on a teaching post at the school. Regrettably, apart from some ecclesiastical canons, none of Aḇā's literary output has survived either.[29]

Fortunately, the fate of oblivion did not befall the books of all Nisibene scholars at the time: Aḇā's erstwhile disciple and travel companion, Thomas of Edessa, followed the future patriarch to Nisibis and likewise became a teacher there. From Thomas we have two *Explanations* of liturgical feasts, on Nativity and Epiphany.[30] Thomas's compatriot Qyorē (Cyrus) of Edessa, another faculty member, produced similar *Explanations* of the remaining dominical feasts.[31]

This genre of 'explanation' (*ʿelltā*, plural *ʿellāṯā*, Latin *causa*) deserves some comment, as it was a novel literary form that originated at the School of Nisibis and later acquired great popularity. An 'explanation' is a fairly lengthy treatise in question-and-answer format in which the speaker takes up a number of queries pertaining to the subject under consideration. *ʿellāṯā* originally were oral discourses, undoubtedly delivered to the school community on the day of the feast. They are not quite lectures, but not sermons either, although they always conclude

"other writings". Abraham penned commentaries on the prophets, Ben Sirach, Joshua bar Nun, Judges, and the Song of Songs, and he composed liturgical chants (Barḥaḏbšabbā, Cause/Explanation of the Foundation of Schools [389 Scher]; ʿAḇdīšōʿ, Catalogue 55 [71 Assemani]).

27 Barḥaḏbšabbā, Ecclesiastical History 32 (622,5–8 Nau).

28 Barḥaḏbšabbā, Cause/Explanation of the Foundation of Schools (387 Scher).

29 Canons ed. with French translation [Auctores Varii], Synodicon orientale (68–95 [text]/318–351 [tr.] Chabot).

30 Forthcoming edition with English translation of both treatises by Possekel/Coakley 2019; for the moment see Thomas of Edessa, Cause/Explanation of the Birth of Christ, ed. Carr.

31 Ed. with English tr. Macomber see Cyrus von Edessa (CSCO 355–356).

with a parenetical exhortation.[32] Evidently, Mār Aḇā was the first to present 'explanations', but as these have not survived or were never written down, the oldest extant *ʿellāṯā* are those by Thomas of Edessa.[33]

The intellectual focus of the school was on theology, exegesis, and liturgy. In the sixth century a course in medical studies was added, presumably in association with the construction of the hospital. Gerrit Reinink has suggested that Aḇā may have been instrumental in this diversification of the curriculum.[34] The medical instruction, we surmise, will have been based on the discourses of Hippocrates and especially Galen which by this time conveniently were available in a Syriac translation by Sergius of Rešʿaynā (d. 536).[35] Students of theology and medicine lived somewhat separately, but it was possible to double-major: the famous East Syriac theologian Babai the Great studied both theology and medicine at Nisibis.[36]

As to philosophy, detailed research on the extent to which this was read and taught in Nisibis remains a scholarly desideratum. But we may note that by the middle of the sixth century many logical works of Aristotle were available in Syriac translation.[37] Moreover, bilingual Syriac scholars, of which there were quite a few, could access the Aristotelian corpus in the original Greek.[38] There is little firm evidence for a scholarly engagement with Aristotle prior to the mid-sixth century, but – as Adam Becker has noted and as is currently being explored in more detail by Matthias Perkams – in the early seventh century Barḥadbšabbā's philosophical reflections on the nature of God take up Aristotelian ontology.[39] Profound engagement with the Aristotelian corpus would henceforth constitute one of the hallmarks of East Syriac theology.[40]

---

32 On the genre of *ʿelṯā*, see Baumstark 1901; Becker 2006b, 101–107; Hainthaler 2006; Reinink 2008, 517–534, esp. 519–520; Possekel/Coakley 2019, 27–31. West Syriac authors later took up this popular genre as well, see Coakley 1987. On question-and-answer literature more generally, see ter Haar Romeny 2004.

33 See note 29 above. On Thomas's *Explanation of the Nativity*, see Hainthaler 2006; Bettiolo 1994; on *Epiphany*, see Possekel 2011; Possekel 2012.

34 Reinink 2003; see Brock 1982.

35 Sergius' Syriac translations of Galen, of which only a portion is still extant, are listed by Ḥunayn ibn Isḥaq, ed. Lamoreaux; see Bergsträsser 1925. On the extant fragments, see the useful survey by Kessel 2016. See also Degen 1981; Strohmaier 1994, esp. 1997–1999.

36 On separate living quarters for students in theology and medicine, see Statutes of 590, no. 19: (100–101 Vööbus). On Babai's career, see Īšōʿdnaḥ of Basra, Book of Chastity 39 (25 [text]/246 [tr.] Chabot); Chronicle of Seert II.2, 84 (530–531 Scher). Cautious about the reliability of these sources is Engelmann 2013, 24–25, 28–29.

37 Hugonnard-Roche 2004; Baumstark 1900; Brock 1993. Concise overview of the translations with further literature in Brock 2011a. On the reception, see Bruns 2003.

38 See the discussion by King, in: [Anonymus], The Earliest Syriac Translation of Aristotle's Categories, ed. King, 8–14 and 18–20 (with literature).

39 Becker 2006b, 126–154; Perkams 2015.

40 This is evident, for instance, in the works of Patriarch Timothy I and Theodore bar Kōnī.

Based on this scholarly output, then, one observes that the subjects of academic inquiry in Nisibis ranged from grammar to exegesis, from medicine to philosophy.

4 Institutional Structures and Academic Routines

With this historical overview in place, let us turn to the organizational structures and academic routines at the school in order to show that it was an autonomous and highly developed academic institution.

4.1 Principal Offices at the School

The school's sophisticated and well-defined leadership structure emerges principally from the *Statutes*. As mentioned above, the community was headed by a master, *rabban* in the Syriac sources, whose appointment usually lasted for life. Often, but not always, the master also occupied the highest teaching office, that of 'exegete', *mpašqānā*. The *rabbaytā*, or steward, supervised the day-to-day running of the school. This important person controlled, for instance, the finances, although the rules don't neglect to specify that any financial transaction must be administered with witnesses being present, lest embezzlement creep in.[41] The steward also supervised student life and hence is warned not to exhibit favoritism or base his decisions on personal preferences.[42] Unlike the tenured post of director, the steward was annually re-elected, or re-affirmed, by the school community. Since his was an influential position, he had to be a man of experience, learning, and highest personal integrity.[43] The steward was bound by the rules and accountable to both the director and the community at large. Should he fail to observe his duties diligently, a heavy fine and expulsion threatened.[44]

Academic instruction was offered by the exegete, as well as the reading-professor (*maqryānā*) and the professor for grammar, vocalization, and perhaps liturgy (*mhaggyāna*).[45] They were supported by the so-called *bāḏōqē* brothers: researchers, or perhaps teachers of auxiliary disciplines such as geography.[46] Michael Bāḏōqā, for

41 Statutes of 496, no. 2 (74 Vööbus); Statutes of 590, nos. 3, 14 (93, 98 Vööbus).

42 Statutes of 496, no. 2 (no favoritism), nos. 4, 7, 12 (74–76, 78, 80 Vööbus); Statutes of 590, nos. 5, 6, 13, 14 (94–95, 97–98, and passim Vööbus).

43 Statutes of 496, no. 1 (73–74 Vööbus).

44 Statutes of 496, no. 21 (85 Vööbus).

45 Statutes of 496, no. 20 (83, and passim Vööbus). On these teaching offices, see Becker 2006b, 87–89.

46 Proemium to the Statutes (dated 602) (52 Vööbus); Statutes of 590, Preface and Conclusion (92, 102, and passim Vööbus).

instance, authored a treatise in question-and-answer format on biblical topics,[47] a christological treatise,[48] and a work *On the Human Being as Microcosm*.[49] In addition, the sources mention a group of 'illustrious brothers' (ܐܚ̈ܐ ܡܝܬܪ̈ܐ),[50] post-graduate students perhaps, or members of the teaching faculty.

The school was a complex social organism with clearly specified election procedures and a system of checks and balances. In terms of the leadership structure, two aspects are of special interest, namely how the influential office of head of school was passed on, and the school's relation to the local bishop.

4.2 Succession of Leadership

It is somewhat surprising that the school's *Statutes* nowhere specify how, exactly, a new *rabban*, or head of school, would be chosen. Transition of leadership tends to constitute a volatile point for any institution, then as now, and it is astonishing that this vitally important subject should not have been well-regulated. While we cannot grasp in detail how such transitions were effected, the *Life of Abraham of Beṯ Rabban* and Barḥadbšabbā's *Explanation of the Foundation of Schools* offer sufficient incidental information for us to gain a general idea of the process.

Narsai, the school's founding father, supervised the Nisibene academy for several decades; after his death his distant relative Abraham of Beṯ Rabban succeeded him. As a young man, Abraham had come to Nisibis to study, and Narsai, soon recognizing the young man's keen intellect and spiritual potential, singled him out for special instruction. For twenty years, it is said, Abraham sat "before Mār Narsai's footstool" until Abraham himself assumed the role of director.[51] Since Abraham surely would not have needed two decades to master the curriculum, it is clear that he was being groomed as Narsai's successor, much as it was the custom in the Neoplaton-

47 Overview of Michael's works in ʿAḇdīšōʿ, Catalogue 76 (147 Assemani). Solomon of Basra preserves a short excerpt of Michael Bāḏōqā's *Book of Questions* in his *Book of the Bee* (154–155 [text], 135 [tr.] Budge).

48 Of the christological treatise a portion is extant and has been published in [Auctores Varii], A Nestorian Collection of Christological Texts (105–115 [text], 61–65 [tr.] Abramowski, Goodman). See also L. Abramowski 1999. On books attributed to Michael that are not by him, see Becker 2006b, 240 n. 131 with text.

49 This unpublished discourse, that once constituted the last section of an anti-heretical treatise, was accessed in manuscripts Brit. Libr. Oriental 4071 and India Office 9. Overview of content in Reinink 2010, esp. 69–73; detailed analysis of the relation between Aḥūḏʾemmeh, Michael, and the 13th-century poet George Wardā, in Reinink 2007.

50 Statutes of 496, no. 2 (74,9–10 Vööbus).

51 Barḥaḏbšabbā, Ecclesiastical History 32 (616–620 Nau, quote on p. 619).

ist Academy in Athens, for instance.[52] Decisive for the choice of Abraham were his intellectual and personal gifts, rather than his being a (distant) relative; though certainly this would not have hurt.

Abraham, too, governed the academy for decades,[53] though his leadership did not remain uncontested.[54] At some point, and probably early during his directorship, both students and leading Nisibene citizens challenged Abraham; as a consequence, he left the post and for four years Elišā bar Qozbayē ran the school, until Abraham once more resumed the office of master. Among the reasons for Abraham's temporary ousting were accusations brought forth by the Zoroastrian clergy, a matter which Elisha resolved successfully.[55] But perhaps Abraham, as Narsai's favorite, was not uniformly welcomed as the new director. One also wonders whether some members may have objected to Abraham's ambitious and probably expensive building projects.

Abraham was succeeded as director by Īšōʿyahḇ.[56] And here the pattern, barely established, shifts. We receive no hint how Īšōʿyahḇ was selected, but as will become apparent presently the community may not have uniformly approved this choice. For some reason or other, Īšōʿyahḇ soon "became wearied" of the office, and after only two years left the school to become bishop of Arzon. Thereafter, he was elected patriarch.[57] At Īšōʿyahḇ's departure from the school, a certain Abraham of Nisibis took on the post of director, but he died within a year. It must have been an acute leadership crisis.

Ḥnānā, whom we encountered earlier, served as the next *rabban*, and he was among those leaders who occupied the office for several decades and could provide continuity.[58] Conceivably, Ḥnānā may have been the candidate of choice for some

52 For example, Plutarch chose Syrianus as his successor and prepared him well for this position of leadership. See Watts 2006, 96–98. Many details about the teaching routines at the Academy in late antiquity emerge from Marinus, Life of Proclus (ed. Saffrey, Segonds; Engl. tr. in Edwards, Neoplatonic Saints), as well as from Damascius, Life of Isidore (ed. with Engl. transl. Athanassiadi, Damascius, The Philosophical History).

53 Barḥaḏbšabbā, Ecclesiastical History 32 (620 Nau), states that Abraham was director for twenty years, whereas Barḥaḏbšabbā, Cause/Explanation of the Foundation of Schools (389 Scher), claims it was for sixty years.

54 The sources differ on the details: Barḥaḏbšabbā, Ecclesiastical History 32 (620 Nau), remarks that Elisha was head of school for four years during Abraham's tenure as master. Barḥaḏbšabbā, Cause/Explanation of the Foundation of Schools (387 Scher), however, notes that Elišā succeeded Narsai and ruled for seven years. The easiest way to reconcile the discrepancies in these accounts (which incidentally reveal that the two books must have been composed by different men both named Barḥaḏbšabbā) is to presume that Abraham was still director for three years before Elišā took over.

55 Barḥaḏbšabbā, Ecclesiastical History 32 (620 Nau).

56 Barḥaḏbšabbā, Cause/Explanation of the Foundation of Schools (390 Scher).

57 On Īšōʿyahḇ I of Arzon, whose patriarchate lasted from ca. 581/2 to 595, see Synodicon orientale (130, 196 [text]/390, 455 [tr.] Chabot); Īšōʿyahḇ of Ārzōn, On the ΤΡΙΣΑΓΙΟΝ, ed. Furlani; Brock 1985, esp. 136–139; Wood 2013, 128–131, 190–194, and passim.

58 Ḥnānā's directorate lasted from the 570s to the time of his death ca. 610.

members of the community when Īšōʿyahḇ was appointed as master some three years prior, as Barḥaḏbšabbā intimates in his *Explanation of the Foundation of Schools*: "If someone should say that he [Ḥnānā] was chosen for this [the position of *rabban*] from the beginning, he would not be wrong."[59] Ḥnānā and Īšōʿyahḇ may well have been rivals for the directorate: the fact that in 585 a synod convened by Īšōʿyahḇ condemned Ḥnānā's theology makes it rather unlikely that the two men had been best of friends.

As to Ḥnānā's successor, Barḥaḏbšabbā expresses his ardent desire that after Ḥnānā's death divine providence will "choose [a master] for us from his sons and students [...] who is trained in his ways and his customs and retains his traditions [...]."[60] Barḥaḏbšabbā acutely realized that the continuity of scholarship, and perhaps even the survival of the institution itself, was at stake with each successive crisis of leadership.

The absence of any rules on how to select a *rabban,* therefore, may not indicate an incidental oversight but may rather imply that the *rabban* was appointed privately from among a core group of scholars. The usual procedure appears to have been for the aging master to select and train one of his close affiliates, eventually to succeed him. However, just as it was common at the Neoplatonist Academy in Athens in the fifth century, the new scholarch may have required approval of the community.[61] A similar pattern of succession appears in late sources about the Jewish Patriarchal School in Palestine, as Shaye Cohen has highlighted in his article on "Patriarchs and Scholars."[62]

4.3 Legal Autonomy

The school possessed judiciary autonomy. The *Statutes* exhort the school's members that, in case of a dispute, they must not seek legal counsel from outsiders but ought to address their grievances to internal instances.[63] Only with permission might they contact external courts of law. The school's judiciary was constituted by its teachers: If any of the faculty had fallen into disgrace, their right to participate therein would be revoked.[64]

---

59 Barḥaḏbšabbā, Cause/Explanation of the Foundation of Schools (390,8–9 Scher/tr. 155 Becker 2008).
60 Barḥaḏbšabbā, Cause/Explanation of the Foundation of Schools (393,1–3 Scher/tr. 157 Becker).
61 Watts 2006, 96–100.
62 Cohen 1981. Cohen argues in this article on the Patriarchal School in Palestine that Jews "created organizations and institutions modeled on those of the Hellenistic world" (81), that is, in this case, the philosophical schools in Athens. On pp. 84–85, Cohen addresses the difficulties in determining whether this process actually occurred in the second century as implied by some of the sources, or rather in the fourth and fifth centuries.
63 Statutes of 496, no. 12 (80 Vööbus).
64 Statutes of 496, no. 20 (83–84 Vööbus).

4.4 The School and the Bishop of Nisibis

In order to substantiate our thesis that the School of Nisibis was an autonomous institution, one must also investigate its relation to the local bishop. To what extent did he exert control over the academy or influence its decisions? After all, the city's bishop had co-founded the school, and as a rule the preface to the *Statutes* and its various ratifications evoke the name of episcopal office holders.

An analysis of the relevant sources reveals that references to Nisibene bishops in the dating formulas and ratifications of the *Statutes* constitute rather perfunctory acknowledgments of the local ecclesiastical leadership.[65] As to Narsai and Barṣaumā, there is little evidence for any involvement by Barṣaumā beyond the initial foundation procedures. To be sure, the preface to the *Statutes*, composed in the early seventh century, claims that Bishop Barṣaumā drafted an early set of rules,[66] but since nothing of these has survived and since, as I have argued elsewhere, the entire 'historical survey' presented in this preface lacks credibility, we may conclude that probably no such early canons ever existed.[67] Moreover, and as we have seen, the director of the school, the *rabban*, was never appointed by the bishop, but rather each director seems to have made his own arrangement for a successor.

Most instructive for the school's relation to the episcopate, and for the scholarly community's overall self-understanding as an autonomous institution, is the preface to the *Statutes*. This was composed in the wake of the crisis around Ḥnānā, as the community urgently needed to re-constitute itself. To that purpose the preface presents an account, perhaps rather imaginary, of past crises and how they were overcome.[68] In particular, the scholars claim that in the 490s a dispute had broken out, upon which the school community in despair had turned to Bishop Hosea with the urgent request to endorse a new set of rules. However, rather than exerting his ecclesiastical authority in sorting out the matter, the preface posits that Bishop Hosea in the late fifth century accorded the scholars autonomy.

> You have such excellent zeal for integrity and a fine reputation, and you have shown all this care for the reform of your community, that no other person should give you a law but only you yourselves. Go and [...] set up for yourselves all the beautiful laws that you deem (appropriate) [...].[69]

65 Ratification of Statutes of 496; Statutes of 590, Preface; Proemium of 602 and Ratification of 602 (87, 91, 51–52, 105 Vööbus).

66 Statutes, Proemium of 602 (57,8–58,2 Vööbus).

67 See Possekel 2015.

68 Statutes, Proemium of 602 (53–64 Vööbus).

69 Statutes, Proemium of 602 (59, 11–60, 7 Vööbus). This may not be a historically accurate report but rather a retrojection into the past of current claims for independence; see Possekel 2015.

While this episode may never have occurred in this way, the passage reveals that by the early 600s the school community self-confidently asserted its right of self-governance and retrojected this privilege into the institution's formative years.

One episode from the school's history vividly illustrates this independence from ecclesiastical oversight. In the late sixth century, many adversaries challenged the beleaguered *rabban* Ḥnānā: students and scholars, townspeople and even the city's popular bishop, Gregory. Gregory, as the *Chronicle of Khuzistan* relates, was an ardent defender of Theodore's theology and could not bear Ḥnānā's criticism of the "universal exegete".[70] Ḥnānā, surrounded by foes, decided to call upon the assistance of his former fellow-student, now patriarch, Sabrīšōʿ. In order to bolster the position of Ḥnānā, Sabrīšōʿ attempted to orchestrate the removal of Bishop Gregory; yet this scheme failed as the Persian episcopate did not endorse the move. Thereupon the Persian ruler Chosrow, favorably inclined towards Sabrīšōʿ, peremptorily deposed Gregory – but only to see the Nisibene Christians, fiercely loyal to their bishop, erupt in revolt. This propelled the school, where many remained partial to Gregory, into a deep crisis, and some scholars even left the academy or the town for good. Yet surprisingly, Ḥnānā stayed in office. Bishop Gregory, even though he enjoyed widespread support among both the Sasanian episcopate and the local church, ultimately could not prevail against Ḥnānā.

4.5 Financial Aspects

The last point of our investigation into the school's organizational structures is: money. The school's financial oversight, as one will recall, rested with the steward. He was in charge of the school's budget, the treasury (*gāzā ḏ-eskolē*), and he controlled other material possessions. For example, he supervised the circulation of library books.[71] In order to ensure that the steward handled his fiscal duties responsibly, the rules stipulate that any important financial transaction requires the presence of two or three witnesses.[72] Once the hospital was added, a new administrative post was created: The *aksenāḏāḵrā* oversaw the operations of the hospital (*xenodocheion*), and the rules admonish him, too, to be honest. The hospital administrator reported to the headmaster, and the *rabban*'s consent was required for all "income and expenses", as the rules put it.[73]

70 [Anonymus], Chronicle of Khuzistan (18,7–9 [text]/17 [tr.] Guidi). German translation of the *Chronicle* in Nöldeke, Die von Guidi herausgegebene syrische Chronik. On the controversy about the normativity of Theodore's theology, see for example Reinink 2009; Wood 2013, 202–206.

71 Statutes of 496, no. 14 (81 Vööbus).

72 Statutes of 496, no. 2 (74,8–9 *Vööbus)*. The treasury is mentioned in Statutes of 496, no. 4 (77 Vööbus).

73 Statutes of 496, no. 1 (92–93 Vööbus). The master here is called *mallpānā*, (head)-teacher.

While it is quite obvious from our sources what constituted the expenses – salaries for teachers and staff, building upkeep, financial aid[74] – the question of income is a bit more difficult to answer. But it seems that the school received funding from three major sources: landed estates, gifts and bequests, and fines and fees.

In its initial phase, the school owned a building – the caravansary mentioned previously – but otherwise would not have possessed much property. As one can easily imagine, this lack of an endowment posed a severe problem, which the well-connected and ever-resourceful Abraham of Bet Rabban remedied. We have noted already Abraham's vast expansion of the campus, made possible by his admirable fund-raising capabilities. Abraham approached the royal physician Qašwī, who donated land for the dormitory-*cum*-baths complex.[75] Moreover, the affluent Qašwī purchased at the price of 1000 staters an entire village, the income of which was dedicated to provide for the salary of *maqryānā* and *mhaggyānā*, who previously lacked a secure income.[76] Should the village yield more, Abraham advised, this money ought to benefit the hospital.[77] By the mid-sixth century, the school was a well-endowed institution that exerted feudal rights over this village and, presumably, other landholdings.[78]

Second, the school received income from gifts and bequests. Already the *Statutes* of 496 stipulate that the possessions of a scholar or student who dies without valid testament shall fall in their entirety to the school.[79]

Fines and fees constituted a third source of funds. The canons allot pecuniary punishments to unreliable administrators: the *rabbaytā* who fails to follow the rules would be fined ten denars of gold,[80] whereas a neglectful hospital administrator would lose his position and be required to pay fifty staters.[81] If students, who against the strict injunction not to travel to Roman territory crossed the border for purposes of business or trade, were caught, their goods or income would be confiscated and given to the treasury.[82] And neglectful teachers, who absented themselves from class or did not dutifully follow the syllabus, received a pay cut.[83]

As to tuition, the sources unfortunately do not specify whether or no students paid for their education, but it is plausible that they did. In general, the students

74 The rules refer to financial aid and alimentary assistance in Statutes of 590, nos. 3 and 14 (93–94 and 98 Vööbus).

75 Barḥadbšabbā, Ecclesiastical History 32 (623 Nau).

76 Barḥadbšabbā, Ecclesiastical History 32 (624 Nau). On Qašwī, see Becker 2006b, 79–81.

77 Barḥadbšabbā, Ecclesiastical History 32 (624 Nau).

78 This can be deduced from the admonition that students not renege on their commitment to help with the harvest (Statutes of 590, no. 10 (96 Vööbus).

79 Statutes of 496, no. 17 (82 Vööbus).

80 Statutes of 496, no. 21 (85 Vööbus).

81 Statutes of 590, no. 1 (93 Vööbus).

82 Statutes of 496, no. 4 (75–77 Vööbus).

83 Statutes of 496, no. 20 (83–84 Vööbus).

were responsible for their own living expenses and hence had to work in the summer time. They might be craftsmen, day-laborers, traders, or operate their own business.[84] Those unfortunate enough to lack both financial means and any marketable skill were warned not to go begging and thus disgrace the academy; rather, they ought to request financial support from the steward.[85]

The School of Nisibis thus presents itself as an autonomous center of Christian higher education in Sasanid Persia. It possessed judiciary independence and a sophisticated leadership structure. Its tenured director, the annually elected steward, and the community council all worked together and provided a system of checks and balances. Economically, its large endowment secured long-term viability. The school functioned independently of the ecclesiastical hierarchy: even when its theological positions were challenged, it succeeded in asserting its intellectual freedom.

5 The School of Nisibis and Late Antique Education

In the remainder of this essay, I will attempt to situate the School of Nisibis within the broader context of late antique education. The subject is vast, and by necessity these remarks will need to remain brief and preliminary.

5.1 Christian Learning in Alexandria, Antioch, and Edessa

The famous early Christian schools, such as the catechetical school in Alexandria, Origen's school in Caesarea, or the so-called school of Antioch, make perhaps the most obvious points of comparison. But as a rule these followed the model of a teacher-student circle: the master taught privately, often in his own home, and students attached themselves to him. After the master's death, the students generally dispersed themselves. The Alexandrian catechetical school, to be sure, appears to have had some kind of ecclesiastical affiliation as it prepared candidates for baptism;[86] nevertheless it remained loosely organized and broadly followed the model of a study circle. The Antiochene school, though more than the educational establishment of a single master, was less an institution but rather more an intellectual tradition, a theological and exegetical inheritance, as it were, passed on from teacher to disciple. Whereas Antiochene thought exerted a profound influence upon Nisibene intellectual life, Antioch will hardly have provided the inspiration for the school's institutional

---

84 Confer Statutes of 496, nos. 4 and 5 and Statutes of 590, no. 10 (75–78, 96 Vööbus).

85 Statutes of 590, no. 15 (98 Vööbus).

86 Wyrwa 2017, 197 (with further literature). Wyrwa observes that even Bishop Demetrius cannot be said to have controlled the school (ibid.).

set-up.[87] Arthur Vööbus and others have posited that the School of Edessa provided the blueprint for Nisibene education;[88] yet while this is an intriguing thought, for lack of any evidence to support this assertion, we cannot, in fact, endorse the claim.

5.2 The Philosophical Schools of Athens and Alexandria

Rather more similarities than with the Christian schools can be documented in the famous philosophical academies of Athens and Alexandria. One striking parallel, for example, is that in Nisibis, just as in these academies, leadership was passed on informally to a pre-selected gifted member of the teacher's inner circle. As Edward Watts has masterfully shown in his study *City and School*, the ongoing flourishing of the philosophical academies hinged on the successful transition of leadership. "Succession struggles", he observes, "were the greatest threat to late antique schools [...]."[89] When Syrianus, head of the Neoplatonist Academy in Athens, died suddenly in the 430s,[90] his disciple and *confidant* Proclus inherited the school and students.[91] Still in his twenties and inexperienced as a scholarch, yet also of an uncompromising nature and intent on getting politically involved, Proclus appears to have alienated the city's Christian elite and, presumably for this reason, opted to leave Athens temporarily in the face of insurmountable tensions.[92] Nevertheless, Proclus returned and capably led the Academy for almost half a century. Acutely aware of the challenges that had faced him when he unexpectedly and ill prepared was called upon to assume the position of scholarch, Proclus soon designated a deputy later to succeed him.[93]

Besides the transition of leadership, another similarity between Nisibis and the philosophical academies is the decisive role accorded to the advanced students. In the philosophical schools, the *hetairoi* constituted an inner circle, they supported the

87 On the exegetical and theological movement that is commonly called 'School of Antioch', see for example Schäublin 1974; Van Rompay 1997. On the school of Libanius in Antioch, especially its organizational features, see Cribiore 2009.

88 This claim was already made by Barḥadbšabbā, Cause/Explanation of the Foundation of Schools (384–385 Scher). It is found also in the Statutes, Proemium of 602 (56–57 Vööbus).

89 Watts 2006, 117. For the history of the Neoplatonist Academy in Athens in the fourth century, see Saffrey, Westerink 1968, xxxv–xlviii.

90 Syrianus became head of school after the death of Plutarch the Scholar in 431/2 (see Russell [4]2012, 1422–1423). He ran the school for less than six years (Watts 2006, 100). Overview of Syrianus' teachings in Longo 2010, 616–629.

91 Watts 2006, 101; Steel 2010.

92 Marinus, Life of Proclus § 15 (17–18 Saffrey, Segonds); Watts 2006, 104–106.

93 Proclus seems to have appointed Domninus as his deputy, but later an alienation between the two occurred, and Proclus then selected Marinus eventually to succeed him. See Watts 2006, 112–113. On the question if the designation of Domninus as *diadochus* by Marinus, Life of Proclus § 26 (30,8 Saffrey, Segonds) truly reflects his position at the Academy, see Saffrey, Segonds, in: Marinus, Life of Proclus, 146, n. 4, who regard the term as an interpolation.

master by teaching, and from this group usually emerged the next head of school. Could the "illustrious brothers" or the *bāḏōqē* in Nisibis have fulfilled a similar role? Moreover, the philosophical schools, much like the Nisibene academy, accorded great importance to the moral standing of the teacher, and they understood the philosophical instruction ultimately to serve a moral goal. And finally, as is well documented for the time of Proclus, theurgy and the communal singing of hymns, composed by the scholarch himself in his sleepless nights, formed an integral part of the life at the Academy: thus here too religious practice accompanied and complemented the intellectual philosophical enterprise.[94]

Yet differences remain. Once again, it is the advanced administrative structure of the School of Nisibis that regulated quotidian activities, its economic independence as an organization, and the wide array of subjects taught that principally distinguish it from the philosophical schools. Whereas the Neoplatonist academies of Alexandria and especially of Athens also were well endowed – the *Life of Isidore* extols the wealth of the Athenian school which accorded its philosophers "leisure and tranquility" – the principal difference lies in the fact that the Christian school of Nisibis was not primarily the school of its head-teacher, but an educational organism much larger than any individual member.[95]

5.3 The Rabbinic Academies of Sasanid Persia

Lastly, let us briefly try to assess how the School of Nisibis compares to the rabbinic academies of Sasanid Persia. This endeavour is vastly more complicated than one might surmise: the major sources for the history of the *yeshivot*, the Babylonian academies, are medieval accounts from ninth- or tenth-century Baghdad, whereas the Babylonian Talmud, compiled over centuries and preserving older traditions, only makes scattered references to these schools.[96]

The medieval Jewish academies, as David Goodblatt observes, "were schools with a corporate identity that transcended those who taught and studied there at any one time [...]. In medieval times, these schools consisted of a hierarchic structure of faculty and students, a developed fundraising apparatus complete with honorary degrees, and a defined curriculum".[97] As to the earlier schools, the tenth-century principal of Pumbedita, Rav Sherira, asserts in a famous *Letter* that the two academies of Sura and Nehardea, later succeeded by the academy in Pumbedita, were founded in the third

---

94 Marinus, Life of Proclus § 19, 20, 24 (22–23, 24, 29 Saffrey, Segonds). See Van den Berg, Proclus' *Hymns*.

95 Damascius, Life of Isidore 102 (246f. Athanassiadi).

96 Illustrative of the robust academic debate on the *yeshivot* are: Goodblatt 1975; Goodblatt 2006; Gafni 2002,; Rubenstein 2002; Becker 2010, 91–113 (all with further literature).

97 Goodblatt 2006, 823.

century, but he gives no detail and largely confines his account to enumerating the heads of school. Traditionally, scholars have adopted Sherira's *Letter* and other medieval sources as their framework and have read the Talmudic evidence through the lens of these later accounts, positing that "the essential institutional structures of the academies originated with Rav and Samuel" in the third century.[98] Were one to follow this view, it would appear entirely plausible that the School of Nisibis was modelled upon the rabbinic academies.

More recently, however, scholars have advocated a "hermeneutical skepticism regarding the medieval sources"[99] and preferred a philologically-based interpretation of the Talmudic evidence in order to gain a more nuanced understanding of the *yeshivot* in Sasanid times. Goodblatt, employing this method, argues that during the amoraic period (ca. 200–500), rabbinic schools more resembled informal study circles than schools with corporate identity. Only gradually did these loosely organized study groups evolve into more complex institutions. But while this process can be documented, it cannot precisely be dated. If this shift occurred after the fifth century, the School of Nisibis, rather than being inspired by the Jewish academies, might instead have exerted some influence upon the development of the rabbinic schools.[100]

6 Conclusion

To sum up. The School of Nisibis from the late fifth century onwards was a highly complex, autonomous institution with a corporate identity that transcended that of any individual master or scholar. Parallels with other educational establishments in the late antique world can be noted, but none appears as an evident blueprint or model for the Nisibene academy. At approximately the same time that the School of Nisibis reached its zenith, the rabbinic schools took on an ever-more corporate structure. But the closest resemblance, perhaps, is with the philosophical schools of Alexandria or Athens. Yet unlike the director in Nisibis, the scholarch in Athens

98 As summarized by Goodblatt 2006, 823.

99 Goodblatt 2006, 830.

100 It is noteworthy that the rabbinic academies and the School of Nisibis also exhibit certain similarities in technical terminology. The Greek word σχολή is common in the Syriac texts on the School of Nisibis (ܐܣܟܘܠܐ); it also was adopted in rabbinic literature, see Loewe 1974. On the comparable use of the term 'session' and the subject more broadly, see the considerations by Becker 2010, 104–110, who stresses "the shared pedagogical metaphors of the two cultures of learning" and their "projection of this pedagogical imagery onto an imagined biblical past" (107). Pedagogical imagery permeates some early literature composed at the School of Nisibis; on this, see the studies by Becker 2004; Macina 1982–1983.

essentially owned the school which had been generously endowed by Plutarch's family and could bequeath it to his successor.[101]

We are left, then, to conclude that the School of Nisibis may have been an institution *sui generis*, an innovative type of organization whose development of well-regulated routines and procedures might have been fostered by the existence of a sophisticated body of canon law in the Church of the East. To be sure, the notable Syriac monasteries of the region, such as the Great Monastery on Mount Izlā, were also governed by detailed sets of rules, but these postdate the earlier *Statutes* of the School of Nisibis and thus could hardly have inspired them.[102]

The novel character of the school certainly impressed the sixth-century Latin intellectual Cassiodorus who reminisced in the preface to his *Institutiones* that once, together with Pope Agapetus, he had hoped to found in Rome a Christian school "based on the model of two establishments, one of which is said to have existed long ago in Alexandria, whereas the other nowadays flourishes in Nisibis, the Syriac city."[103]

101 Proclus inherited the building from his predecessor Syrianus to whom in turn Plutarch had bequeathed it. See Marinus, Life of Proclus § 29 (35 Saffrey, Segonds).

102 Rather, Abraham of Kaškar penned the monastery's first set of rules in 570 after having studied for years at the school. See Īšōʿdnaḥ of Basra, Book of Chastity 14 (7 [text]/232 [transl.] Chabot); Van Rompay 2011c; Chialà 2005. Subsequent to Abraham's drawing up rules, Dāḏīšōʿ and Babai the Great composed regulations: [Auctores Varii], Syriac and Arabic Documents Regarding Legislation Relative to Syrian Asceticism (150–184 Vööbus).

103 Nisus sum cum beatissimo Agapito papa urbis Romae ut, sicut apud Alexandriam multo tempore fuisse traditur institutum, nunc etiam in Nisibi civitate Syrorum Hebreis sedulo fertur exponi [...] Cassiodorus, Institutiones (3,7–10 Mynors). On Cassiodorus and the School of Nisibis, see the following studies: Fiaccadori 1985; Macina 1982; Klauser 1977; Steinhauf 2003; Barnish 1989.

Matthias Perkams

Ostsyrische Philosophie. Die Rezeption und Ausarbeitung griechischen Denkens in der Schule von Nisibis bis Barḥaḏbšabbā

1 Philosophie bei den Syrern – ein debattierter Gegenstand

Die philosophischen Interessen der Syrisch schreibenden Christen hat in den letzten Jahren in besonderem Maße das Interesse der Forschung geweckt. Im Zusammenhang mit der Erforschung einer der Gründerfiguren der arabisch-islamischen Philosophie, Abū Naṣr al-Fārābī (ca. 870–950),[1] haben einige Autoren auf die Bedeutung syrischer Texte, Lehrer und Übersetzer für die Übermittlung des philosophischen Wissens der Antike für die Araber hingewiesen. Die textliche und wissenschaftliche Basis für die Erhärtung solcher Behauptungen ist allerdings schmal, da die meisten wichtigen syrischen Texte zur Philosophie und ihrer Rezeption entweder gar nicht oder nur unzureichend und unvollständig ediert sind; entsprechend gibt es auch kaum gehaltvolle Studien zur inhaltlichen Qualität der syrischen Beschäftigung mit Philosophie.[2]

Dies ist umso bedauerlicher, als es, neben der gerade erwähnten Würdigung der philosophischen Arbeit der Syrer auch kritische Stimmen gibt, die darauf hinauslaufen, die Philosophie habe mit den griechischen Neuplatonikern zu Beginn des 7. Jahrhunderts aufgehört und erst im 9. Jahrhundert bei arabischen Philosophen wie al-Kindī (ca. 800–866) und dem schon genannten al-Fārābī neu begonnen, denn, so Dimitri Gutas: „Syriac speaking scholars were not interested in philosophy as philosophical praxis – they were not doing philosophy creatively“[3]. Eine Begründung für diese These wird, speziell im Hinblick auf die Ostsyrer, von einem der führenden Syrologen unserer Tage geliefert: „Philosophy in its Western classical sense exists only within a circumscribed space of reason. […] The East-Syrian appropriation of philosophical terms and concepts consisted of a pragmatic selection of what would ultimately be useful only to issues of theological and devotional concern“.[4] So formuliert, berührt die Frage, ob die Syrer Philosophie getrieben haben, einen zentralen

1 Ibn Abī ʿUṣaibiʿa, Medizingeschichte (ʿUyūn al-anbāʾ fī tabaqāt al-aṭibbā), Bd. 2, S. 134f. Auszüge aus der Übersetzung von Strohmaier 1987, 382, zuletzt bei Perkams, Die Übersetzung philosophischer Texte, 115. Vergleiche auch die Übersetzung von Meyerhof, Von Alexandrien nach Bagdad, 394, 405.

2 Wichtig für die Arbeit der Syrer bis zum 7. Jahrhundert sind vor allem Brock 1983; Hugonnard-Roche 2004, ist vorsichtig mit wertenden Stellungnahmen, doch stellt er auf S. 253f., 291 durchaus einige neue Entwicklungen bei Paul dem Perser und Probā heraus.

3 Gutas 2004, 194–196; zustimmend Becker 2008, 179f.

4 Becker 2008, 179f.

https://doi.org/10.1515/9783110668292-004

Aspekt des Selbstverständnisses der Disziplin Philosophie: Kann es innerhalb religiöser Kontexte philosophische Arbeit geben, oder setzt diese nicht einen dezidiert weltanschaulich neutralen Standpunkt voraus?

Im folgenden Beitrag soll diese Frage dadurch bejaht werden, dass in der *Causa*-Literatur aus der Schule von Nisibis kreative und eigenständige philosophische Arbeit aufzuweisen versuche. Insbesondere für die „Ursache der Gründung von Schulen" des Barḥadbšabbā (um 600) lässt sich meines Erachtens zeigen, dass der Autor sowohl die eigene Arbeit als „Philosophie" verstand als auch kreativ und originell philosophische, nicht zuletzt aristotelische, Quellen zur Ausarbeitung neuer, philosophiehistorisch durchaus relevanter, Gesichtspunkte nutzte.

2 Vorbemerkungen zu Fragestellung und These

Eine Voraussetzung dieses Versuchs ist es, generell die Möglichkeit von Philosophie in religiösen Kontexten zuzugestehen. Es gilt ernst zu nehmen, dass das Ideal „Philosophie" in einigen religiösen Kontexten akzeptiert und zum Ausgangspunkt philosophischer Arbeit wurde: Nachdem schon in der Antike spätestens seit den Stoikern eine philosophische Rechtfertigung der Religion gesucht wurde, ist „Philosophie" in der Spätantike bis ins 6. Jahrhundert nicht nur zu einer verbreiteten Selbstbeschreibung christlichen Denkens und Lebens geworden; auch Juden wie Philon von Alexandrien und Anhänger der antiken Religion nahmen ganz selbstverständlich an, dass die wahre Philosophie im Grunde mit einer Theorie übereinstimmt, die ihre eigenen religiösen Überzeugungen rational erklärt.[5] In diesem Sinne wurde die Lehre des Mose auch von paganen Autoren wie z. B. dem Arzt Galen kritisch diskutiert.[6] Die Annahme, das Christentums sei die wahre Philosophie, vertraten von den ins Syrische übersetzten Autoren z. B. die drei Kappadokier Basilios, Gregor von Nazianz und Gregor von Nyssa; am Ende des 5. Jahrhunderts sah Zacharias Rhetor in deren Werk die Ausarbeitung einer christlichen theoretischen Philosophie.[7] Auch der für die Ostsyrer wichtige Theodor von Mopsuestia bezeichnete seine Arbeit als *φιλοσοφεῖν*.[8]

---

5 Zum Philosophie-Ideal bei den Kirchenvätern und zur Notwendigkeit einer angemessenen Bewertung vergleiche neuerdings Kobusch 2006, 26–57; Karamanolis 2013, 29–59; Perkams 2017, 3f.; zum spätantiken Neuplatonismus z. B. Perkams 2018, 107–109, 110–113.

6 Galen, Über den Nutzen der Glieder, 11, 14 (158f. Helmreich).

7 Zacharias Rhetor, Leben des Severos (53, l. 5–9, in Verbindung mit 52, l. 9f. Kugener).

8 Gregor von Nazianz, Rede 27, 3 (26, l. 1 Gallay: τὸ περὶ θεοῦ φιλοσοφεῖν); Theodor von Mopsuestia, Fragment 1f. (306: περὶ τῶν τῆς θεοτήτος ἐφιλοσόφησε δογμάτων. 309 Devreesse). Die vollständig erhaltene syrische Übersetzung des Werkes vermeidet den Wortstamm *filosof-*, wohl auch in Ermangelung eines verbalen syrischen Äquivalents. – Eine Auswahl aus den unzähligen Belegen für den Wortstamm φιλοσοφ- (die umfangreichste Sammlung bietet Malingrey 1961): Basilius von Caesarea, An die Jugend 9, 2; Gregor von Nazianz, Rede 4, 12 (104, l. 1 Bernardi; vom Propheten Amos); Gregor von

Damit ist ein historisches – aber für unser pluralistisches Zeitalter sehr aktuelles – Philosophieverständnis benannt, das man durchaus bei syrischen Autoren vermuten und ggf. zum Maßstab von deren Würdigung machen kann. Es ist zugleich ein inhaltlich gefülltes Verständnis, denn es setzt einerseits eine bewusste, und in den genannten Religionen recht umstrittene, Akzeptanz des Philosophie-Ideals voraus – auch für die ostsyrischen Christen ist die griechische Philosophie tendenziell etwas Fremdes bzw. „Außenstehendes"[9] –, und andererseits, im Sinne des von Gutas Gesagten, dass zur Philosophie ernsthafte und kreative theoretische Arbeit hinzugehört.

Unter diesen Voraussetzungen soll im Folgenden die Schule von Nisibis zum Gegenstand werden.[10] Hinsichtlich der Rezeption von Philosophie ist ein solcher Schulzusammenhang deswegen ein guter Ausgangspunkt, weil man damit rechnen kann, dass Systematisierungs- und Begriffsklärungsleistungen, wie sie philosophische Texte anzubieten haben, für akademische Lehrer und Forscher von Interesse sind. Zudem sind, vor dem Hintergrund allgemeiner Entwicklungen im 6. Jahrhundert, jedenfalls folgende Möglichkeiten der Rezeption und Weiterführung von Philosophie denkbar: Erstens könnte an den genannten Schulen tatsächlich Philosophie als eigenes Fach unterrichtet worden sein, und zwar unter Benutzung der Übersetzungen von Teilen des aristotelischen Organons ins Syrische, die spätestens im frühen 6. Jahrhundert durch Sergios von Rēšʿaynā (gest. 536) beginnt.[11] Zweitens ist mit einer Benutzung und ggf. Weiterentwicklung philosophischer Ansichten in einem „theologischen" Unterricht zu rechnen; dabei ist zu unterscheiden zwischen a) der Polemik gegen philosophische Lehrmeinungen; b) der direkten Ausformulierung theologischer Lehren in philosophischer Terminologie, c) der Benutzung philosophischer, insbesondere logischer, Begrifflichkeit zur Ausgestaltung des Lehrstoffs. Drittens scheint die Übernahme der genannten Vorstellung möglich, die christliche Lehre sei selbst die wahre Philosophie.

Im Folgenden will ich die genannten Punkte für die Schule von Nisibis in zwei exemplarischen Schritten erforschen: Zunächst werden die *Causae* des Kyros und Thomas von Edessa (um 540) diskutiert, die eine Art „Mainstream" der Schule zu repräsentieren scheinen (Kapitel 3),[12] bevor ich meine These am Beispiel Barḥaḏbšabbās

---

Nyssa, Homilien zum Hohelied (34: ἡ τοῦ βιβλίου τούτου φιλοσοφία; 355: ἡ ἐν τῇ ἐρήμῳ φιλοσοφία Langerbeck).

9 Dieser Punkt, der sich in den syrischen Quellen durch die Bezeichnung *barrāyā* („äußere") zeigt (z. B. Ursache/Erklärung der Gründung der Schulen [387, l. 5 Scher]), wird jüngst von Bumazhnov 2016a, seiner Einschätzung des Philosophie-Gebrauchs in Nisibis zugrunde gelegt.

10 Zur Geschichte und Bedeutung der Schule von Nisibis vergleiche den Beitrag von Ute Possekel in diesem Band; die sogenannte *Causa*-Literatur wird dort auf S. 34f. näher erläutert.

11 Zum Werk des Sergios vergleiche vor allem Hugonnard-Roche 2004, 123–231; der ganze Band gibt einen guten Überblick über die frühen Übersetzungen philosophischer Texte ins Syrische. Vergleiche dazu auch Brock 1983. Zur Frage, ob in Nisibis Philosophie unterrichtet wurde, siehe neuerdings Bumazhnov 2016a, 199.

12 Dieser „Mainstream" ostsyrischer Theologie ist insbesondere von Macina 1982/83 als solcher herausgearbeitet worden.

genauer darlege (Kapitel 4) und ein detailliertes Fazit ziehe (Kapitel 5). Diese beiden Schritte rechtfertigen sich auch durch den Forschungsstand: Einerseits wird für Thomas und Kyros von Edessa, wenn auch in recht globaler Weise, behauptet, dass sich hier erstmals in ostsyrischen Quellen aristotelische Logik verarbeitet finde,[13] und andererseits ist der intensive Gebrauch von Philosophie in der „Ursache der Gründung von Schulen“ schon mehrmals bemerkt und diskutiert worden.[14]

3 Die Verwendung von Philosophie bei Thomas und Kyros von Edessa

Die *Causae* des Thomas und Kyros von Edessa stellen von ihrer Form her scholastische Texte dar, die durch eine Reihe von Fragen eingeleitet und strukturiert werden. Die einzelnen Texte, deren vollständige Inhaltsübersicht am besten nach wie vor ein Artikel von Anton Baumstark aus dem Jahr 1903 darstellt, der auch die bis jetzt noch nicht edierten Texte umfasst,[15] zeigt dass der Katalog der hier gestellten Fragen, in moderner Terminologie, rein theologischer Art sind. Ihr genauerer Charakter sei hier anhand von zwei Beispieltexten kurz erläurtert:

Thomas von Edessa fragt in seiner „Ursache des Festes der Geburt des Herrn“ – nach einer gleich zu besprechenden Einleitung und einer Art Inhaltsverzeichnis[16] – zunächst 1. nach der Ursache, warum dieses Fest gefeiert wird, dann 2. nach den Gütern, die wir durch die Menschwerdung Christi erhalten, weiter 3. nach der Ursache, warum diese Güter noch nicht sämtlich bei der Schöpfung gegeben wurden, im Anschluss daran, 4. warum sie durch einen Menschen gegeben werden mussten, und so weiter.

Die „Ursache der Auferstehung“ des Kyros von Edessa beginnt – ebenfalls nach einem kurzen Vorwort und einem Inhaltsüberblick – zunächst 1. mit einer Definition von „Auferstehung“ sowie der Frage nach der Ursache für das Fest, bevor er danach 2. fragt, warum sie an einem Sonntag erfolgte, dann 3., warum sie nach drei Tagen erfolgte, und so weiter.[17] Alle so strukturierten *Causae* enden mit einer Aufforderung zu einem tugendhaften Leben. Trotz ihres deutlich schulischen Charakters lässt sich ein eigenständiges philosophisches Frageinteresse also nicht festmachen, und zwar

---

13 Brock 1982, 22.

14 Becker 2006b, vor allem 126–254; Ramelli 2004; Becker 2008, 172–180; Bumazhnov 2016a; Perkams 2015.

15 Baumstark 1901

16 Diese Texte werden in den Handschriften und in der Edition von Carr als Kapitel 1 und 2 gezählt, so dass die erste eigentliche Frage (hier = 1.) dort Kapitel 3 ist (vergleiche schon Macomber, Introduction, XIII). Vergleiche auch die Inhaltsangabe zu Beginn der *Causa nativitatis* des Thomas von Edessa (3f. Carr [syr.]). – Im Folgenden gebe ich für Kyros und Thomas von Edessa nur die syrische Paginierung an, da diese jeweils am Rand der lateinischen bzw. englischen Übersetzung angegeben ist.

17 Bei Macomber werden die hier genannten Nummern in lateinischen Zahlen angegeben.

auch nicht in dem Sinne, dass philosophische Prolegomena zur Theologie, weder in Form einer metaphysischen Gotteslehre noch in Form logischer Erörterungen, hier ihren Platz haben.

Spuren philosophischer Überlegungen finden sich allerdings ebenso wie philosophische Argumentationsformen in den beiden hier untersuchten Texten durchaus. Das ergibt sich im Grunde schon aus der Tatsache, dass die Erklärungen nicht in Form eines einfachen Schriftbeweises, sondern in Form einer recht geschlossenen Theorie des christlichen Glaubens gegeben werden.[18] In deren Mittelpunkt steht insbesondere die Deutung der Heilsgeschichte als einer fortgesetzen Lehre Gottes an sein Volk, an deren Ende eine Vervollkommnung des Menschen durch den Erwerb vollendeten Wissens insbesondere der Trinität steht,[19] welches durch Jesus Christus in Vollendung gegeben worden sei, nachdem die Menschheit durch die im Alten Testament erzählten Offenbarungen die notwendige Vorbereitung für eine solche Lehre erhalten habe. Es handelt sich also um eine Fortschritts- und Erziehungsgeschichte mit dem in der antiken Philosophie verbreiteten Ziel vollkommener Erkenntnis; entsprechend ist der Mensch Jesus in erster Linie der vollendete Lehrer. Mithilfe dieser systematischen Konzeption werden die biblischen Erzählungen gelesen und gedeutet.

Hinsichtlich ihrer Argumentationsstruktur ist eine derartige Theorie, welche dazu dient, eine Fülle unterschiedlicher autoritativer Texte möglichst vollständig zu deuten, nicht wesentlich verschieden von der spät-neuplatonischen Theorie, die, wie sich etwa in Proklos' *Platonischer Theologie* zeigt, den Rahmen abgibt, um die Aussagen aller platonischen Dialoge sinnvoll erklären zu können. Mit dieser Vorgehensweise, die patristische Vorgänger etwa bei Origenes und Gregor von Nyssa findet, bezeugt schon die frühe *Causa*-Literatur, dass ein Unterschied zwischen „Theologie" und „Philosophie", wie er nach Vorläufern im arabischen Raum besonders an den Universitäten des lateinischen Mittelalters entwickelt wurde, auch für den ostsyrischen Raum einen Anachronismus darstellt: Die methodische Vorgehensweise ist bei Philosophen und christlichen „Theologen" ähnlich.

Neben diesen generellen Überlegungen zeigen die Texte aber auch Theorieelemente und Argumentationsformen, die man in engerem Sinne auf antike Philosophen zurückführen könnte: die Lehre von einer unsterblichen rationalen Seele, die zur Tugend und Gotteserkenntnis fähig ist;[20] die der platonischen Tradition entstammende Aufteilung in eine ewige und eine zeitliche Welt;[21] die schon bei Platon zu findende Trias der göttlichen Allmacht, Weisheit und Güte;[22] die Unendlichkeit und

---

18 Vergleiche Macomber 1964, 5f.

19 Thomas von Edessa, Ursache/Erklärung der Geburt des Herrn (23, 8–12; 30, 21f.; 44, 10f. Carr).

20 Thomas von Edessa, Ursache/Erklärung der Geburt des Herrn (20, 2–4 Carr).

21 Macomber 1964, 10–12 mit Belegen, aber ohne Verweis auf den platonischen Hintergrund; vergleiche aber ebenda 17.

22 Thomas von Edessa, Ursache/Erklärung der Geburt des Herrn (25, 11–26, 3; 27, 8f. Carr); vergleiche Platon, Gesetze X, 901de (als Zusammenfassung einer längeren Argumentation). Das Thema taucht

Unaussprechlichkeit Gottes;[23] die Ewigkeit des göttlichen Wissens;[24] die Blindheit des Nachttiers gegenüber dem Licht der Sonne als Analogie zu den Grenzen menschlichen Wissens;[25] das nur partielle Wissen des Menschen;[26] der Mensch als Mikrokosmos;[27] der grundsätzliche Vorzug der rationalen vor den nicht rationalen Wesen;[28] und natürlich das Ideal vollkommenen Wissens als Lebensziel.[29] Thomas von Edessa benutzt ferner in Kapitel V der Edition von Carr intensiv die Form der Diatribe, indem er sich Einwände stellt und diese beantwortet;[30] er definiert und unterscheidet Begriffe, wie Sünde und Neigung;[31] er spricht vom übertragenen Sprachgebrauch.[32]

Für das gehobene Argumentationsniveau des Thomas und die vorausgesetzten Kenntnisse philosophischer Argumentationsweisen ist vor allem die folgende Passage aufschlussreich:

> Denn wir stellen fest, dass ein jedes, sowie in unser Denken kommt, dass es ist (*d-īṯāw(hy)*), auf eine der folgenden Weisen ist (*d-īṯāw(hy)*) – außerhalb von ihnen gibt es nichts, das auf andere Weise ist (*īṯāw(hy)*), und es könnte auch nicht entstehen (*w-āp lā meškḥā ḏ-nehwē*) –: Es gibt Gott, den Schöpfer von allem, und es gibt alles Rationale (*kullhōn mlīlē*), welches sich auf zwei Ordnungen aufteilt, das Sichtbare und das Unsichtbare, und es gibt alle nicht sprachbegabten Lebewesen, und es gibt die nicht lebendigen und nicht sinnlich wahrnehmenden Naturen.[33]

Mithilfe dieser Unterscheidung wird dann mittels eines Ausschlussverfahrens ausführlich begründet, weswegen Gott nichts anderes übrig blieb, als den Menschen in die zweite, sichtbare rationale Ordnung zu setzen, die sündigen kann.[34] Wir haben

---

zu Beginn der *Causa fundationis scholarum* wieder auf. Die christliche Rezeption geht mindestens bis Irenaeus, Gegen die Häresien IV 38, 3 zurück.

23 Thomas von Edessa, Ursache/Erklärung der Geburt des Herrn (43, 5–13 Carr).

24 Cyrus von Edessa, Ursache/Erklärung der Auferstehung, des Fastens sowie der Himmelfahrt VII 3 (118f. Macomber).

25 Cyrus von Edessa, Ursache/Erklärung der Auferstehung, des Fastens sowie der Himmelfahrt III 5 (108, 22–26 Macomber). Diese Lehre geht auf Aristoteles' Metaphysik II 1, 993b 9–11 zurück.

26 Thomas von Edessa, Ursache/Erklärung der Geburt des Herrn (27, 11–13 Carr).

27 Thomas von Edessa, Ursache/Erklärung der Geburt des Herrn (39, 3–5 Carr). Dieser Gedanke, der insbesondere stoische, aber auch aristotelische Vorgänger hat (Gatzemeier 1980), ist besonders zentral für die ostsyrische Theologie: Macomber 1964, 14f.

28 Thomas von Edessa, Ursache/Erklärung der Geburt des Herrn (40, 2–8 Carr); Cyrus von Edessa, Ursache/Erklärung der Auferstehung, des Fastens sowie der Himmelfahrt II 4 (103f. Macomber).

29 Neben den schon genannten Belegen z. B. auch Thomas von Edessa, Ursache/Erklärung der Geburt des Herrn (24, 13–15 Carr). Interessanterweise wird dieser Aspekt bei Macomber 1964 kaum erwähnt.

30 Thomas von Edessa, Ursache/Erklärung der Geburt des Herrn (34, 2f. Carr).

31 Thomas von Edessa, Ursache/Erklärung der Geburt des Herrn (33, 10–12 Carr).

32 Thomas von Edessa, Ursache/Erklärung der Geburt des Herrn (34, 19f. Carr). Dies wird auch in Sergios von Rēšʿaynās *Großem Kategorienkommentar für Theodoros* behandelt. Dazu Furlani 1922, 163.

33 Thomas von Edessa, Ursache/Erklärung der Geburt des Herrn (35, 8–14 Carr).

34 Thomas von Edessa, Ursache/Erklärung der Geburt des Herrn (35, 14–39, 8 Carr).

hier also eine Gesamtaufteilung alles Seienden, vor deren Hintergrund festgelegt wird, unter welche Beschreibung der Mensch nicht fallen kann. Impliziert ist also die Annahme, dass selbst Gott bei seiner Schöpfung an gewisse rational nachvollziehbare Strukturen, die er in seiner Weisheit erkennt, gebunden ist, wenn er die insgesamt bestmögliche Welt schaffen will – so wie es viele antike Theorien und noch Thomas von Aquin annehmen.[35] Die engste philosophische Parallele zu diesem Vorgehen, die mir bekannt ist, findet sich im Kommentar des schon erwähnten Proklos zum platonischen *Timaios*, wo es ebenfalls um die Frage geht, wieso es eigentlich Seelen geben muss, die zur Ursache des Bösen werden können. Proklos' Antwort, dass es zwischen unveränderlichen und rationalen Wesen einerseits sowie veränderlichen und sinnlichen Wesen andererseits eben, zur Geschlossenheit der Wirklichkeitsstruktur, auch noch solche geben müsse, die rational und veränderlich wären,[36] ist als Schluss aus einer Vorstellung von der Gesamtstruktur des Universums unserem Text nicht unähnlich, obwohl die Argumentation nicht identisch ist.

Trotz ihrer philosophischen Konnotationen sind allerdings die genannten Beobachtungen aufgrund der Tatsache, dass sie verbreiteten Argumentationsmustern philosophischer Theologie nahestehen, noch nicht geeignet, um zu bestätigen, dass Thomas von Edessa irgendwelche philosophischen Schriften direkt gekannt oder gar benutzt hätte. Insbesondere handelt es sich nicht um Techniken, für die eine spezifische Schulung in aristotelischer Logik notwendig wäre, die auch im 6. Jahrhundert auf syrisch vorlag. Dieser Sachverhalt lässt sich jedoch bei dem jüngeren Kyros von Edessa an mehreren Stellen wahrscheinlich machen:

Einmal fragt Kyros hinsichtlich der Auferstehung nach deren Definition und geht dazu auf die Homonymie ein, die zu Beginn von Aristoteles' *Kategorien* eingeführt wird (1a 1–6). Kyros erläutert hierzu, dass aus der eigentlichen Bedeutung eines Wortes aufgrund der Homonymie (*šāwyūṯ šmā*) in übertragener Weise (*šā'ilāyiṯ*) weitere Bedeutungen abgeleitet werden können, wie das Beispiel des Wortes „Himmel" zeige, das im Syrischen in den Wendungen „Himmel des Rachens" und „Himmel des Hauses" auch für den Gaumen und die Zimmerdecke stehen könne.[37] Kyros erläutert also ein philosophisches Modell, für das er auch eine syrische philosophische Terminologie verwendet,[38] mit einem Beispiel, das bereits der syrischen Sprache entnommen ist und übrigens in den Bibelübersetzungen vorliegt.[39]

---

35 Thomas von Aquin, Summe der Theologie I 47, 1–2; 48, 2 resp. und ad 2.

36 Proclus, Kommentar zum Timaios (I, 378, 21–379, 24 Diehl). Vergleiche Perkams 2018, 106f.

37 Cyrus von Edessa, Ursache/Erklärung der Auferstehung, des Fastens sowie der Himmelfahrt (103, 8–13 Macomber).

38 *šāway šmā* steht z. B. in allen drei erhaltenen syrischen *Kategorien*-Übersetzungen für ὁμώνυμα, aber nicht in der von Brock herausgegebenen ältesten syrischen Übersetzung von Porphyrios' *Eisagoge*, wo *damyuṯ šmā* verwendet wird (p. 13, 12 Brock); ebenso anscheinend in Sergios' *Großem Kategorien-Kommentar* (Hugonnard-Roche 2004, 27); *šā'ilāyiṯ* kommt z. B. im *Kategorien-Kommentar* des Sergios vor: Furlani 1922, 163.

39 Vergleiche die Belege bei Payne Smith 1879–1901, II, Sp. 4208.

Ein andermal merkt Kyros hinsichtlich der Rede über die Güter der kommenden Welt an, diese würden über ihre Qualität (*aydāyūṯā*) und nicht über ihre Summe (*sākā*) definiert, so wie auch das Meer, die Erde und die Zeit nicht über ihre Quantität (*kmāyūṯā*), sondern über ihre Art und Weise (*znānāyūṯā*) definiert würden.[40] Hier wird ebenfalls relativ elaboriert auf ein philosophisches Problem eingegangen, wobei die Quelle schwer festzustellen ist. Die hier ausgedrückte Lehre kommt nicht aus der *Eisagoge* oder den *Kategorien*, könnte aber einem Kommentar hierzu entstammen. Abgesehen von dem Wort für Quantität stimmt die Terminologie allerdings nicht ganz mit den bisher zugänglichen Informationen über die syrischen Aristotelika überein.[41]

Man kann also zumindest bei Kyros von Edessa in der Tat davon ausgehen, dass er mit syrischen Erklärungen insbesondere der Kategorienschrift bekannt war, und weitere Forschung kann womöglich die genauere Quelle ermitteln.[42] Wie die genannten Beispiele zeigen, werden die Kenntnisse aristotelischer Logik allerdings nur instrumentell zur Erläuterung bestimmter Theologoumena verwendet und zeigen keine eigenständige Hochschätzung der Philosophie.

Offen bleiben muss hingegen die Frage, ob auch die Einteilung der *Causae* in schematisch argumentierende Fragen eine Übernahme aus der Philosophie darstellt, wie in der Forschung behauptet wurde.[43] Auffällig ist, dass Thomas von Edessa im Vorwort zur „*Causa* der Geburt Christi", dem wohl frühesten erhaltenen Text, der diese Einteilung enthält, dieses Verfahren durch einen Verweis auf seinen mnemotechnischen Nutzen eigens begründet und dazu ein originelles Bild von den Meilensteinen einer Wegstrecke entwirft.[44] Diese Formulierungen geben keine Hinweise auf philosophische Quellen: Sollte Thomas hier auf griechische Vorbilder rekurrieren, so können diese genauso gut in der Lehre der Medizin zu finden sein, zumal Mār Aḇā gerade diese Disziplin in Nisibis heimisch gemacht hat,[45] oder sogar im christlichen Denken selbst, wo schon Gregor von Nyssa seine Erklärung

---

40 Cyrus von Edessa, Ursache/Erklärung der Auferstehung, des Fastens sowie der Himmelfahrt (132, 18–24 Macomber).

41 Zwei spätere Übersetzungen der Kategorien haben für *ποῖον* den Ausdruck *aynāyūṯā*, wofür das in den Wörterbüchern nicht aufgeführte *aydāyūṯā* verschrieben sein könnte, doch tendieren die früheren Übersetzer eher zu *znā* (Hugonnard-Roche 2004, 27), wovon *znānāyūṯā* abgeleitet sein könnte; dieses Wort ist in den Wörterbüchern in der Bedeutung ‚Qualität' erst bei Isaak von Ninive belegt (Sokoloff, 2009, 389a).

42 Es handelt sich jedenfalls im Hinblick auf die Homonymie nicht um Sergios von Rēšʿaynās *Kategorien-Kommentar an Theodoros*, denn dieser verwendet, ebenso wie die früheste erhaltene *Eisagoge*-Übersetzung (siehe Anmerkung 38) anstelle von *šawyuṯ šmā* die Wendung *damyuṯ šmā*. Bei der Behandlung der Homonyma und Synonyma am Ende von Buch II (ms. Mingana Syriac 606, f. 73r-74r) wird das Beispiel „Himmel" auch nicht verwendet.

43 Riad 1988, 63, 144.

44 Thomas von Edessa, Ursache/Erklärung der Geburt des Herrn (7, 5–8, 3 Carr).

45 Dazu jetzt Possekel 2015, 131–133.

des Menschen mit einer Liste der Kapitel eröffnet;[46] auch Mār Aḇās griechischer Anhänger Kosmas Indikopleustes stellt seiner „Christliche Topographie" eine Liste der Bücher voran.[47]

Mit Mār Aḇā stoßen wir, nach der eigenen Angabe des Thomas von Edessa,[48] auf den Urheber der in den frühen *Causae* zu findenden Theorie des Christentums. Der gemeinsame Einfluss dieses Lehrer lässt sich auch durch einen Vergleich mit Theorieelementen bei dem gerade genannten Kosmas Indikopleustes erhärten.[49] Diese Feststellung impliziert aber noch keine endgültige Klärung der langfristigen Abhängigkeit unserer Texte; hierzu ist zu beachten, dass die bei Thomas und Kyros von Edessa zu findende Theorie letztlich ein Echo der Aussagen des Theodor von Mopsuestia darstellt, der die didaktische Konzeption von Heilsgeschichte weit entwickelt hatte;[50] der Grad des Fortschritts zwischen diesem und Thomas von Edessa ist ebenso unklar wie die hieran beteiligten Personen, von denen Mār Aḇā keineswegs der einzige gewesen sein muss.[51] Für die Frage nach der Philosophie ist hieran relevant, dass die philosophischen Einflüsse bei Thomas und Kyros sich ebenfalls nicht auf eine Person zurückführen lassen; großenteils können sie sich bereits in verlorenen Werken des Theodor von Mopsuestia gefunden haben. Die Benutzung aristotelischen Gutes durch Kyros setzt allerdings, gerade in ihrer Beiläufigkeit und dem syrischen Charakter seiner Beispiele, eine syrischsprachige Tradition philosophischer Grundbildung voraus, deren gegenwärtig nicht fassbare Wurzeln mindestens bis in das erste Drittel des 6. Jahrhunderts reichen müssen.

4 Die Rolle der Philosophie und philosophische Arbeit bei Barḥaḏbšabbā von Ḥalwān

4.1 Barḥaḏbšabbā und sein Lehrer Ḥnānā von Adiabene

Eine deutliche Weiterentwicklung im Vergleich zu den bis jetzt besprochenen *Causae* zeigt sich in einigen späteren Texten der Gattung, die von Ḥnānā von Adiabene und Barḥaḏbšabbā von Ḥalwān offensichtlich in Nisibis verfasst wurden. Sowohl Ḥnānās „*Causa* des Goldenen Freitags", das heißt des Freitags nach Pfingsten, als auch

46 Gregor von Nyssa, Über die Situation des Menschen (106–113 Forbes).

47 Cosmas Indicopleustes, Christliche Weltbeschreibung, Prologus § 4–6.

48 Thomas von Edessa, Ursache/Erklärung der Geburt des Herrn (5, 4–9; 6, 16–7, 4 Carr).

49 Übersicht bei Hainthaler 2002a, 255–260; vergleiche auch Hainthaler 2010, 49, 57.

50 Macomber 1964, 6–24. Macomber sieht diese pädagogische Konzeption der Heilsgeschichte als eine von zwei bei Theodor und Kyros von Edessa verbundenen unterschiedlichen, aber im Grunde zu vereinbarenden Erklärungen der Heilsgeschichte an.

51 Macina 1982–1983, 115–117.

Barḥadbšabbās recht bekannte „Ursache der Gründung von Schulen"[52] enthalten, wie schon angedeutet, keine Strukturierung in Fragen, sondern sind als reiner Fließtext gestaltet.[53] Beide beginnen (bei Ḥnānā nach einem Vorwort) mit einer kurzen Darstellung einer Gotteslehre in einem deduktiv-philosophischen Stil, bevor sie auf die Erklärung des jeweiligen Ereignisses eingehen. Damit erwecken beide Texte den Eindruck, die Ursache der beschriebenen Ereignisse sei letztlich Gott selbst in seinem Verhältnis zur Schöpfung, so dass der rationale Erklärungsduktus jedenfalls von seiner literarischen Form her größere Geschlossenheit erhält.

Der bedeutendere der beiden Texte, die „Ursache der Gründung von Schulen" des Barḥadbšabbā, deren Text Addai Scher 1908 unter Benutzung dreier wohl für immer verlorener Handschriften aus der Bibliothek von Seert herausgab,[54] zeigt schon auf den ersten Blick bemerkenswert philosophische Gesichtspunkte. Formal gesehen erklärt er die Vorlesungszeiten an der Schule von Nisibis. Auf dem Weg hierzu liefert der Autor nicht nur einen Abriss einer philosophischen Theologie und Anthropologie, sondern er zeichnet auch die gesamte Heilsgeschichte als eine Folge von Schulgründen nach, die von Gott initiiert wurden, angefangen mit der Belehrung der Engel im Himmel. Nachdem diese Geschichte durch die griechischen Philosophen und den Zoroastrismus in unvollkommener Weise ergänzt wurde, erfährt die Heilsgeschichte ihren Höhepunkt, indem Jesus Christus „robuste Definitionen der Philosophie und aller Wissenschaften" liefert. Von hierher führt uns der Autor über die dogmatischen Debatten der Spätantike bis zur Geschichte der eigenen Schule, angefangen von ihrer Gründung durch Narsai bis hin zur (in den Augen des Autors) glanzvollen Gegenwart unter der Leitung des Ḥnānā.[55] Adam Becker hat in diesem Text den Einfluss von nicht weniger als vier literarischen Gattungen bzw. Formen entdeckt, nämlich neben der *Causa*-Literatur selbst den philosophischen Protreptikos, die scholastische Überlieferungskette, und die kollektive Biographie.[56]

Schon aus dieser Perspektive liegt die Frage nach dem philosophischen Charakter dieser Expositionen und dem zugrundeliegenden Philosophieverständnis nahe; sie hat aber auch interessante geistesgeschichtliche Implikationen: Da Barḥadbšabbā auf die Konflikte um seinen Lehrer Ḥnānā anspielt und sie mit einem gleich noch zu besprechenden großen Lob kontrastiert, dürfte er, entgegen anderen Angaben in der chronistischen Literatur, demjenigen Teil der Schule von Nisibis angehört

52 Edition mit französischer Übersetzung von Scher in der *Patrologia Orientalis* von 1907/08. Neuere Übersetzungen gibt es auf Englisch (Becker 2008) und Italienisch (Ramelli 2004). Behandelt wird der Text u. a. in Hermann 1926, Vööbus 1965a, Wallace-Hadrill 1982, 62–65, Ramelli 2004, Becker 2008 und Becker 2006b, wobei nur die letzten drei Titel der philosophischen Seite des Werks nennenswerte Aufmerksamkeit schenken. Vgl. auch Perkams im Druck a) und b).

53 Vermerkt bei Hainthaler 2010, 49.

54 Vergleiche zur handschriftlichen Tradition Becker 2008, 165–171.

55 Einen etwas ausführlichen Überblick über die Struktur des Textes gibt Becker 2006b, 98–100.

56 Becker 2006b, 101–112.

haben, die Ḥnānā treu blieben und sich um eine Neubegründung des schulischen Selbstverständnisses bemühten.[57] Akzeptiert man Ute Possekels jüngst vorgetragene Argumente dafür, dass diese Gruppe intensiv daran arbeitete, ihr eigenes Selbstverständnis als Schule klarer herauszuarbeiten,[58] ergibt sich somit ein plausibler historischer Kontext für die „Ursache der Gründung der Schulen": Barḥaḏbšabbās extrem ausgeprägtes Lob der eigenen Schule[59] erweist sich als ein weiteres Element der Selbstvergewisserung von Ḥnānās Kreis, das uns hilft, dessen Überzeugungen, wie wir sie in der „Ursache des Goldenen Freitags" finden, besser zu verstehen. Dazu sollen nun einige Beobachtungen zur Arbeit der Texte mit Philosophie präsentiert werden.

4.2 Die Transformation philosophischer Quellen bei Barḥaḏbšabbā

Ḥnānā von Adiabene beginnt die „*Causa* des Goldenen Freitags" mit zwei grundlegenden Distinktionen nämlich einerseits zwischen der Belehrung durch Worte sowie durch Taten, und andererseits zwischen den geistigen und den sinnlich wahrnehmbaren rationalen Wesen, wobei erstere aufgrund ihrer rationalen Auffassungsgabe keine Taten zum Lernen benötigten.[60] Die erstgenannte Definition sei daher sowohl für die Menschen wichtig, die durch das hörbare Wort, als auch für solche, die durch die sichtbare Tat belehrt würden, weswegen es – in Analogie zu der Unterscheidung zweier Gattungen rationaler Wesen – auch in der Welt diese zwei Lehrweisen gebe.[61] Man sieht deutlich, dass hier die philosophische Methode porphyrianischer Distinktionen zur Strukturierung einer metaphysischen Erklärung der Heilsökonomie angewandt wird; auffällig ist dabei vor allem die Unterscheidung zwischen Lehre durch Worte und durch Taten, die an die philosophische Unterscheidung von Theorie und Praxis denken lässt.

Diese Vermutung lässt sich durch einen Vergleich mit der „Ursache der Gründung von Schulen" des Barḥaḏbšabbā erhärten, in der dieselben Themen angesprochen werden, die philosophischen Implikationen aber deutlicher hervortreten: Nach diesem Text hat die Erkenntnis bzw. „Intelligenz" (*madd'ā*) ihren Sitz in der Seele und die Fähigkeit, sowohl deren Erkenntnisvermögen Geist (*hāwnā*), diskursives Denken (*tar'īṯā*) und Meinen (*maḥšaḇta*) zur wahren Erkenntnis zu führen als auch deren „Lebensvermögen" (*ḥaylē ḥayuṯānē*) Begehren (*reggṯā*), Zorn (*ḥemmṯā*) und Wollen

57 Vergleiche die ausgewogene Diskussion des Problems bei Becker 2008, 11–16.
58 Ich beziehe mich hier auf Possekel 2015 und ihre instruktiven Beobachtungen.
59 Siehe etwa Ursache/Erklärung der Gründung der Schulen (332, 1–11 Scher).
60 Ḥnānā, Ursache/Erklärung des Goldenen Freitags (55, 14–56, 6 Scher).
61 Ḥnānā, Ursache/Erklärung des Goldenen Freitags (56, 7–57, 4 Scher).

(*ṣeḇjānā*) zu richtigen Bewegungen zu führen.[62] Diese Auflistung von kognitiven und appetitiven Seelenvermögen ist für jeden Kenner des spätantiken Denkens leicht als die auf aristotelische Terminologie zurückführbare Liste der Seelenvermögen νοῦς, διάνοια und δόξα bzw. ἐπιθυμία, θυμός und βούλησις zu identifizieren, die unter dem Namen γνωστικαὶ und ζωτικαὶ δυνάμεις etwa in der Einführung zu Johannes Philoponos' Kommentar zu *De anima* aufgelistet werden;[63] für Barḥaḏbšabbā handelt es sich um einen von mehreren Belegen für seine Kenntnis spätantiker Philosophie, doch macht es einen solchen Bezug auf die philosophische Unterscheidung von Theorie und Praxis auch für den gerade genannten Text seines verehrten Lehrers Ḥnānā wahrscheinlicher.

Besonders interessant wird Barḥaḏbšabbās Einteilung der Seelenvermögen aber dadurch, dass wir ihre exakte Quelle ermitteln können, nämlich den Kommentar an Theodoros des Sergios von Rēšʿaynā zu Aristoteles' *Kategorien*, wie der folgende Textvergleich zeigt:[64]

Ursache/Erklärung der Gründung der Schulen, p. 341, 3–342, 7 Scher:

Diese rationale und erleuchtete Intelligenz ist **eine Ähnlichkeit zu Gott** ihrem Schöpfer. [...] Im Hinblick darauf, dass unsere Rede auf diese Intelligenz zielt, die in uns ist, wollen wir sehen, wie sie in uns ist, und welches ihre Wohnstätte ist. [...] Es ist dann folglich ihre Ursache und ihr Fundament die Seele, welche in uns gebunden ist. Das, was an **Erkenntniskräften** (an) ihr ist, sind **drei: Verstand, Denken und Meinen.** Aus diesen gehen drei andere hervor, und zwar **Epithymia, Thymos und Boulesis.** Die Intelligenz aber steht oberhalb von ihnen allen, wie der weise Wagenlenker, der geschickte Steuermann, der in die Ferne schaut, und sein Schiff, das diese Schätze trägt, fernhält von den Felsen des Irrtums und von den Nebeln der Unkenntnis, indem **der erste und theoretische Teil [S. 342] die Erkenntniskräfte reinigt, so dass sie nicht etwas für ein anderes erkennen [= halten], sondern die Wahrheit und die Bestimmtheit der Dinge erkennen.** Durch den **anderen, den praktischen Teil wiederum reinigt sie die Lebenskräfteder Seele und bereitet sie vor, damit ihre Lebensführung hierin nicht in unnützen Dingen besteht, sondern damit ihre Bewegungen richtig und trefflich erfolgen.**

Sergios von Rēšʿaynā, Kommentar an Theodoros zu Aristoteles' Kategorien I 2f. (Mingana syr. 606, f. 53v-54r; Paris, BNF syr. 354, f. 3v-4r = p. 191 Hugonnard-Roche):

Die Philosophie ist **eine Ähnlichkeit zu Gott (*dumyā ḏ-allāhā*).** [...] Und weiter sagen [die Philosophen]: Weil die rationale Seele die Mutter der Wissensformen und auch selbst in zwei Teile geteilt ist, deswegen teilte sich auch die Philosophie, die ihrerseits das Wissen von allem ist, in zwei Teile. [...] Sie sagen nämlich, dass zu diesen

Erkenntniskräfte gehören, so wie **Verstand, Denken und Meinen**, und zu ihnen Lebenskräfte gehören, so wie **Epithymia, Thymos und Boulesis.** Weil also die Philosophie die gesamte Seele reinigt, sagen sie zutreffend, dass auch sie in zwei Teile geteilt ist. Denn durch ihren **ersten**

62 Ḥnānā, Ursache/Erklärung der Gründung der Schulen (341, 7–342, 5 Scher).

63 Philoponos, Kommentar zu Aristoteles Über die Seele I (15, 1–8 Hayduck/387–389 Schramm); vergleiche hierzu Opsomer 2006, 140–147; Perkams 2008, 41–50. Weitere Vergleiche bei Hugonnard-Roche 2004, 206–209.

64 Zur Erleichterung der Lesbarkeit werden die syrischen Texte im Appendix verglichen. Für weitere Parallelen und eine genauere Interpretation vgl. Perkams im Druck a) und b).

und theoretischen Teil [S. 342] reinigt sie die Erkenntniskräfte, so dass sie nicht etwas für ein anderes erkennen [= halten], sondern die Wahrheit und die Bestimmtheit der Dinge erkennen. Durch den **anderen, den praktischen Teil wiederum reinigt sie die Lebenskräfte der Seele und bereitet sie vor, damit ihre Lebensführung hierin nicht in unnützen Dingen besteht, sondern damit ihre Bewegungen richtig und trefflich erfolgen.**

Diese Entlehnung lehrt uns auf verschiedenen Ebenen Mehreres zu Barḥaḏbšabbā:

1. ist sie der wohl erste sichere Nachweis für eine Nutzung von Sergios' Kategoriendeutung bei den Ostsyrern bzw. in der Schule von Nisibis, bestätigt also die Annahme, dass die Rezeption von Philosophie Ost- und Westsyrer gleichermaßen erreichte.[65]
2. bestätigt sie, dass die „Ursache der Gründung von Schulen", wie sie uns vorliegt, keine stenographierte Rede, sondern ein auf der Grundlage bestimmter Quellentexte schriftlich verfasstes Werk ist.[66]
3. ist sie ein aufschlussreiches Beispiel für Barḥaḏbšabbās Arbeitsweise: Er bedient sich, durchaus antiker Praxis gemäß, wörtlicher Zitate aus anderen Texten, fügt diese aber in neue Kontexte ein und verwandelt so die Gesamtaussage nicht unwesentlich. Das Ergebnis ist an unserer Stelle von übergeordneter Bedeutung für das Verständnis seines eigenen Standpunkts:
   Er ersetzt nämlich, wie dem aufmerksamen Leser nicht entgangen sein wird, Sergios' Wort „Philosophie" (*filosofūṯā*) durch „Intelligenz" (*madd'ā*), worunter er ein Vermögen in unserer Seele versteht, die, platonischer Lehre entsprechend, in unserem Körper gefangen bzw. „gebunden" ist.[67] Dieser platonische Charakter, der sich auch in Annahme eines göttlichen „Seelenfünkleins" zeigt,[68] wird in dem mitzitierten Text mit den platonischen Metaphern des Wagenlenkers (*hēniōḵā*) und des Steuermanns (*qūbernēṭā*) erläutert, die ihrerseits mit griechischen Fremdwörtern umschrieben werden; die Quelle für diese Informationen dürfte die ins Syrische übersetzte *Theophanie* des Eusebios von Kaisareia sein, der wir gleich noch näher begegnen werden.[69] Die Kombination mehrerer philosophischer Vorlagen und ihrer Gedankenstränge zeigt deutlich eine ausgeprägte Arbeit mit philosophischen Quellen und Motiven.

65 In diesem Sinne etwa Brock 1991, 152.

66 Das ist auch schon Becker 2008, 181–191, durch einen Vergleich mit der *Kirchengeschichte* des Barḥaḏbšabbā aufgewiesen worden.

67 Vergleiche Platon, Gorgias, 493a.

68 Ursache/Erklärung der Gründung der Schulen (340, 6 Scher): *nuhrā ḏ-madd'ā allahāyā*.

69 Dieser bezeichnet die *madd'ā ḏ-'al kull* als *qūbernēṭā* (II. 26 [92, 1–4 Gressmann]), und erwähnt sowohl neben diesem auch den *hēniōḵā* (II. 46 [100, 19f. Gressmann]). Die Seiten beziehen sich auf die deutsche Übersetzung von Gressmann, die Paragraphenzählung findet sich auch in der Edition des syrischen Textes durch Lee.

Der zentrale Schritt, Sergios' aristotelisch-neuplatonische Funktionsbeschreibung der theoretischen und praktischen Philosophie durch das höchste Vermögen in der Seele zu ersetzen, belegt ferner einen klaren systematischen Gestaltungswillen: Letztens geht es Barḥaḏbšabbā um die Fähigkeit der menschlichen Seele, sich selbst zu reinigen und so ihrem göttlichen Rang entsprechen zu können. Diesem Ziel wird die auch in Sergios' Übersetzung nicht mehr klar erkennbare Definition der Philosophie als ein „Ähnlichwerden mit Gott, soweit es möglich ist" (ὁμοίωσις θεῷ κατὰ τὸ δυνατόν: Platon, *Theaitetos* 176b) untergeordnet, die nun als eine Ähnlichkeit des höchsten Seelenvermögens mit Gott christlich im Sinne der Lehre vom Menschen als Bild Gottes interpretiert wird.[70] Letzten Endes dürfte dieses Vorgehen in der Sache mit dem Platonismus gar nicht inkompatibel sein, diskutiert doch auch dieser ein höchstes Einheitsvermögen der theoretischen und praktischen Funktionen der Seele und dessen Bedeutung für die richtige oder falsche Entwicklung als ganzer.[71]

Irreführend wäre es, aus diesem Befund zu folgern, Barḥaḏbšabbā habe diese inhaltliche Integration einer philosophischen Vervollkommnungslehre von der Rezeption des Philosophie-Ideals loslösen wollen: Denn während er das Wort „Philosophie" hier, aus den genannten systematischen Gründen ersetzt, trägt er dieses dort in seinen Argumentationsgang ein, wo er die Philosophie seinen christlichen Rezipienten als Teil von deren eigenem Erbe vermitteln kann: Im Rahmen der Aufzählung der Stationen der Heilsgeschichte als Bildungsgeschichte, deren Grundzüge er durchaus mit Thomas von Edessa teilt, hält er bereits in Bezug auf Mose fest, durch diesen habe Gott „eine große Schule von vollkommener Philosophie" (*eskōlā rabbṯā ḏ-filosofūṯā gmīrṯā*) errichtet.[72] Wenn Barḥaḏbšabbā den Begriff Philosophie hier im Zusammenhang mit Mose verwendet, schließt er sich der bis zu Philon von Alexandrien zurückreichenden Tradition an, in Moses Schöpfungsbericht ein Stück Philosophie zu sehen.[73] Doch auch über die oben kurz skizzierte Rezeption des Philosophie-Ideals durch die Kirchenväter geht Barḥaḏbšabbā noch einmal hinaus:

> Er [Jesus] setzte tragfähige Definitionen der Philosophie (*filosofūṯā*); so erweckte er die Weisheit, die tot war, belebte die Gottesfurcht, die nichtig war, und zeigte die Wahrheit, die verlorengegangen war: alle Arten von Wissenschaft (*āḏšāw(hy) d-julpānā*), gleichsam als unterschiedliche Glieder einer Statue, entwarf und begründete er kurzgefasst in den Ohren der Gläubigen.[74]

70 Zur Rolle dieser Definition von Philosophie in der Spätantike siehe Perkams 2017, 19.
71 Vergleiche dazu etwa Stephanos von Alexandrien (Ps.-Philoponos), Kommentar zu Aristoteles Über die Seele III (464, 30–467, 6/deutsch 702–711 Tornau) und dazu Perkams 2008, 402–416.
72 Ursache/Erklärung der Gründung der Schulen (358, l. 6 Scher).
73 Philon, Über die Herstellung der Welt 1, § 8 (2, l. 14 Cohn).
74 Ursache/Erklärung der Gründung der Schulen (371, l. 7–10 Scher).

Eine derartige ausdrückliche Bezeichnung Christi als Lehrer der Philosophie und aller Wissenschaften ist im griechischen Raum ganz ungewöhnlich[75] und muss daher als pointierte Selbstdeutung des Barḥaḏbšabbā und seines schulischen Umfeldes gelesen werden. Ihren systematischen Bezugspunkt hat sie, wie das gesamte Konzept der Heilsgeschichte als Abfolge von Schulen, in dem schon bei Thomas von Edessa zu findenden Konzept einer göttlichen Erziehung der Menschheit zu vollkommenen Wissen, die bei Jesus ihren Höhepunkt erreicht. Neu ist gegenüber diesem Ansatz aber die pointierte Erwähnung der Philosophie und deren Verbindung mit verschiedenen „Wissenschaften", womit in syrischer Terminologie die *μαθήματα*, das heißt die propädeutischen Lehren im Platonismus, gemeint sind.[76] Den wissenschaftlichen Charakter, den er der Lehre Jesu beimisst, zeigt Barḥaḏbšabbā weiterhin auch durch einen Vergleich der systematischen Vollständigkeit des von diesem gelehrten Wissens mit den Gliedern einer Statue.[77]

Dass auch diese Idee eines Systems der Wissenschaften, die eine „Verwissenschaftlichung" des christlichen Erkenntnisideals impliziert, auf einer Umgestaltung eines Philosophie-Ideals beruht, zeigt sich, wenn Barḥaḏbšabbā das Motiv bei der Erwähnung Theodors von Mopsuestia genauer ausführt. Auch hier ist die Benutzung des Sergios evident:

> Ursache/Erklärung der Gründung der Schulen, p. 378, 9–379, 11 Scher
>
> **Denn bis zu der Zeit, zu der die** Gnade **diesen Mann zum** Existieren und **Wohnen unter den Menschen gebracht hatte, waren alle Teile** der Lehre, der Erklärungen und der Traditionen der Heiligen Schriften, **gleich** den verschiedenen Arten, aus denen das Bildnis des Königs der Könige gemacht ist, **verteilt und verstreut** an jedem Ort, **konfus und un**geordnet **bei sämtlichen** früheren **Schriftstellern** und Vätern der katholischen Kirche. Nachdem dieser Mensch das Gute vom Bösen unterschieden und sämtliche Schriften und Überlieferungen der Alten durchforscht hatte, da **sammelte er, nach Art eines** geschickten **Arztes, sämtliche** [S. 379] Traditionen und Aphorismen, **die zerstreut waren**, zu einer einzigen Vollkommenheit, **setzte sie dem Handwerk und dem Intellekt gemäß zusammen und fertigte aus ihnen ein vollkommenes Heilmittel an Lehre**, vollkommen in Tugenden – dasjenige, **das die schweren Krankheiten des Nicht-Wissens ausreißt und entfernt von den** Meinungen **derer, die sich** ernsthaft **mit seinen Schriften befassen.** Denn obwohl es Krankheiten und Leiden in unserem Körper gibt, so gibt es doch unter allen Leiden keines, das böser und bitterer ist für die Seelen der Menschen als die Krankheit des Nichtwissens. **Und ebenso wie diejenigen, die eine Statue herstellen, jedes einzelne** Glied **der Gestalt für sich herstellen, so**dann **eines nach dem anderen zusammensetzen, wie es** die Ordnung **des Handwerks erfordert, und eine vollkommene Statue machen, so kombinierte auch** der selige Theodor, **ordnete und passte ein, und setzte jedes einzelne** Glied dieser Lehre **in die Ordnung, welche** die Wahrheit **erfordert, und erstellte aus ihnen durch alle seine Schriften eine vollkommene und wunderbare Gestalt** von diesem Wesen, das Herr der Güter ist.

75 Trotz umfangreicher Lektüren ist mir gegenwärtig kein wirklich vergleichbarer Beleg bekannt.
76 Belege für *julpānē* in diesem Sinne in den in [Auctores Varii], Aristotelica auf Syrisch (198, 43–199, 1; 200, 15 Baumstark [Seitenzählung der deutschen Übersetzung]) edierten Texten.
77 Ursache/Erklärung der Gründung der Schulen (369, 4–370, 3 Scher).

Sergios von Rēš'aynā, Kommentar an Theodoros zu Aristoteles' Kategorien (Mingana syr. 606, f. 52rv; Paris, BNF syr. 354, f. 1v-2v = p. 168 Hugonnard-Roche):

> Der Ursprung und Beginn aller Bildung war Aristoteles. [...] **Denn bis zu der Zeit, zu der die** Natur **diesen Mann zum** Existieren und **Wohnen unter den Menschen gebracht hatte, waren alle Teile** der Philosophie und der Bildung **gleich** einfachen Heilmitteln **verteilt und verstreut, konfus und unwissenschaftlich bei sämtlichen Schriftstellern.** Dieser allein aber **sammelte, nach Art eines** weisen **Arztes, sämtliche** Schriften, **die zerstreut waren**, und **setzte sie dem Handwerk und dem Intellekt gemäß zusammen und fertigte** sie zu **dem vollkommenen Heilmittel** seiner **Lehre, das die** mühevollen und **schweren Krankheiten des Nicht-Wissens ausreißt und entfernt aus den** Seelen **derer, die sich** sorgfältig **mit seinen Schriften befassen.** Denn **ebenso wie diejenigen, die eine Statue herstellen, jedes einzelne** Teil **der Gestalt für sich herstellen,** und **so eines nach dem anderen zusammensetzen, wie das Handwerk erfordert, und eine vollkommene Statue machen, so kombinierte auch** dieser**, ordnete und passte ein, und setzte jedes einzelne** Teil der Philosophie **in die Ordnung, welche** ihre Natur **erfordert, und erstellte aus ihnen durch alle seine Schriften eine vollkommene und wunderbare Gestalt** des Wissens von allem Seienden.

Theodor von Mopsuestia übernimmt also bei Barḥadbšabbā die Rolle des Aristoteles, den Sergios als den Sammler aller philosophischen Lehre dargestellt hatte. Diese Beschreibung, die sich unter anderem dadurch auszeichnet, dass Sergios – im Gegensatz zur spätantiken Tradition – Platon nicht mehr als Garanten philosophischer Bildung erwähnt,[78] wird dabei nur insoweit verändert, als einige Wortgruppen im christlichen Sinn ersetzt sowie einige weitere Erklärungen hinzugefügt werden. Vor allem tritt bei Barḥadbšabbā Gott an die Stelle der Natur als Gegenstand des Wissens, und die Erwähnungen des Werks der Vorgänger wird explizit christlich gestaltet. Die hinzugefügte Erklärung, dass die Krankheit des Nicht-Wissens durch richtige Lehre geheilt werden muss, ist hingegen selbst Teil des antiken Ideals, dass wahres wissenschaftliches Wissen in sich eine Verbesserung des Menschen darstellt. Dieses Ideal wird von Barḥadbšabbā unter der Prämisse, dass an die Stelle der irrigen aristotelischen Philosophie nun eine wahre christliche Lehre treten muss, in seinen Grundzügen voll und ganz geteilt: Die Philosophie Christi, wie sie in Nisibis gelehrt wird, ist nicht weniger vollständig als die der Griechen, sondern hebt sich lediglich durch Wiedergabe der wahren Lehre aufgrund der heiligen Schriften von ihr ab; das Philosophie-Ideal wird, ohne dass dies gesagt würde, in Form wörtlicher Übernahmen in die eigene Lehre integriert – ganz ähnlich, wie Pseudo-Dionysios dies mit einem großen Teil proklischen Gutes gemacht hat.

Bemerkenswert ist, dass Aristoteles, der bei Sergios eine große Rolle spielt, bei Barḥadbšabbā völlig zurücktritt: Als den Gründer der philosophischen Schulen, deren Lehren, ebenso wie die Tradition der Zoroastrier, die Erkenntnis der Wahrheit grundlegend verfehlten, sieht Barḥadbšabbā Platon an und erwähnt dessen Schüler

---

78 Vergleiche Hugonnard-Roche 2004, 190; Perkams, im Druck b zur genaueren traditionsgeschichtlichen Einordnung.

Aristoteles nur knapp. Seine kurzen, in der Tendenz gemischten und nur bedingt richtigen Nachrichten zu diesen Autoren, den Atomisten Demokrit und Epikur sowie den „Physikern", das heißt den vorsokratischen Naturphilosophen, lassen wiederum den Einfluss des Eusebios erkennen, dessen *Theophaneia* sich als die Quelle fast des gesamten Platon-Referats erweisen lässt.[79] Die Mitteilung, Platon habe einen einzigen Gott angenommen, von dessen Logos (*melltā*) und vom heiligen Geist gesprochen, aber andererseits das Volk nicht von der polytheistischen Religiosität abgehalten,[80] stellen Kernpunkte von dessen auf Platon zentriertem Philosophieverständnis dar.

Eusebianischer Einfluss ist auch fassbar, wenn Barḥaḏbšabbā seinen Lehrer Ḥnānā charakterisiert:

> Wie der große Schatz der Königsherrschaft, ist seine Seele reich an allen Wissensformen der Bücher (*b-kullhēn jadda'āṯā ḏa-ktāḇē*), und wie der Tisch des Königs, der mit allen Arten von Speisen geschmückt ist, so bereitet auch er uns andauernd einen geistigen Tisch vor, der mit den Köstlichkeiten der Bücher gefüllt, mit den Arten der Lehre des heiligen Studiums vermischt und mit der eleganten Rede der Philosophen (*b-melltā sqīltā d-filosōfē*) gesalzen ist.[81]

Die Wendung „elegante Rede der Philosophen" dürfte auf die *εὐγλωττία* anspielen, den Wohlklang der Rede, in dem laut Eusebios[82] der einzige Vorzug der griechischen Philosophie, und insbesondere derjenigen Platons, gegenüber der wahren Philosophie des Evangeliums besteht – wobei dieser Vorteil laut späteren Kirchenvätern, die den Topos gerne übernehmen, den Philosophen eher zum Nachteil gereicht, weil er „verzaubert", anstatt zu argumentieren.[83] Barḥaḏbšabbā hat derlei Bedenken jedoch nicht, denn für ihn wurde der Wohlklang der philosophischen Sprache in die Lehre der Schule von Nisibis aufgenommen, die sich damit das Erbe der griechischen Antike voll und ganz zu eigen gemacht hat und es nun im Perserreich vertritt. Die oben kurz angesprochenen Beobachtungen zu Ḥnānās „*Causa* des Goldenen Freitags" können als Illustration dafür dienen, wie dieser mit dem philosophischen Erbe umging.

---

79 Fast alle in Ursache/Erklärung der Gründung der Schulen (363, 12–364, 9 Scher) gegebenen Informationen über Platon und andere Philosophen sind hier zu finden, wie (zur Zitation siehe oben Anmerkung 69) die Opferung des Hahns an Asklepios (II. 30 [93, 11f. Gressmann]), Platons heuchlerisches Verhalten (etwa II. 30 [93, 4ff. Gressmann]; II. 44 [98, 17ff. Gressmann]); Seelenwanderung (II.44 [98, 23 Gressmann]); Epikur und Demokrit (II. 19 [88, 3–25ff. Gressmann]); Aristoteles über die Vorsehung nur bis zum Mond (II. 20 [88, 31ff. Gressmann]), wobei sie gelegentlich leicht modifiziert wurden.

80 Ursache/Erklärung der Gründung der Schulen (363, 12–364, 2 Scher).

81 Ursache/Erklärung der Gründung der Schulen (392, 1–5 Scher).

82 Eusebius von Caesarea, Vorbereitung auf das Evangelium 11, 1 (vol. 2, p. 5, l. 2–10 Mras).

83 Zum Beispiel Gregor von Nazianz, Rede 25, 2 (158, 4f. Mossay) und 32, 25 (136, 5 Moreschini); Theodoret von Kyrrhos, Therapie der Griechischen Leiden 2, 19 (vol. 1, p. 143, 8 Canivet).

4.3 Die Ontologie des Barḥaḏbšabbā

Während die bis jetzt dargelegten Entwicklungen zeigen, dass es den Nisibenern um 600 in der Tat ernst damit war, Philosophie – nun verstanden als christliche Wissenschaft und eine darauf gestützte Lebensführung – zu betreiben, kann man sich fragen, ob hiermit auch verbunden ist, dass sie auf systematische Weise philosophisch nachgedacht haben. Um hierfür ein Beispiel zu liefern, komme ich nun auf die Ontologie zu sprechen, die Barḥaḏbšabbā ausarbeitet. An ihr lässt sich erkennen, dass in Nisibis mit dem Ziel, die Bedingungen der Rede über Gott näher zu bestimmen auch auf interessante Weise philosophisch gedacht wurde.[84] Grundlegend ist der folgende Abschnitt:

> Das Geistige (*ruḥānā*) wird unterteilt in Endliches und Unendliches, sowie in das schlechthinnige Sein (*īṯyā*) und das Zeitliche, und in die Ursache von allem sowie das von der Ursache von allem, nämlich Gott, Verursachte.
>
> Denn, nicht dadurch, dass es ‚ist' (*b-hāy d-īṯāw(hy)*), ragt etwas hervor, sondern dadurch, was und wie es ist (*b-hāy d-mānā w-aykānā īṯāw(hy)*). Denn das eine ist allgemein, das andere aber ein Spezifikum (*īḥīḏāyṯā*). Der Stier nämlich ragt nicht dadurch gegenüber dem Stein hervor, dass er ein Körper ist, sondern dadurch, dass er lebt und sinnlich wahrnimmt; der König und der Priester gegenüber dem Volk nicht dadurch, dass sie Mensch sind, sondern durch ihren Rang und ihre Würde; und der Engel gegenüber dem Menschen durch seine Unsterblichkeit; und Gott gegenüber seinen Geschöpfen durch sein Wesen und seine Ewigkeit (*b-īṯūṯeh w-mettōmāyūṯeh*).
>
> Denn dies, dass es ‚ist' (*hāy d-īṯāw(hy)*), ist ihm und uns gemeinsam; die Ewigkeit aber allein ist ein Spezifikum von ihm.[85]

Der Grundgedanke dieses Texts ist es, den Unterschied zwischen Schöpfer und Geschöpf innerhalb eines gemeinsamen Oberbegriffs zu erklären, der vom Sein selbst hergenommen ist, wobei der Schöpfer auf eine besondere Weise ist, die einerseits durch seine Ewigkeit, andererseits durch seine kausale Wirkkraft gekennzeichnet ist. Dieses Vorgehen ist philosophiegeschichtlich bemerkenswert, denn offensichtlich werden hier zwei Seinsbegriffe unterschieden, die sich beide sowohl auf den Schöpfer wie auf das Geschöpf beziehen lassen:

1. Einer von diesen Begriffen bezeichnet, so wie es dem syrischen *īṯāw(hy)* ‚es ist' (das auch als Kopula funktionieren kann) als einer Form des absoluten *īṯ* entspricht, das Sein im Allgemeinen, das als universales Prädikat verstanden wird, das auf jedes Seiende, also auch auf Gott und Mensch, im selben Sinn zutrifft.

---

84 Das Folgende ist eine Neubearbeitung von Perkams 2015, 178–186, das insbesondere auf eine grundlegende kritische Lektüre der ersten Fassung durch Martin Heimgartner sowie das Auffinden der Parallelen bei Theodor von Mopsuestia reagiert. Herrn Heimgartner sei für seine Bemerkungen herzlich gedankt.

85 Ursache/Erklärung der Gründung der Schulen (338, l. 8–p. 339, l. 2 Scher).

2. Der andere Begriff entspricht in seiner Formulierung ganz der griechischen Frage nach dem τί ἐστι[86] und verrät sich damit als der Wesens- bzw. Substanzbegriff, der für jedes Seiende eine verschiedene Bedeutung hat.

Diese Unterscheidung zweier Bedeutungen von „Sein" ist auffällig und erinnert eher an mittelalterliche Konzeptionen, in denen vor allem seit Avicenna ein einheitlicher, existenziell konnotierter von einem essenziellen Begriff des Seins unterschieden wird, als an griechische Vorbilder, bei denen das Konzept der Existenz nur recht geringe Bedeutung besitzt.[87] So kann Aristoteles zufolge, dessen Lehre Barḥaḏbšabbā z. B. aus Porphyrios' *Eisagoge* kennen konnte, der Begriff des Seienden nicht als allgemeine Gattung verstanden werden, da die Kategorien selbst keine Arten einer Gattung sind.[88] Die neuplatonische Interpretation dehnt den Seinsbegriff zwar über die sichtbare Welt, die durch die aristotelischen Kategorien beschrieben wird, hinaus aus, sieht aber „seiend" und seine begleitenden Eigenschaften, z. B. Einheit oder Güte, ebenfalls als hierarchisch gestufte Reihe an. In dieser Konzeption, die seit der Spätantike auch von vielen Christen aufgenommen wird – wofür die *analogia entis* des Thomas von Aquin das bekannteste Beispiel ist[89] – bestimmt das höchste Glied der Reihe, was es eigentlich heißt ‚seiend' zu sein, und die anderen Glieder der Kette sind das nur insoweit, als sie diesem höchsten Glied ähnlich sind. Auch in einem solchen Verständnis ist ‚seiend' also kein einheitlich gebrauchter, univoker Begriff, sondern eine bestimmte Ähnlichkeitsrelation, die in je unterschiedlicher Weise auf das darunter Fallende zutrifft.[90] Barḥaḏbšabbā folgt demgegenüber einer anderen Tradition, für die er eine wichtige Quelle ist. Sie findet sich meines Wissens zuerst bei Theodor von Mopsuestia, allerdings offenbar nur in syrischer Übersetzung.[91] Während dieses Abhängigkeitsverhältnis an anderer Stelle näher zu untersuchen ist, geht es hier darum zu zeigen, wie Barḥaḏbšabbā selbst diese Ontologie unter Verwendung älterer syrischer und porphyrianischer Motive ausbaut, um so seine philosophische Vorgehensweise zu zeigen.

Der erste relevante Gesichtspunkt ist, dass Gott als ‚seiend' qualifiziert wird, und nicht als überseiend, so wie es die Neuplatoniker vom Einen oder Guten sagten.

---

86 Auch im griechischen Bereich kann das τί ἐστι durchaus in der Hinführung zur Erkenntnis des Höchsten auftauchen: Plotin, Enneade VI 5, 2, 9–23. Dazu etwa Chiaradonna 2002, 109f.

87 Der klassische Aufsatz zu diesem Thema ist Kahn 1966; vom selben Autor vergleiche auch Kahn 1976 (beide jetzt in Kahn 2009 zugänglich).

88 So die abgekürzte Begründung bei Porphyrios, Eisagoge (6, 5–12 Busse = 13, 10–14, 2 Brock [früheste syrische *Eisagoge*-Übersetzung]).

89 Zum Beispiel Thomas von Aquin, Summe der Theologie I 13, 5 responsio.

90 Das gesamte Problem und mögliche Lösungsoptionen wird knapp zusammengefasst etwa von Lloyd 1990, 76–85 und weiterdiskutiert von Chiaradonna 2002, 227–291. Dieser verweist insbesondere auf Plotins Diskussion von Analogie und Univozität in Enneade I 4, § 3, l. 1–40.

91 Theodor von Mopsuestia, Katechetische Homilien 9, 10 (228 Tonneau = f. 58r, 6–16); Fragmenta (57, 28–58, 19 Sachau). Vergleiche Bruns 1995, 88–90.

Grundsätzlich erklärt sich dies durch den christlichen Charakter des Textes: Unter spätantiken Christen ist die Bezeichnung Gottes als ‚seiend' üblich, da sich spätestens seit Eusebios die Ansicht durchsetzt, der Gott, der in der Dornbusch-Szene der Genesis auf Griechisch von sich sagt ‚Ich bin der Seiende' (*ἐγώ εἰμι ὁ ὤν*. Exodus 3, 14), könne mit einem platonischen Seinsbegriff konzeptualisiert werden.[92] Das ist auch der Ansatzpunkt des Theodor von Mopsuestia, der auf diese Weise die Annahme begründet, dass das eigentliche Sein Gott zukommen müsse, da dieser nicht manchmal ist und manchmal nicht ist.[93] Der Begriff wahren Seins wird also hier bereits durch das platonische Attribut der Ewigkeit charakterisiert.

Die Bezeichnung Gottes als Sein im Anschluss an Exodus 3, 14, welche die Ostsyrer bei Theodor finden konnten, war ihnen aber auch aus der syrischen Tradition bekannt. Für die Ostsyrer geht dies aus den zwar späten, aber die Tradition systematisierenden Zeugnissen des Theodor bar Kōnī und des Īšōʿdāḏ von Merw hervor: Hier wird die in der syrischen Bibelübersetzung wörtlich aus dem Hebräischen übernommene Wendung: “אהיא אשר אהיא“ (*ēhyē ašēr ēhyē* = ich bin, der ich bin) erklärt als ‚das Sein, das ist' (*īṯyā ḏ-īṯāw(hy)*).[94] Das syrische Wort *īṯyā*, das ich hier als ‚das Sein' und bei Barḥaḏbšabbā als ‚das schlechthinnige Sein' übersetzt habe, ist allerdings eine für diese Sprache typische Sonderbildung, die ein nicht zusammengesetztes, selbständig existierendes Sein bezeichnet, das von der syrischen Tradition seit Ephrem ausschließlich in Gott gefunden wird.[95] Einfluss Ephrems liegt an der eben zitierten Stelle aus Barḥaḏbšabbā (vergleiche vor allem p. 338, l. 11f. Scher) in der Tat vor, wie ein Vergleich mit folgender Passage aus Ephrems vierten Mēmrā „Über den Glauben" ergibt:

> Etwas ist (*īṯāw(hy) medem*); das haben wir erkannt. Wie es ist (*d-aykān īṯāw(hy)*), das haben wir nicht erfasst.
>
> Nicht hast Du, weil Du erkannt hast, dass etwas ist, auch erfasst, wie es ist (*law meṭol d-īḏaʿt d-īṯāw(hy) āp d-aykān īṯāw(hy) aḏrakt*).[96]

Somit zeigt sich wiederum das Einbeziehen von Quellen, die uns bei Thomas und Kyros von Edessa noch nicht begegnet sind: In deren homogener Konzeption von Heilsgeschichte als Erziehungsgeschichte spielt Ephrems Seinsdebatte keine Rolle; das Wort *īṯyā* kommt nirgends vor. Wenn sich dies bei Barḥaḏbšabbā ändert, dann zeigt das, ebenso wie seine Rezeption der griechischen Philosophie, eine größere

---

92 Eusebius von Caesarea, Vorbereitung auf das Evangelium 11, 9 (vol. 2, p. 24f. Mras).

93 Theodor von Mopsuestia, Katechetische Homilien 9, 10 (228 Tonneau = f. 58r, 8–14).

94 Theodor bar Kōnī, Scholion (Rezension von Seert) 1, 31 (vol. 1 p. 16, l. 2f. Scher [syr.]); Īšōʿdāḏ von Merw, Kommentar zu Exodus 3, 14 (9, 14–16 Van den Eynde [syr.]): *īṯyā ḏ-īṯāw(hy) hwā w-īṯāw(hy)*.

95 Vergleiche dazu Possekel 1999, 56f. mit detaillierteren Nachweisen. Dass eine Zusammensetzung nicht mit dem Begriff der *īṯyā* vereinbar ist, betont Ephrem der in 2. Prosa-Refutation gegen Mani (195, l. 26f. Burkitt, Bevan, Mitchell).

96 Ephrem, Hymnen über den Glauben, 4, 59–62 (46f. Beck).

Offenheit für verschiedene Einflüsse, die so gekonnt zu einem neuen Ganzen verschmolzen werden, dass die Bruchstellen literarisch wie philosophisch häufig gar nicht auffallen.

Aber selbst wenn sich Barḥadbšabbā von Theodor und Ephrem inspirieren lässt, geht er auch eigene Wege: Während Ephrem die Existenz Gottes einräumt, aber zugleich die Frage nach dem „wie“, also inhaltliche Spekulationen über dessen Natur zurückweist, fragt Barḥadbšabbā primär nach dem „was“ der seienden Dinge und stellt das eher unbestimmte „wie“, gleichsam wie eine literarische Reminiszenz, hintan. An die Stelle von Ephrems Ablehnung einer Untersuchung von Gottes Wesen tritt damit eine Distinktion, die die Grundlage für diese Annäherung liefert, indem Barḥadbšabbā die Definition von etwas, das heißt die Frage, „was etwas ist“, als argumentatives Schlüsselkonzept für die Erklärung des Verhältnisses des Seins Gottes und desjenigen der Schöpfung verwendet. Diese Entwicklung geht vermutlich auf eine Tradition in der Schule von Nisibis zurück, wie eine Parallele in Junillus Africanus' *Instituta regularia divinae legis* bestätigt, wo ebenfalls, in Bezug auf Gott, das *quod est* vom *quid est*, das unerkennbar bleiben muss, unterschieden wird.[97] Dieser Text enthält allerdings keine weiteren systematischen Ausführungen. In der argumentativen Struktur von Barḥadbšabbā ist der doppelte Seinsbegriff hingegen die Voraussetzung dafür, dass es eine Gemeinsamkeit von Gott und Geschöpf gibt, welche einerseits die Bezeichnung Gottes überhaupt ermöglicht – dies wird später noch eigens ausgeführt[98] –, und andererseits die Angabe von Unterschieden möglich macht.

Der Schlüsseltext für die Aufnahme der Frage danach, was etwas ist, ist Porphyrios' *Eisagoge*, das heißt seine Einführung in Aristoteles' *Kategorien*, die am Beginn des neuplatonischen philosophischen Curriculums steht. Sie liegt, wie von Adam Becker ausführlich dargelegt ist, auch der Distinktionskette zugrunde, die der eben zitierten Passage unmittelbar vorhergeht.[99] Der zitierte Abschnitt selbst stellt hingegen eine Zusatzreflexion dar, welche die Frage klären soll, wie Gott erkennbar ist.[100] Diese Frage geht unser Autor an, indem er den ihm vorliegenden Baum des Porphyrios um den Begriff Gott ergänzt: Denn in der anonymen frühen syrischen Übersetzung der *Eisagoge*, die von Sebastian Brock ediert wurde, taucht Gott an der Stelle gar nicht auf: Das rationale Wesen wird von Porphyrios in ein sterbliches, den Menschen, und ein unsterbliches eingeteilt, das zwar im griechischen Text „Gott“, im syrischen aber – von christlicher Gottesfurcht geleitet? – „die Engel“ (*malāḵē*) heißt.[101]

97 Iunillus Africanus, Instituta regularia 1, 13 (148, l. 10–12 Kihn/483 Maas).
98 Ursache/Erklärung der Gründung der Schulen (335, l. 1–13 [Selbsterkenntnis Gottes vor der Schöpfung]; 339, l. 9–14 Scher).
99 Ursache/Erklärung der Gründung der Schulen (337, l. 8–p. 338, l. 7 Scher). Vergleiche Becker 2008, 172–180.
100 Ursache/Erklärung der Gründung der Schulen (337, l. 7f. Scher).
101 Eisagoge Syriace (23, l. 9–12 Brock) = Eisagoge (10, 12–14. Busse)

Auf diese syrische Variante dürfte sich unser Text beziehen, wenn er die Engel mit dem Prädikat „Unsterblichkeit" kennzeichnet – wobei von seiner Quelle her die Frage offenbleibt, wie denn nun Gott innerhalb vergleichbarer Distinktionen zu behandeln ist. Als Antwort führt Barḥaḏbšabbā Ephrems Begriff des schlechthinnigen Seins, der *īṯyā*, ein und entwickelt von hierher seine eigene Reflexion zu der Frage, wie sich Gott erkennen lässt. Näheren Aufschluss hierüber liefert ein weiterer Text:

> Denn auch wenn dieses Wort, dass es ‚ist' (*īṯāw(hy)*),[102] für das Allgemeine (*gāwā*) und für das Spezifische (*īḥīdayā*) gleich ist, so ist es doch in eigentlicher Weise für Gott allein treffend und passend. Denn alles was ‚ist' (*kull d-īṯāw(hy)*), ist entweder geworden (*hāwyā* = *γενητόν*) oder nicht geworden (*lā hāwyā* = *ἀγένητον*). Und so wie bei dem, was geworden ist, das ‚war' früher ist als das ‚ist' – indem es die Ursache von diesem ist –, ebenso ist auch bei demjenigen, der ‚ist', ohne geworden zu sein, das schlechthinnige und ewige Sein (*īṯyā w-mettōmayā*) früher als, was er ‚ist' – indem es die Ursache von dem, was er ‚ist', darstellt. Denn wenn er nicht schlechthinniges und ewiges Sein ist und doch ‚ist', dann ist er geworden. Wenn dies wahr ist, dann hat er einen Ursprung und empfängt von etwas anderem das Gewordensein, und er hat mit allem, was geworden ist, diese beiden (Aspekte) gemein, zum einen den, dass er geworden ist, und zum anderen den, dass er ‚ist'. Wenn es absurd ist, dies dort[103] zu denken, dann ‚ist' er folglich, weil er Sein ist, während die Schöpfung ‚ist', weil sie geworden ist und einen Ursprung hat.[104]

Bei diesem Text, dessen Argumentation im Einzelnen einige Unklarheiten aufweist, handelt es sich offensichtlich um eine Darlegung der Existenz und spezifischen Seinsweise Gottes. Der Text verwendet ebenfalls *īṯyā* ausschließlich für Gott, während ‚alles, was ist' sowohl auf ewige als auch auf zeitlich gewordene Dinge bezogen wird, die, wie schon bei Theodor, aber deutlicher ausgeführt, alle dadurch verbunden sind, dass sie ‚sind'.

Während Barḥaḏbšabbā aus dem Bereich des nicht-gewordenen Seins Zeitlichkeit ausschließt, setzt er voraus, dass die Frage nach einer Ursache auch bei einem nicht gewordenen Sein sinnvoll gestellt werden kann. Jedoch meint er, dass ein Verständnis des nicht-gewordenen Seins Gottes als ‚ewig' in sich ausreichend ist, um anzugeben, in welchem Sinn im jenseitigen Bereich von Verursachung gesprochen werden kann, denn ‚ewig' bedeutet für ihn offenbar so viel wie ‚selbstkonstituiert', weswegen das Ewige als ‚Ursache von allem' bezeichnet werden kann (p. 338, 9f.). Somit kommt Barḥaḏbšabbā zumindest indirekt auch auf die Einheit Gottes zu sprechen, da die für alles übrige Seiende kennzeichnende Zweiheit, die sich aus der Beziehung ihres jeweiligen Seins zu ihrer Ursache ergibt und im zuletzt zitierten Abschnitt als ‚war' bezeichnet wird, dadurch aufgehoben ist, dass sein schlechthinniges und ewiges Sein sich im Grunde selbst hervorbringt. Andererseits ist noch die Vorstellung erkennbar, dass das Sein Gottes als ursächliches gegenüber dem geschaffenen Sein

102 Die Übersetzung kennzeichnet das Auftreten des Wortes *īṯāw(hy)* durch einfache Anführungszeichen: ‚ist' bzw. ‚es ist'.

103 Mit ‚dort' (*tamān*) ist der Bereich des nicht gewordenen Seins gemeint.

104 Ursache/Erklärung der Gründung der Schulen (334, 7–15 Scher).

eine herausgehobene Stellung einnimmt, die eher an platonische Analogielehren erinnert, als dass sie von einer univoken Bedeutung des Seinsbegriffs ausginge – obwohl auch hier der allgemeine Gebrauch von ‚ist' eingeräumt und zur Grundlage der Argumentation gemacht wird.

Eine systematisch vereinheitlichende Lesart dieser Gedanken könnte vielleicht lauten, dass Barḥadbšabbā, wie später Avicenna oder Descartes für die Konzepte von Essenz und Existenz,[105] annimmt, beide im Text unterschiedenen Aspekte des Seins fielen in Gott zusammen. Unter dieser Voraussetzung würde er in bemerkenswerter Weise eine bestimmte Form des ontologischen Gottesbeweises vorwegnehmen. Eine solche Interpretation liegt durchaus nahe. Denn die Argumentationsfigur, eine Zweiheit in Gott auszuschließen, wie sie sich spätestens bei al-Fārābī unter ausdrücklicher Reflexion auf den Unterschied von Essenz und Existenz findet,[106] ist ja am Ende des gerade zitierten Abschnittes in Form der Aufhebung der Abtrennung von Verursachtem und Ursache vorhanden: Die Besonderheit des Seins Gottes, durch welches sich dieser von allem anderen Seienden unterscheidet, liegt eben darin, dass er als etwas Ewiges keine Ursache mehr hat, während alles andere Sein verursacht ist. Die Gemeinsamkeit alles Seienden scheint demnach in seinem Bestehen zu liegen, während die washeitliche Differenz im Kern im Verursacht- oder Unverursacht-Sein besteht, wobei sich im verursachten Sein – entsprechend der *arbor Porphyriana* – weitere quidditative Unterschiede zeigen.

Somit nimmt unser Text in der Geschichte der Ontologie eine Mittelstellung ein: Einerseits steht er, vermittelt über die frühesten syrischen Übersetzungen aristotelischen und porphyrischen Gutes, in direkter Nachfolge der antiken philosophischen Ontologie. Andererseits stellt Barḥadbšabbā im Anschluss an Theodor von Mopsuestia Reflexionen über das Sein als Ganzes an, dasjenige Gottes wie das der Welt, die durchaus neuartig sind: Um den Unterschied zwischen beidem zu erklären, wird die allgemeine Bedeutung des Wortes ‚ist' von der speziellen Bedeutung abgegrenzt, mittels derer durch Prädikation angegeben wird, ‚was' bzw. wie jedes einzelne Seiende ist. Da der fundamentalste Unterschied zwischen Gott und Geschöpf aber darin zu liegen scheint, dass Gott selbst die Ursache für das eigene Bestehen ist, das Geschöpf hingegen hierfür eine von ihm verschiedene Ursache voraussetzt, lässt sich der zweite, nicht-washeitliche Seinsbegriff Barḥadbšabbās daher am plausibelsten als Dasein bzw. Existenz interpretieren, die von Gott konzeptuell nicht zu trennen ist, vom Geschöpf aber durchaus. Auch wenn dies im Text nicht ausdrücklich reflektiert wird, scheint sich somit vom besonderen Sein Gottes her ein vom washeitlichen Sein verschiedener Existenzbegriff herauszukristallisieren.

Deutlich wird, dass die syrische Semantik Barḥadbšabbā hilft, den Grundgedanken Theodors klarer auszuführen: Das Konzept eines ‚schlechthinniges Seins',

105 Avicenna, Buch der Genesung. Metaphysik I 7, 2. 12f. (35. 37f. Marmura); Descartes, Meditationen 5.
106 Vergleiche al-Fārābī, Kitāb al-ḥurūf/Buch der Buchstaben, § 239 (218, l. 1–9 Maḥdī).

das nur auf Gott bezogen ist (*īṯyā*) und sich vom allgemeinen Begriff ‚ist' (*īṯāw(hy)*) unterscheidet, legt von sich aus nahe, Gottes Sein in einer Weise zu beschreiben, die sowohl Unterschiede als auch Gemeinsamkeiten zwischen dem Sein des Schöpfers und dem des Geschöpfs im Seinsbegriff selbst findet, was sich von der griechischen Terminologie und ihrer reichen philosophischen Tradition her kaum nahelegt. Die Überführung der Philosophie ins Semitische scheint also ein Anlass für Veränderungen des Denkens gewesen zu sein.

5 Fazit

Die Durchsicht der Benutzung griechischer Philosophie in der Schule von Nisibis lässt mehrere Gesichtspunkte hervortreten, welche die These, dass in Nisibis philosophisch gearbeitet wurde, aus unterschiedlichen Perspektiven plausibel erscheinen lassen:

1. zeigt ein Vergleich der „Ursache der Geburt Christi" des Thomas von Edessa sowie der „Ursache der Auferstehung des Kyros von Edessa" mit der „Ursache der Gründung von Schulen" des Barḥaḏbšabbā und der „*Causa* des goldenen Freitags" des Ḥnānā in zwei Hinsichten einen recht unterschiedlichen Charakter dieser Texte, der Rückschlüsse auf die Entwicklungen des Nisibener Selbstverständnisses erlaubt:

   Formal sind die ersten beiden, um 540 von Schülern des Mār Aḇā verfassten Werke weitgehend geschlossene Traktate, die ein bestimmtes Fest anhand einer Reihe von Fragen erklären, die die Memorierung des Stoffes erleichtern sollen. Die beiden anderen, um 600 in Nisibis verfassten Texte haben die freiere Struktur eines fortlaufenden Textes, was die Möglichkeit gibt, die jeweils angestrebte Erklärung mit generellen Reflexionen über Gott und Mensch beginnen zu lassen.

   Inhaltlich enthalten die frühen Traktate eine Konzeption der Heilsgeschichte als Bildungsgeschichte, die jedenfalls mittelbar auf Theodor von Mopsuestia zurückzugehen scheint, ohne dass sich die Zwischenstufen klar ermitteln ließen. Die Darstellung in den *Causae* wirkt in sich recht geschlossen und zeigt, jedenfalls auf einen ersten Blick, keine Zusammenführung unterschiedlicher Denktraditionen. Das ändert sich in den *Causae* des Ḥnānā und Barḥaḏbšabbā. Beide zeigen den Einfluss griechischer Philosophie, indem das Konzept der porphyrianischen Distinktionen genutzt wird, um einen metaphysischen Rahmen zu schaffen, innerhalb dessen die weiter erkennbare didaktische Deutung der Heilsgeschichte entfaltet wird.
2. erlaubt die schon hierin sichtbare größere Rezeption verschiedener Traditionen in den späteren Texten eine Analyse der verwendeten Quellen, die Rückschlüsse auf die Bestände der Nisibener Bibliotheken zulassen: Hierbei lassen sich bei Barḥaḏbšabbā an Quellen für griechische Philosophie Eusebios' *Theophaneia*, Porphyrios' *Eisagoge* und Sergios von Rēšʿaynās *Großer Kategorien-Kommentar*

Ad Theodorum nachweisen, während er aus Theodor von Mopsuestia, möglicherweise aus den *Katechetischen Homilien* oder *De incarnatione*, einen christlichen ontologischen Neuansatz kennt.[107] Ähnlich wie im lateinischen Westen im 12. Jahrhundert werden also die Einführungsschriften in die aristotelische Logik und die Berichte von Kirchenvätern über die antike Philosophie zur Skizzierung eines Gesamtbildes genutzt. Ferner greift Barḥaḏbšabbā mit systematischen Gewinn auf eine syrische Tradition zurück, nämlich auf Ephrems Seins- und Gotteslehre, deren Kernbegriff *ītyā* interessanterweise in den untersuchten Schriften des Thomas und Kyros von Edessa ganz fehlt.

3. sind schließlich Entwicklungen im Philosophieverständnis bemerkenswert: Während das Wort *filosofūṯā* in den untersuchten früheren *Causae* ganz fehlt, wird es in der „Ursache der Gründung der Schulen" zum Leitbegriff für die Entfaltung des eigenen, schulischen Selbstverständnisses. Dabei wird das durch Sergios bekannte alexandrinisch-aristotelische Philosophieverständnis aufgenommen, allerdings nur implizit, nämlich indem die Charakterisierung des Aristoteles als Vollender der Wissenschaft auf Theodor von Mopsuestia und sogar auf Jesus selbst bezogen wird – und zwar so wörtlich, dass es dem kundigen Leser nicht verborgen geblieben sein wird. Die explizite Darstellung der nichtchristlichen Philosophie orientiert sich hingegen am kritischen Standpunkte des Eusebios und würdigt Platon weit stärker als Aristoteles.
4. verändert sich Hand in Hand mit den geschilderten Entwicklungen auch die *philosophische Arbeit* der Autoren: Während Thomas und Kyros von Edessa ein durchaus breites Repertoire philosophischer Begriffe und Argumentationen zur Entfaltung ihres, in moderner Ausdrucksweise, „theologischen" Modells anwenden, kann man bei Barḥaḏbšabbā ein systematisches und bewusstes philosophisches Arbeiten feststellen, bei dem disparate Momente der verwendeten Quellen zur Entwicklung eigener Gedanken genutzt werden, die sich, namentlich in der Ontologie, von ihren griechischen Vorbildern unterscheiden.

Letztlich rechtfertigen es diese Gesichtspunkte, die „Ursache der Gründung der Schulen" als ein Zeugnis kreativer philosophischer Arbeit bei den Syrern anzuerkennen: Nicht nur wird hier das Philosophie-Ideal der griechischen Tradition bewusst und explizit in Anspruch genommen, es wird auch auf der Basis verschiedener Quellen weiter ausgearbeitet, wozu sowohl eine neue Kontextualisierung philosophischer Quellen als auch eine differenziertere Ausarbeitung einer ontologischen Begrifflichkeit gehört.

---

107 Ich begnüge mich hier mit dermaßen unbestimmten Hinweisen auf Theodor von Mopsuestia, da ich einer bei anderer Gelegenheit zu liefernden detaillierten Ausarbeitung nicht vorgreifen möchte. Die Quelle ist mir zu spät bekannt geworden, um hier angemessen erörtert werden zu können.

Appendix: Syrischer Textvergleich zwischen Sergios von Rēšʿaynā und Barḥaḏbšabbā

Der folgende Textvergleich stellt nicht nur die Rechtfertigung der oben gegebenen Übersetzungen dar, sondern liefert auch die Gelegenheit, die von Scher angegebenen Lesarten durch Vergleich mit einer Quelle zu bewerten (vergleiche die Anmerkungen). Da zu beiden verglichenen Texten die handschriftliche Basis unvollständig ist, sind die Ergebnisse natürlich vorläufig.

1 Seelenvermögen und Philosophie-Ideal

Aus dem 1. Buch des *Kommentars an Theodoros zu Aristoteles' Kategorien* des Sergios von Rēšʿaynā, Buch I, Abschnitt 2–3,[108] Birmingham, Mingana Syriac 606, f. 53v-54r (= B bzw. ܒ); Paris, Bibliothèque Nationale Syr. 354, f. 3v–4r (= P bzw. ܦ):[109]

[53ܒ ܒ] [3ܒ ܦ] (1.2) ܘܐܦ ܥܠ ܥܠܬܐ ܕܦܘܠܓܐ ܗܢܐ. ܐܡܪܝܢ ܓܝܪ: ܕܐܦ ܐܠܗܐ ܕܗܘ ܐܝܬܘܗܝ، ܪܫܐ ܕܟܠ: ܬܪܝܢ ܚܝ̈ܠܐ ܕܓܒܐ ܗܢܐ: ܕܡܢܗܘܢ ܢܬܗ̈ܘܢ ܟܠܗܘܢ ܡܕܒܪ̈ܢܘܬܗ. ܚܕ ܗܘ ܕܒܗ ܐܚܝܕ ܠܟܠ ܘܐܝܬ، ܠܗܘܢܐ. ܘܐܚܪܢܐ ܗܘ ܕܒܗ ܒܛܠ ܠܗ ܥܠ ܡܘܡܝܐ ܘܥܠ ܢܦܩܐ ܕܥܠܡܐ ܐܝܟ ܕܒܗܘ ܐܬܥܒܕ. ܘܒܕ ܥܡ، ܠܡ ܡܛܠ ܕܐܦ ܗ، ܦܝܠܘܣܘܦܘܬܐ ܕܡܕܡܝܐ ܐܝܬܝܗ̇ [54ܪ ܒ] ܕܐܠܗܐ. ܡܛܠ ܗܢܐ ܬܪܬܝܢ ܐܝܬܝܗܝܢ ܡܢ̈ܘܬܗ ܡܬܕ̈ܡܝܢܬܐ. ܡܕܒܪܢܘܬܐ ܘܡܥܒܕܢܘܬܐ. ܒܗ، ܕܝܢ ܚܕܐ ܕܒܗ̇ ܡܕܒܪܐ ܟܠ: ܒܚܝܠܗ ܚܒܝܫܐ ܕܝܕܥܬܐ ܡܕܡܝܐ. ܘܒܗ، ܐܚܪܬܐ ܕܡܦܪܢܐ ܒܗ̇ ܐܝܠܝܢ ܕܪ̈ܝܢ ܒܡܟܠܠܘܬܗ ܬܡܝܗܬܐ ܡܕܒܪܢܐ.

(1.3) ܘܬܘܒ ܐܡܪܝܢ ܕܡܛܠ ܠܡ ܕܢܦܫܐ ܡܠܠܬܐ [4ܪ ܦ] ܐܝܬܝܗ̇ ܐܝܩܢܐ ܕܡܕ̈ܒܪܬܐ. ܘܐܦ ܗ، ܠܬܪܬܝܢ ܡܢܘ̈ܢ ܡܬܦܠܓܐ. ܡܛܠܗܕܐ ܐܦ ܦܝܠܘܣܘܦܘܬܐ ܕܗ، ܗ، ܡܕܒܪܬܐ ܕܟܠ. ܠܬܪܬܝܢ ܡܢܘ̈ܢ ܐܬܦܠܓܬ. ܕܠܬܪܝܢ ܕܝܢ ܙܢ̈ܝܐ ܡܬܦܠܓܝܢ ܒܠܗܘܢ ܚܝ̈ܠܘܗ̇ ܕܢܦܫܐ. ܒܝܘܕܥܬܐ ܗܓܝ̈ܢܝܬܐ ܐܡܪܐ ܠܗܘܢ. ܐܡܪܝܢ ܓܝܪ ܕܡܕܡܘܢ ܠܗܘܢ ܕܚܝ̈ܠܘܗ̇ ܐܝܬܝܗܘܢ ܝܕ̈ܥܬܢܐ. ܐܝܟ ܗܘܢܐ ܘܬܪܥܝܬܐ ܘܡܚܫܒܬܐ. ܘܡܕܡܘܢ ܐܝܬܝܗܘܢ ܚܝ̈ܘܬܢܐ. ܐܝܟ ܪ̈ܓܬܐ ܘܚܡܬܐ ܘܡܢ ܒܥܝܐ. ܘܡܛܠ ܗܟܝܠ ܕܡܕܒܪܢܘܬܐ ܕܟܠܗ̇ ܢܦܫܐ ܐܝܬܝܗ̇ ܦܝܠܘܣܘܦܘܬܐ. ܢܦܩܐܝܬ ܐܡܪܝܢ. ܕܐܦ ܗ، ܠܬܪܬܝܢ ܡܢ̈ܘܢ ܡܬܦܠܓܐ. ܚܕ ܓܝܪ ܡܢܗ̇ ܗ، ܡܕܡܬܐ ܕܡܕܒܪܢܘܬܐ ܘܡܕܥܢܝܬܐ ܠܚܝ̈ܠܘܗ̇ ܡܕ̈ܥܢܐ ܕܢܦܫܐ[110] ܡܕܒܪܢܐ ܒܡܕܒܪܐ ܠܗܘܢ: ܕܠܐ ܡܚܝܠ ܡܕܡ. ܣܠܩ ܡܕܡ ܢܕܥܘܢ: ܐܠܐ ܠܗ ܠܫܪܪܐ. ܘܠܫܘܬܦܘܬܗܘܢ ܕܝ̱ ܒܗ̈ܬܐ ܕܐܚܝܕܐ ܢܚܘܢ. ܟܕ ܕܝܢ ܡܕܒܪܐ ܗ، ܐܚܪܬܐ ܡܥܒܕܢܝܬܐ. ܠܚܝ̈ܠܘܗ̇ ܬܘܒ ܚܝ̈ܘܬܢܐ ܡܢ ܠܠܐ. ܘܡܬܕܒܪܐ ܠܗܘܢ ܕܠܐ ܢܗܘܘܢ ܕܒܪܘܗܘܢ ܒܐܝܠܝܢ ܕܠܐ ܡܕܡܝܢ. ܐܠܐ ܒܐܝܟܢܐ ܕܘܠܐ ܘܡܦܣܐܝܬ ܢܗܘܐ ܘܢܗܘܘܢ.

108 Die Paragraphenzählung folgt der französischen Übersetzung von Hugonnard-Roche 2004, 191.
109 Die Transkription folgt den nah verwandten Handschriften. Die Vokalisierung von B bleibt unberücksichtigt. Bei den Seitenumsprüngen steht ܪ für „recto" und ܒ für „verso". Die gelegentlich angegebenen Varianten zeigen, dass die *Causa fundationis scholarum* mal mit der einen, mal mit der anderen Sergios-Handschrift übereinstimmt.
110 *ḏ-napšā* P; om. B.

Barḥaḏbšabbā, *Causa fundationis scholarum*, p. 341, 3–342, 5 Scher:[111] Die unterstrichenen Paragraphen sind wörtliche Übernahmen aus Sergios':[112]

(341) ܗܢܐ ܡܕܝܢܐ ܡܠܝܠܐ ܘܡܣܝܒܪܢܐ: ܗܘ ܕܕܘܡܝܐ ܗܘ ܕܐܠܗܐ ܒܒܪܘܬܗ: (...) ܡܛܠ ܕܝܢ ܕܡܠܬܢ ܟܠ ܗܢܐ ܡܕܝܢܐ ܕܡܢ ܐܝܬܘܗܝ: ܢܣܒ ܕܕܐܡܝܢ ܐܡܪ ܐܝܬܘܗܝ، ܡܢ ܘܐܝܟܘ ܒܥܠ ܡܥܪܬܗ. (...) ܐܝܬܝܗ ܗܘܬ ܟܠܗ ܠܗܘܢ ܘܫܬܐܣܬܗ ܢܦܫܐ ܕܝܢ ܐܘܣܝܐ: ܗܕܐ ܕܐܝܬ ܠܗ ܚܝܠܐ ܡܕܒܪܢܐ ܬܠܬܐ: ܗܘܢܐ ܘܬܪܥܝܬܐ ܘܡܣܬܟܠܢܘܬܐ. ܘܡܢ ܗܠܝܢ ܡܬܬܠܕܝܢ ܬܠܬܐ ܐܫܘܢܐ: ܗܘܢܐ ܕܝܢ ܝܠܕܐ ܘܡܚܫܒܬܐ ܘܡܢ ܟܢܫܐ. ܡܕܒܪܐ ܕܝܢ ܐܝܬܘܗܝ، ܠܟܠ ܡܢ ܟܠܗܘܢ، ܐܝܟ ܗܝܢܘܟܐ ܣܢܝܩܐ ܡܡܒܘܥܝܬܐ ܙܗܝܐ ܕܐܝܟ ܠܗܘܢܐ ܘܡܟܪܐ ܠܗ ܠܐܠܗܐ ܠܚܫܝܢܬ ܗܠܝܢ ܒܪܐ ܡܢ ܥܩܒܬܐ ܕܠܗܠܝܢ ܘܡܢ ܒܙܩܠܐ ܕܠܐ ܡܬܚܠܬܐ. ܒܪ ܒܗ، ܡܢ ܡܚܝܠܬܐ (342) ܡܕܡܝܬܐ ܘܡܕܒܚܢܝܬܐ ܠܫܬܠܡܘ ܡܘܫܚܐ ܕܢܦܫܐ ܡܕܒܪܢܐ: ܐܝܟ ܕܠܐ ܡܚܝܠ ܡܕܡ ܣܠܩ ܡܕܡ ܢܒܥܐ: ܐܠܐ ܠܗ ܠܥܙܪܐ ܘܠܫܘܬܐܘܬܐ ܕܡܢ ܒܢܝܬܐ ܐܚܪܢܐ. ܒܗ، ܬܘܒ ܡܚܝܠܐ ܐܬܬܬܐ ܡܬܪܬܐ ܠܫܬܠܡܘ ܣܝܥܬܐ ܕܢܦܫܐ[113] ܡܢ ܠܠ. ܘܡܟܬܒܘ ܠܗܘܢ ܕܠܐ ܢܗܘܐ ܕܡܒܪܘܗܝ، ܟܕ ܡܠܝܢ ܕܠܐ ܡܬܬܢ. ܐܠܐ ܒܐܢܫܬ ܘܦܩܣܐ ܢܗܘܘܢ، ܘܡܫܬܘܢ.

2 Theodor von Mopsuestia als der christliche Aristoteteles

Aus dem Prolog des *Kommentars an Theodoros zu Aristoteles' Kategorien* des Sergios von Rēšʿaynā, Birmingham, Mingana Syriac 606, f. 52r–52v; Paris, Bibliothèque nationale, Syr. 354, 1v–2v:

(Ich gebe dieses für die Aristoteles-Rezeption wichtige Stück etwas ausführlicher als für den Textvergleich nötig, entsprechend dem ersten Absatz der französischen Übersetzung von Hugonnard-Roche, La logique d'Aristote du grec au syriaque, auf S. 168).

[52ܪ ܒ] ܒܪ ܡܚܝܠ ܡܕܡ ܡܕܡ ܡܢ ܡܟܬܒܢܘܬܗ ܕ ܦܝܠܣܘܦܐ ܐܪܣܛܘ ܡܦܫܩܝܢ ܗܘܝܢ ܡܢ ܡܡܠܠܐ ܕܝܘܢܝܐ: ܠܒܪܬ ܡܠܬܐ ܕܦܘܪܣܝܢܐ: ܐܢܐ ܡܢ ܡܦܫܩ ܗܘܝܬ. ܐܢܬ ܕܝܢ ܟܕ ܗܘܝܬ ܥܡܝ.، ܡܬܪܓܡ ܗܘܝܬ ܬܠܬ ܦܘܪܣܝܬܐ. ܐܝܟ ܕܬܦܪ ܡܟܠܬܐ ܕܠܡܗ ܕܠܥܝܢܐ ܗܘܢܐ. [2ܪ ܦ] ܘܟܕ ܣܡܬ ܦܩܠܝܐ ܥܩܪܐ ܕܡܠܬܐ ܒܡܟܬܒܢܘܬܗ ܕ ܒܪܐ. ܘܬܫܘܝܡܐ ܘܬܫܘܝܬܐ ܕܐܫܟܚܬ ܒܗܝܢ ܡܬܚܫܒܢܘܬܐ ܘܡܬܠܐܟܢܘܬܐ: ܥܠܠܬܐ: ܕܡܢ ܐܝܟܐ ܒ ܢܗܘ ܠܗ ܒܪܐ ܗܢܐ [52ܪ ܒ] ܠܛܠܐ

111 Der Text der Zitate aus der *Causa fundationis scholarum* folgt stets der von Scher angegebenen Lesart der von ihm verwendeten Handschriften C und T, die Sergios am nächsten ist. Wo T und Sergios übereinstimmen, weicht das Zitat daher vom gedruckten Text Schers ab. Das hat textkritisch interessante Implikationen: T stimmt fünfmal gegen C mit Sergios überein, C dagegen nur einmal mit Sergios gegen T. Beide sind daher unabhängige Textzeugen, aber T scheint den eindeutig besseren Text zu bieten.

112 Bei den Unterstreichungen wurden Genusänderungen, die aus dem Ersatz eines Wortes folgen, nicht eigens berücksichtigt.

113 C und Scher haben: *ḏ-napšā*, om. T; vgl. die Situation bei Sergios.

ܘܦܘܪܫܢܐ ܕܙܕܝܩܘܬܐ. ܘܡܟܝܠ ܡܠܐܟܐ ܕܐܟܘܬܢ ܗܘܝܢ. ܡܢ ܢܦܫܗ ܐܘ ܡܢ ܐܢܫ ܐܚܪܝܢ ܡܢ ܡܬܠܡܕܢܐ ܕܡܕܪܫܗ. ܐܝܟܢܐ ܕܝܢ ܠܘܬ ܗܠܝܢ ܦܫܛ ܦܬ ܓܒܐ ܠܐܣܟܡܬ ܡܠܦܢܐ ܕܟܢ. ܕܪܫܐ ܘܡܦܪܫܢܐ ܘܡܠܬܐ ܕܟܠܗ ܙܕܝܩܘܬܐ ܐܪܣܛܘܛܠܝܣ ܗܘܬ. ܠܐ ܒܠܚܘܕ ܠܒܢܝ ܕܪܗ ܘܠܐܚܪܢܐ ܣܒܪܘܗܝ, ܐܦܣܬܐ ܐܠܐ ܘܐܦ ܠܟܠܗܘܢ ܡܬܠܡܕܢܐ ܦܝܠܘܣܘܦܐ ܡܫܡܗܐ ܕܗܘܘ ܡܢ ܒܬܪܗ. ܒܕܡܐ ܓܝܪ ܠܐܣܝܐ ܕܒܗ ܒܢܝܐ ܐܝܬܘܗܝ ܠܓܒܪܐ ܗܢܐ ܠܗܕܡܐ ܕܒܫܘܠܡܐ ܟܠܗܝܢ ܡܢܘܬܐ ܕܦܝܠܘܣܘܦܘܬܐ ܘܙܕܝܩܘܬܐ ܒܕܡܘܬ ܒܪܢܫܐ ܦܫܝܛܐ ܡܒܪܝ ܗܘ̇, ܘܙܪܝܙܝܢ ܒܟܠܠܝܬܐ ܘܠܐ ܡܬܟܠܝܢܬ ܠܗܬ ܒܠܗܘܢ ܡܬܠܡܕܢܐ. ܗܢܐ ܕܝܢ ܗܘ ܠܚܘܕܘܗܝ, ܒܕܡܘܬ ܐܣܝܐ ܚܟܝܡܐ ܟܕ ܐܚܝܕ ܠܟܠܗܘܢ ܡܬܠܡܕܢܘܬܐ ܕܡܕܒܪܢܐ ܘܪܕܐ ܐܚܝܕ ܐܘܡܢܝܐܝܬ ܘܡܬܟܬܒܢܐܝܬ ܘܡܕܝ ܡܢܗܘܢ ܚܕ ܒܚܘܪܐ ܥܠܡܐ ܕܡܠܦܢܘܬܗ. ܕܟܦܪ ܘܡܟܠܠ ܡܢ ܢܦܫܬܐ ܐܢܝܢ ܕܡܬܦܪܢܝܢ ܐܣܟܡܝܬ ܠܗܬ ܡܬܠܡܕܢܘܬܗ. ܒܪܘܚܐ ܢܦܫܢܝܐ ܕܠܐ ܡܬܚܙܝܐ[114]. ܐܟܘܬܐ ܓܝܪ ܕܗܘܝܢ ܕܟܢܝܢ ܐܪܣܛܘܛܠܝܣ ܟܠܫܘܐ ܚܕܐ ܡܢ ܡܢܘܬܗ ܕܝ ܠܡܐ ܫܟܠܝܢ ܠܗ ܡܢܗ ܘܠܗ[115]. ܘܡܢ ܡܬܦܪܫܝܢ ܠܗܘܢ ܚܕܐ ܒܬܪ ܚܕܐ ܐܝܟ ܕܬܟܒܢܐ ܐܘܡܢܘܬܐ. ܘܒܟܕܝܡ ܐܪܣܛܘܛܠܝܣ ܒܡܢܝܢܐ: ܗܟܢܐ ܐܦ ܗܘ ܪܒܐ ܘܠܝܚ ܘܫܡ ܒܠܫܢܐ ܚܕܐ ܡܢ ܡܢܘܬܐ ܕܦܝܠܘܣܘܦܘܬܐ ܒܟܠܡܐ ܕܬܟܒ ܒܟܐܢܘ ܘܫܟܠ ܡܢܗܘܢ ܒܟܠܗܘܢ ܟܬܒܘܗܝ, ܚܕ ܝ ܠܡܐ [ܦ 2ܒ] ܒܡܢܝܢܐ ܘܬܡܝܗܘܬܐ ܕܡܬܟܬܒܐ ܕܟܠܗܘܢ ܗܘܢܐ.

Barḥadbšabbā, *Causa fundationis scholarum*, p. 378, 9–379, 11 Scher: Die unterstrichenen Paragraphen sind wörtliche Übernahmen aus Sergios’ Kommentar.

ܒܕܡܐ ܓܝܪ ܠܐܣܝܐ ܗܘ: ܕܟܡܐ ܠܦܘܬ ܐܝܬܘܗܝ ܠܓܒܪܐ ܗܢܐ ܠܗܕܡܐ ܠܐܣܘܬܐ ܕܒܫܘܠܡܐ: ܟܠܗܝܢ ܡܢܘܬܐ ܕܡܠܦܢܘܬܐ ܘܦܘܫܩܐ ܡܫܠܡܢܘܬܐ ܕܡܠܬܐ ܐܠܗܝܐ: ܒܕܡܘܬ ܐܪܥܐ ܡܫܠܩܐ: ܕܡܬܒܥܐ ܡܢܗܘܢ ܕܝ ܠܡܐ ܕܡܠܦ ܡܠܟܐ: ܡܒܪܝ ܗܘ̇, ܘܙܪܝܙܝܢ ܒܟܠ ܕܡܟܐ ܟܠܠܝܬܐ ܘܠܐ ܡܬܬܟܠܝܢܬ ܠܗܬ ܟܠܗܘܢ ܡܬܠܡܕܢܐ ܡܕܝܢܬܐ ܘܐܟܡܘܬܐ ܕܒܬܪܗ ܕܡܬܠܡܕܐ.

ܡܢ ܕܝܢ ܕܦܪܫ ܗܢܐ ܒܪܢܫܐ ܠܚܬܐ ܡܢ ܒܝܫܬܐ: ܘܐܬܕܪܫ ܒܟܠܗܘܢ ܡܬܠܡܕܢܘܬܐ ܘܡܫܠܡܢܘܬܐ ܡܕܝܢܝܐ: ܗܝܕܝܢ ܒܕܡܘܬ ܐܣܝܐ ܡܗܝܪܐ: (379) ܠܟܠܗܘܢ ܡܫܠܡܢܘܬܐ ܘܦܘܫܩܐ ܕܡܕܒܪܢ ܗܘܘ: ܟܕ ܐܝܟ ܐܢܘܢ ܠܟܠܗܘܢ ܠܚܕܐ ܡܬܠܡܕܢܘܬܐ: ܘܪܒ ܐܝܟ ܕܐܘܡܢܝܐܝܬ ܘܡܬܟܬܒܢܐܝܬ: ܘܡܕܝ ܡܢܗܘܢ ܚܕ ܒܚܘܪܐ ܥܠܡܐ ܕܡܠܦܢܘܬܐ ܒܣܦܪܬ ܫܦܝܪܐ: ܗܢܐ ܕܟܦܪ ܘܡܟܠܠ ܡܢ ܢܘܟܪܝܘܬܐ ܕܐܢܫܝܢ ܕܡܬܦܪܢܝܢ ܡܫܟܚܢܐܝܬ ܠܡܬܠܡܕܢܘܬܗ.[116] ܒܪܘܚܐ ܢܦܫܢܝܐ ܕܠܐ ܡܬܚܙܝܐ[117]. ܡܛܠ ܕܒܗ ܓܒ ܒܪܘܚܐ ܘܟܝܢܐ ܐܝܬ ܒܗ ܒܦܓܪܐ: ܐܠܐ ܒܟܠܗܘܢ ܟܝܢܐ ܠܝܬ ܟܝܢܐ ܕܟܠ ܘܡܬܪ ܡܢ ܒܪܘܚܐ ܕܠܐ ܡܬܚܙܝܐ ܠܢܦܫܬܐ ܕܟܢܝܢܐ. ܘܐܟܘܬܐ ܕܗܘܝܢ ܕܟܢܝܢ ܐܪܣܛܘܛܠܝܣ: ܟܠܫܘܐ ܡܢ ܗܕܡܘܗܝ, ܕܝ ܠܡܐ ܡܢܗ ܘܠܗ ܫܟܠܝܢ ܠܗ:[118] ܘܡܬܦܪܫܝܢ ܠܗܘܢ ܚܕ ܒܬܪ ܚܕ: ܐܝܟ ܕܬܟܒܢܐ ܠܦܘܩܕܢܐ ܕܐܘܡܢܘܬܐ: ܘܥܒܕܝܢ[119] ܐܪܣܛܘܛܠܝܣ ܒܡܢܝܢܐ: ܗܟܢܐ ܐܦ ܦܝܠܘܣܘܦܐ ܬܐܘܪܝܘܣ ܪܒܐ ܘܦܠܝܚ ܘܫܡ ܟܠܫܘܐ ܚܕܐ ܡܢ ܗܕܡܘܗܝ, ܕܗܢܐ ܡܠܦܢܐ ܒܦܠܚܢܐ ܕܬܟܒ ܫܪܪܐ. ܘܫܟܠ ܡܢܗܘܢ ܒܟܠܗܘܢ ܟܬܒܘܗܝ,[120] ܚܕ ܝ ܠܡܐ ܒܡܢܝܢܐ ܘܬܡܝܗܘܬܐ: ܕܗܝ, ܐܢܬܘܬܐ ܡܪܬ ܦܠܣܦܐ.

114 *kurhānē nsīsē* P; *kurhānē ḥsīnē wa-nsīsē* B.
115 *w-leh* B; *wa-lkā* P.
116 *l-maḵtabānwāṯeh*: T und Sergios; C und Scher: *l-mallpānūṯeh*.
117 *d-lā īḏaʿtā* T und Sergios; om. C und Scher.
118 Hier hat Barḥadbšabbā die Wortreihenfolge geändert, vergleiche oben.
119 *w-ʿāḇdīn*: T und Sergios; om. C und Scher.
120 *b-ḵullhōn kṯāḇāw(hy)*: C, Sergios und Scher: om. T (Schers Apparat ist nicht ganz klar).

Emiliano Fiori

Dionysius the Areopagite and the East Syrian Mystics: The Phantom of a Greek Heritage

1 Introduction

One of the major features of East Syrian literature was the impressive blooming of a so-called 'mystical' (but we should more correctly say 'ascetic-mystical') literature in the East Syrian Church between the 6th and the 8th centuries. This particular current of literature, which flourished exclusively within monastic circles, reflected intensively on the phenomenology, the grounds, and the mystical aims of the ascetic effort. The sheer volume of writings would be enough witness to its relevance. But most of all, this literature represents a highly original moment of synthesis in the millennial and specifically Christian history of a peculiar way of thinking and writing: the monastic literature, which had ramifications all over the Mediterranean space and beyond, and which is still a vibrant practice in contemporary Orthodox Christianity. The originality and the autonomous force of the Syriac synthesis manifests, among other things, in the elaboration of a specific *forma mentis*, expressing itself through formulaic phrases and concepts that often recur from one author to the other,[1] in a remarkable conflation of scholastic and properly monastic components,[2] and in the tense relation some of these authors, or their writings, had with the hierarchy.[3]

The most important authors are well known to the specialized audience,[4] and sometimes even to a wider public: Abraham of Natpar (6th century), Martyrios-Sahdōnā (7th century), Isaac of Nineveh (7th century), Dāḏīšōʿ Qaṭrāyā (7th century), John of Dalyātā (7th–8th centuries), Simon of Taybuteh (7th–8th centuries), Joseph Ḥazzāyā (8th century).

The texts of these writers have been widely studied, to such an extent that it is the only thematic sector of Syriac literature overall to have enjoyed an exhaustive bibliographical charting.[5] There is no lack of good or excellent editions of the most

1 I shall show an example of this phenomenon in the present contribution.
2 Not sufficiently studied so far, but see for example Bettiolo 2013, 35–46, and Bettiolo 2011.
3 On this see in particular Berti 2011b.
4 For a list of less known authors see Chialà 2011, 65.
5 Kessel, Pinggéra 2011.

Note: The present article is a thoroughly revised and expanded version of Fiori 2014b.

https://doi.org/10.1515/9783110668292-005

important texts, with some relevant exceptions.[6] Studies on the thought and spirituality of the authors are numerous.

Still, comprehensive and organic interpretations of this literature as a historical-cultural phenomenon are scant. In fact, only Beulay's famous book of 1987, "La lumière sans forme", can be considered to be such a study, although it is overwhelmingly, and not always convincingly, focused on the Greek and Syriac sources of the East Syrian mystical writers. Beulay's great erudition, deep knowledge of manuscript sources, and spiritual penetration, however, continue to make his monograph a valid reference book for any further exploration of the Syriac mystical territory. Other volumes devoted to a more or less comprehensive overview of the Syriac mystics are mostly fine collections of essays,[7] but do not seek an overarching hermeneutical key. The only recent attempt was undertaken in 2010 by Sabino Chialà, who tried to understand whether the mystical season of the East Syrian Church can be interpreted as the expression of a school, or more simply as an 'epoch'. Chialà starts by rejecting a much earlier interpretation of the French scholar François Nau (1864–1931), who had grounded the mystical inclinations of the East Syrians in their Iranian origin, whereas the West Syrians, who were more purely "Semitic", would have kept to a more "realistic" worldview.[8] Moreover, the West Syrians would rather have concentrated on the study of Greek philosophy and sciences, with which they had been in direct contact from their beginning.

Chialà, on the contrary, singles out three historical and cultural features that can better motivate the appearance of the East Syrian ascetic-mystical literature:

First, Abraham of Kaškar's (d. 586 or 588) reformation of East-Syrian coenobitic monasticism in the first half of the 6th century, which brought to the foundation of the Great Monastery on Mount Izlā and to the reorganization of previously existing monastic institutions.[9] Most of the major protagonists of the East Syrian mystical season belonged to monasteries founded by Abraham or somehow affected by his reformation, and were often in contact with one another.

Second, a marked attention to Greek ascetic literature, that is to such authors as Evagrius, pseudo-Macarius, Mark the Monk or Isaiah of Scete and to a limited number of other authors, in particular Theodore of Mopsuestia, which were widely read, quoted, and – which is a peculiarity of East-Syrian ascetic literature – commented upon: The most famous cases are that of Babai the Great's commentary on Evagrius' *Chapters on Knowledge* and of Dāḏīšōʿ Qaṭrāyā's commentary on Isaiah of Scete's *Asceticon*.

6 Critical editions of Isaac of Nineveh's *Chapters of Knowledge*, of Simon of Taibuṯeh's *Book of Grace*, and of much of Joseph Ḥazzāyā's work are still missing.

7 See the impressive and little-known volume (*Germanicum est, non legitur*) of Blum 2009, 3–477, which is more a gallery of portraits, and the important collective volume edited by Desreumaux 2011.

8 Chialà 2011, 66.

9 The reference work is Chialà 2005.

Third, a peculiar way of approaching the Greek sources. The ascetic-mystical writers consciously tried to differentiate themselves from the scholastic approach with its focus on biblical exegesis that was so characteristic of the East Syrian Church, especially in the great school of Nisibis.[10] Having attended a school was often considered a prerequisite to enter a monastery,[11] and education was evidently held in high esteem by monks. Here, as also in the West Syrian Church, where famous schools were established in monasteries such as Qennešrē, the monasteries themselves hosted schools with the notable exception of the Great Monastery on Mount Izlā, of Bet ʿAbē, and of Rabban-Šabur. Notwithstanding this, the monks accurately distinguished their scholastic culture from the monastic attitude to literacy. The latter was defined by Dāḏīšōʿ Qaṭrāyā as "spiritual interpretation" (*pūššāqā rūḥānāyā*).[12] It was this attitude, rather than the different object, that distinguished the monastic culture. This is most visible precisely in the choice of writing commentaries on the Greek spiritual Fathers, applying a typical scholastic literary practice and a typical genre, the commentary, to a different category of texts, but transposing it on a different level of thought and problems. Of course, these monks, as they had mostly attended schools outside the monasteries, brought their scholastic culture into their own writings.[13] But the crucial point is that they were explicitly aware of representing another form of culture – not only with its own approach, but, correspondingly, with its own typical literary genres, especially, as we have seen, the patristic commentary and the collections of chapters on ascetic topics. In conclusion, Chialà maintains that the development of ascetic-mystical writing practices among East Syrian monks can be seen as a "school", in the sense of a coherent line of thought shared by numerous authors often in contact with each other, although each one with his personal and important variants, and at the same time as an epoch, since this line characterizes a limited period of time in which the geographic and intellectual exchange between monastic personalities linked to Abraham's reformation is particularly close.

Chialà's is the most advanced interpretation of the phenomenon to date. It has a remarkable historiographical strength and can hardly be challenged, although further features may certainly be singled out. However, it is not my aim here to elaborate on it, and I limit myself to expounding its main lines as a general and ideal introduction to my following argument: Indeed, in what follows I am going to present a test case that has much to do with Chialà's typology. It involves the East Syrian reading of a Greek author – Dionysius the Areopagite – in ascetic circles, and through the discovery of hitherto unnoticed textual connections between Isaac of Nineveh and Joseph

10 On this institution it is sufficient to mention the classic monographs Becker 2006b, Vööbus 1965a, and Macina 1982/83.

11 Chialà 2011, 72f., citing the Rules written by Abraham's successor, Dāḏīšōʿ of Izlā (rule 7, Italian Translation in Chialà 2005, 172).

12 In the preface to his *Commentary on Isaiah* (ed. Draguet).

13 See for example most recently Bettiolo 2011.

Ḥazzāyā, it further strengthens the picture of the intensive sharing of a repertory of motifs – in a word, of a "school" – and it highlights the peculiar quality of the East Syrian ascetic approach to an important Greek source.

In the present contribution I shall tackle the question of the Dionysian influence on Isaac the Syrian and Joseph Ḥazzāyā in particular and, more briefly and tentatively, on the East Syrian mystics in general, reopening a field that has not been explored further since the pioneering studies of Robert Beulay in the Eighties. Beulay described the East Syrian attitude towards the Areopagite as follows: "One could say that Dionysius was considered a teacher to read and possibly to comment upon; they [the ascetic authors] only retained some primary or secondary elements from him, but without sticking to the properly doctrinal aspect of his teaching."[14] On Isaac in particular he stated: "His borrowings from Pseudo-Dionysius regard [in comparison with those borrowed from Evagrius or John the Solitary] less essential topics" and "if they are drawn from Dionysius, they do not seem to have been really assimilated."[15] Beulay did much to ground these statements on the doctrinal level. Furthermore, he correctly noticed that any influence of Dionysius is absent from the writings of such mystics as Martyrius-Sahdōnā, Dāḏīšōʿ Qaṭrāyā, Šubḥalmāran and Nestorius of Nuhadrā. A meaningful exception may be represented by John of Dalyātā, but I will deliberately exclude this author from the scope of my research, as his case is particularly complex and would require a separate investigation. Here I intend to build on Beulay's correct intuition, and to find a reason for Dionysius' marginality, in particular by pointing out the peculiar way his text was spread in the Syriac speaking world.

I will limit myself to the works of Isaac of Nineveh and Joseph Ḥazzāyā as they offer more material to the discussion than other ascetic-mystical writers do. Thus, an investigation of these two can be considered to be an exemplary case study for the greatest part of the literature they represent. Joseph Ḥazzāyā, whose work is in a certain sense the systematic summary of the previous ascetical literature of the East Syrian Church, is particularly significant in this regard. The exposition will be divided into four parts. In the first part, I will study the question from both a literary and a linguistic standpoint, taking into consideration the very few passages in the works of Isaac which explicitly quote or at least very likely point to Dionysius, and going into the detail of single phrases that Isaac shares with Dionysius. In the second part, taking another passage as occasion, I will shift to the level of the possible doctrinal influence of Dionysius on Isaac as far as the knowledge of God is concerned: What kind of motives may Isaac have inherited from Dionysius? In this regard particular attention will be paid to the interaction between Evagrian and Dionysian "mysticism".

14 Beulay 1987, 161.

15 Beulay 1987, 208. More radically and even more appropriately Rücker 1936, 46: "Seine [scil. Dionysius'] Werke sind [...] merkwürdigerweise nur von den Monophysiten stärker benutzt worden; [among the Nestorians] wird sein Name nur selten genannt".

In the third part, I shall try to highlight the presence of Dionysian motifs in Joseph Ḥazzāyā. In the conclusion, I will speak about the actual purport of the Areopagite in the construction of the East Syrian mystical and ascetical discourse.

2 Dionysius: An Important Authority for Isaac?

It is commonly assumed that Dionysius the Areopagite[16] belongs to the authors Isaac had read and who had influenced his views on certain points of doctrine. Admittedly, Dionysius' importance for Isaac must not be overestimated:[17] It is immediately evident that his main authorities are others. Yet it remains a commonplace that the Areopagite's works belong to those of which Isaac had a first-hand knowledge. I will try to demonstrate that Dionysius' presence in Isaac is even less important than one would normally expect.

The first striking feature as to Dionysius' presence in Isaac's writings is the extreme paucity of direct citations: in fact, only *one* citation is detectable in what remains to us of Isaac's work. Whereas other acknowledged authorities, for example Theodore of Mopsuestia and Evagrius of Pontus, not to mention the Desert Fathers, are quoted with relative frequency, only in one passage does Isaac introduce an explicit quotation from Dionysius the Areopagite:[18] in Discourse 22 of the First Part.[19] This Discourse deals with the progress of prayer, which is transformed into something else when it reaches the limits of nature, to such an extent that it is called "non-prayer" and "pure prayer". Using a terminology that is one of the most permanent legacies of the 5th century Syriac author John of Apamea, Isaac also calls this extreme step of the ascetic life "spirituality" (*rūḥānūtā*). At this stage, the holy men "dwell in stupor (*temhā*)" and enjoy a "simple knowledge", which is beyond any composition and any distinction, so that every sensible thing, like shapes, forms and color, and every name or sign is absent. In order to explain the limits of the power of our intellect, which enacts distinctions and definitions, Isaac relies on a quotation taken from Dionysius' treatise on the *Divine Names*, IV, 11, and introduced by the phrase "according to the word of the holy Dionysius".[20] Dionysius says that "we use signs, syllables, conventional names and words on behalf of the senses. But when by spiritual working our soul is moved unto divine things, then the senses and their workings are superfluous

16 Throughout the present contribution, Dionysius is quoted according to the critical edition of Suchla, Heil, and Ritter, Corpus Dionysiacum I-II (Works 1–2).
17 See for example Chialà 2002, 86.
18 On the possibility that Dionysius' Epistle 7 was known to Isaac, and that allusions to it are detectable in his work, see the Conclusions.
19 Isaac of Nineveh, On religious perfection (163–175 Bedjan); Mystic Treatises (111–118 Wensinck); Ascetic Homilies (204–213 Gallo, Bettiolo).
20 Transl. Isaac of Nineveh, Mystic Treatises (114 Wensinck).

to us." This doctrine is quite traditional.[21] Isaac supports his argument with another quotation, from Paul's *Second letter to the Corinthians* 12, 2: "Whether in the body, I cannot tell; or whether out of the body, I cannot tell: God knows", where the apostle makes reference to the "man in Christ" who was "caught up to the third heaven". The quotation helps Isaac to focus his statement that the mind does not even know its own condition when it has reached the stage of non-prayer. As to the Dionysian quotation, not only is it the only literal quotation from the Areopagite, it is also the only case in which Isaac mentions the name of Dionysius. This quotation is particularly interesting here, not so much for its content as for the fact that the same passage is also used by Joseph Ḥazzāyā in the fifth Mēmrā of his *Book of Questions and Answers*, and in the extant works by Joseph too, as we shall see, this is the only textual quotation from the writings of Dionysius. As I will show later by commenting Joseph's quotation, the context of the Dionysian citation in the two authors is very similar. Even more interestingly, this quotation is found, not as a citation but as a de-contextualized excerpt, in a florilegium of Dionysian citations in the manuscript *Sinai St. Catherine* Syr. 24.[22] Now, it is noteworthy that this manuscript also contains the First Part of Isaac of Nineveh; moreover, it contains a letter to a monk by a certain "Simon" which is actually an abridged version of Philoxenos of Mabbug's *Letter to Patrikios*, the Dionysian florilegium, an anthology of passages from Athanasius' works and some homilies by John of Dalyatha, whose name nevertheless is not mentioned. The Dionysian anthology is then part, here, of a collection of writings which are quite clearly intended for a monastic readership, and it cannot be overlooked that in this manuscript the passage from *Divine Names* IV, 11 occurs both as a quotation in Isaac and as an independent excerpt in the florilegium. In summary: Firstly, this passage is the only Dionysian one to be literally quoted by Isaac and Joseph Ḥazzāyā. Secondly, it is found in a monastic Dionysian "repertoire", as a discrete unity. Thirdly, this repertoire in its turn is found in a monastic manuscript containing Isaac's Discourse where the Dionysian passage is quoted. All this evidence raises the suspicion, although of course is not enough to confirm, that this passage was not read by Isaac nor by Joseph in the works of Dionysius, but in a florilegium similar to, if not coincident with, the one found in the manuscript *Sinai St. Catherine* Syr. 24. It could even be that Joseph was influenced by Isaac when quoting it, rather than having read it in an anthology.

---

21 See for example Evagrius Ponticus, Gnosticus 27 (132–133 Guillaumont): "Do not ever define the divine. Definitions are proper to begotten and compound beings".

22 Short descriptions in Lewis 1894, 41; Clark 1952, 15; Kamil 1970, 153. See now Kessel 2010 for a thorough discussion of the manuscript. Let us remark here incidentally that the quotation is also found in Babai the Great's *Commentary on Evagrius Ponticus' "Kephalaia Gnostica"*. For this see 142 Frankenberg, corresponding to Vat. Syr. 178, 66v. The quotation from *Divine Names* IV, 11 appears then to be a recurrent topos of East Syrian mystic literature, independently of any first-hand knowledge of Dionysius. In Babai's case, however, this is not the only literal quotation from Dionysius, since he also quotes *Mystical Theology* I, 3-II (see here below, n. 61 and Fiori 2014a [CSCO Syr. 252], XXII).

Another passage where Dionysius' doctrines would seem to be detectable in Isaac is Discourse 25 of the First Part,[23] an interesting piece of writing describing the hierarchical distinctions between the spiritual beings, which are not spatial but depend on the deepness of their penetration into the primal light. Here Isaac speaks at some length of the angels, but the only evoked authority is that of Diodore of Tarsus:[24] This cannot be but meaningful. Whenever Isaac discusses the problem of the hierarchical order of beings and especially of the vertical transmission of knowledge, which is passed on by the higher angels to the lower ones and by the latter to humans, Dionysius is never mentioned, the authorities being different: Diodore in this case, Evagrius in the very important passage of Isaac's *Chapters on Knowledge*[25], III, 57, which is the centre of a group of chapters on revelations: III, 55–60.[26] Furthermore, as recently pointed out by Bettiolo[27], Isaac's doctrine on the transmission of revelations as formulated in Discourse 19 of the First Part[28] widely and explicitly draws upon Theodore of Mopsuestia, rather than on other authors. Thus, Patrik Hagman is undoubtedly correct in remarking that Isaac is not so much Dionysian in this regard, and to support this statement he refers precisely to Discourse 19 and *Chapters of Knowledge* III, 57: "While Dionysios the Areopagite maintains that all revelation comes from the mediation of heavenly beings", Hagman writes, "Isaac claims that only a certain, lesser kind of revelation comes to humans this way. The two different kinds of revelations are distinct in both content and value. Through the mediation of angels come revelations about the [...] life in this world [...] the revelations that come from the Holy Spirit, however, are revelations regarding the divine Nature." Related to this would be another important difference: Whereas for Dionysius hierarchy will not be transcended in the *eschaton*, for Isaac it is just a temporary, educational device, and at the end of time everyone will receive all knowledge directly from the Spirit.[29] But Hagman views Isaac's doctrine as a "reworking" and correction of a Dionysian influence. I think on the contrary that the Areopagite is simply out of question here: Despite the common subject, that is the angels and the transmission of knowledge, Isaac's ideas about it seem to draw on different authorities: Diodore, Theodore and, regarding the differences stressed by Hagman, Evagrius in particular. At the end of *Chapters* III, 57 Isaac explicitly quotes Evagrius' *Kephalaia Gnostika* IV, 51 and V, 63:

23 Isaac of Nineveh, On religious perfection (182–188 Bedjan); Mystic Treatises (124–128 Wensinck); Ascetic Discourses, 222–227 (Gallo, Bettiolo).

24 Wensinck 1923, 126: "Perhaps those which are entrusted with magistracy and authority are smaller in number than those which are compelled to obey their commandment, says the master of teachers Diodorus Rhetor."

25 See Isaac of Nineveh, Spiritual Homilies (133–136 Bettiolo).

26 For the Evagrian citations, see below.

27 Bettiolo 2011, 102–110.

28 Isaac of Nineveh, On religious perfection (154–61 Bedjan); Mystic Treatises (103–109 Wensinck); Ascetic Discourses (194–200 Gallo, Bettiolo).

29 Hagman 2010, 183–184.

> [...] in the second natural contemplation some are powerful and other subject to powers; in the Monad, on the contrary, there are no powerful ones nor subject ones, but all will be gods [IV, 51]; in the contemplation of beings there are ascent and descent [...] but it is not so in the contemplation of the holy Trinity [...] in which there are no ascent nor descent [V, 63].[30]

In the last part of our Discourse 25, however, a mention is made of the division of the angels into three orders, each comprising three ranks, which is very similar to Dionysius' *Heavenly Hierarchy* (6th and 7th chapters):

> All heavenly beings are named by the divine instruction with nine designations: it divides these three classes each into three subdivisions. The first comprises thrones exalted, high and holy; and Cherubs with many eyes; and Seraphs with many wings. The [second] tripartite class [comprises] Lords and Powers and Magistrates. The third: Princes and Archangels and Angels. According to the meaning of the Hebrew, these terms are to be interpreted thus: Seraph means those who cause heat and fire. Cherubs means magnitude of knowledge and effusion of wisdom.[31]

These lines are indeed a slightly reworded translation of the above-mentioned Dionysian passages.[32] In this regard, two remarks must be made: Firstly, the content of these passages, that is the division of the angels into nine ranks and an explanation of their names, does indeed draw on Dionysius. However, it was highly schematized, simplified, and traditional in the Church of the East, and was generally transmitted in various but similar forms as standard exegetical material of scholastic origin to comment upon such passages as Eph. 1, 21 ("far above all rule and authority and power and dominion") or Col. 1, 16 ("for by him all things were created, in heaven and on earth, visible and invisible, whether thrones or dominions or rulers or authorities"). Normally, the explanations for the name of the ranks in this traditional material differ considerably from those found in Dionysius; to our knowledge, only in the present passage from Isaac's Discourse 25 is the explanation of the names of Seraphs and Cherubs so close to Dionysius'. One century after Isaac, we find this scholastic angelology, for example, in the *Scholia* of Theodore bar Kōnī[33] and later on in the exegetical works of Īšōʿdāḏ of Merw[34] or in the anonymous exegetical compilation on

30 Evagrius Ponticus, Kephalaia Gnostika (158–159 and 204–205 Guillaumont, respectively).

31 Transl. in Isaac of Nineveh, Mystic Treatises (126 Wensinck).

32 For a comparison, see Wensinck 1923, LIII.

33 Theodore bar Kōnī, Scholium (Recension from Seert) (71–72 Hespel, Draguet), gives the following reconstruction: "Le bienheureux Paul, en fait, les divise en neuf catégories : les *trônes*, qui sont les honorés ; les *seigneuries*, qui sont ceux qui dominent les royaumes ; les *principautés*, qui sont les dirigeants de l'air ; les *dominations*, qui dominent les peuples et chacun des hommes ; les *puissances*, dont la vue est terrible, c'est-à-dire qu'*ils peuvent par la puissance* ; les *séraphins*, qui proclament saint ; les *chérubins* qui sont interprétés les porteurs ; les *vigilants* qui sont les gardiens ; et les *anges* qui sont les messagers [...] Denys les divise en trois *ousiai*, et il divise chacune d'elles en trois ordres". See also ibidem 261.

34 See Gibson, Commentaries vol. 5, ܦܛ–ܨ (text), 65–66 (version).

the New Testament of the manuscript *(olim) Diyarbakır Chaldean Archbishopric* 22.[35] Even in the 13th century, the same standard material is still used by Solomon of Basra in his *Book of the Bee*, chapter 5 (6) on angels.[36] It is not difficult to imagine that this scholastic material, which was constantly reshaped, could be more or less similar to Dionysius' *Heavenly Hierarchy*. In Isaac's Discourse 25, it is closer to it than in other sources available to us. In this sense, Isaac's knowledge of these angelic doctrines may be purely scholastic and not at all derive from a direct reading of Dionysius' angelological treatise: And we do know that Isaac must have had a general notion of the classification of angels into nine ranks, because he names it *en passant* in the Third Part (VII, 16).[37]

Secondly, however, I would even tend to exclude that the part of the Discourse to which these passages belong can really be attributed to Isaac, because from this point on the structure of the Discourse resembles more a collection of glosses than an organic piece of writing.[38] First of all, and this seems to me an important argument, it is not usual for Isaac to avoid mentioning by name the author of a literal quotation. Moreover, within the actual body of the Discourse Isaac does not seem to be interested in an orderly classification of angels. Finally, given the traditional nature of these doctrines, it is quite likely that some reader or learned copyist would have easily added some marginalia to Isaac's text, in order to bring it into line with the scholastic teachings on angelology.

Remarking the absence of an extensive reference to Dionysius and of any significant influence of his doctrine in the treatment of the angels is of course an argument *e silentio*, but quite a strong one if we consider that an assiduous reader of the *corpus dionysiacum* would hardly have overlooked Dionysius's teaching on this point: At least he would have relied more heavily on it.

---

35 At page 945 of this manuscript we read the following commentary on Eph. 1, 21 which is actually an abridged version of the same commentary found in Īšōʿdāḏ (see previous note): "He says *who is above all the principalities, the authorities etc* about all the spiritual natures, those of which Dionysius speaks, and which he divides into three *ousiai*, and into nine ranks: each one is threefold; and one is superior to the other. The principalities are governors of the air: 'principalities' (*archas*) [means], in Syriac, 'heads'. The authorities because they have authority over nations and over each one of the human beings. The angels are messengers. The [name] 'Cherubs' is interpreted as 'bearers'. The Seraphs [are so called] because they are sanctifiers. The watchers because they are guardians. The thrones because they are (honoured); the lordships because they rule over kingdoms". The text is still unpublished. For a general description of the manuscript with further bibliographical information, see [Anonymus], Commentary on Genesis and Exodus. A critical edition with English translation of the commentaries on *Galatians* to *Colossians* is being prepared by Emiliano Fiori and Maya Goldberg.

36 Solomon of Basra, The Book of the Bee (9 Budge).

37 Isaac of Nineveh, Third Part of the Homilies (48 [text]/73 [version] Chialà): "Le nove schiere delle coorti degli esseri spirituali".

38 See Gallo, Bettiolo, in: Isaac of Nineveh, Ascetic Homilies, 226, note 3.

3 Linguistic Parallels?

Isaac shares some phrases with the Syriac version of Dionysius made in the early 6th century by the chief physician of Rēšʿaynā, Sergius, and preserved in a unique copy in the manuscript *Sinai St. Catherine* Syr. 52.[39] Many of these phrases were singled out by Sebastian Brock, and I found some more when preparing the critical edition of Sergius' version. In itself, this could be a relevant hint at Isaac's use of Dionysius, and even at Isaac's deep meditation of the Dionysian text, which could have led him to assimilate Dionysius' language to a microscopic degree. But here, too, a problem arises, because of the simple remark that Isaac shares this language not only with the Areopagite but, most of all, with the Syriac versions of Evagrius. There is almost no phrase which Isaac and Dionysius have in common, that does not have at least one parallel in the Syriac versions of Evagrius' writings. Some examples:

- the phrase "holy light" (*nūhrā qaddīšā*), found in Dionysius (*Bibliothèque Nationale de France* Syr. 378,[40] f. 54v) and Isaac, Second Part 9, 7,[41] is also in the Syriac translation of Evagrius' epistles;[42]
- the "natural movements" (*zawʿē kyānāyē*), in Dionysius BNF Syr. 378, f. 42r and Sin. Syr. 52,[43] f. 75r, and in Isaac, Second Part 20, 2,[44] is present in Evagrius (ms. *British Library* Add. 14578, f. 92v, *On the distinctions of thoughts*);
- "true knowledge" (*īdaʿtā šarrīrtā*): Dionysius ff. 14r, 108v, and 112r (from now on, Dionysius is always cited after the ms. Sin. Syr. 52); in Isaac, Second Part 36, 2[45] and Third Part 11, 32,[46] it is found as the "knowledge of truth" (*īdaʿtā da-šrārā*), a very frequent phrase in Evagrius' *Kephalaia Gnostika* version S_1, I, 14. 52. 89 and *passim*;[47]
- for the phrase "movements of the intellects" (*zawʿē ḏ-hawnē*), which is found in Dionysius, f. 15r and Isaac, Second Part 36, 2,[48] Brock refers to Evagrius, *Gnosticus* 120 (syriac version);[49]

39 A critical edition of the first part of Sergius' translation is available in Dionysius Areopagita, Works, ed. Fiori.

40 This manuscript, containing a quire of the Sinai Syr. 52 (see below), is described in Briquel-Chatonnet 1997, 69–77.

41 Isaac of Nineveh, Second Part of the Homilies (28 [text]/35 [version] Brock).

42 Confer Evagrius Ponticus, Works (568 and 608 Frankenberg).

43 This precious manuscript, the only witness to Sergius of Rešʿaynā's translation of the Dionysian Corpus, is described in Lewis 1894, 51; Clark 1952, 18; Kamil 1970, 153.

44 Isaac of Nineveh, Second Part of the Homilies (95 [text]/106 [version] Brock).

45 Isaac of Nineveh, Second Part of the Homilies 145 [text]/157 [version] Brock).

46 Isaac of Nineveh, Second Part of the Homilies 92 [text]/128–129, n. 68 [version] Brock).

47 Evagrius Ponticus, Gnostic Chapters, 22, 42, 58, and *passim* (Guillaumont).

48 Isaac of Nineveh, Second Part of the Homilies (145 [text]/157 [version] Brock).

49 Confer Evagrius Ponticus, Works (548 Frankenberg).

- In Dionysius, ff. 15v, 82v, and 111v, we find "holy notions" (*yadʿātā qaddīšātā*): it is also found in Isaac, Second Part 17, 11,[50] and once again it is already an Evagrian phrase (at least once in the Syriac version of the Epistles[51] and repeatedly in *Kephalaia Gnostika*, II, 34 (sing., both versions), III, 72 (sing., S_1 only), VI, 27 (sing., S_1 only).[52]
- In Dionysius, f. 16v, we read "spiritual contemplation" (*teʾawryā d-rūḥ*), to translate *noēsis*: Brock has noticed that the phrase recurs elsewhere in Sergius' Dionysian translation at f. 98v, and that it has relevant parallels in Evagrius' *Kephalaia Gnostika*, often only in the expurgated version: II, 13.61; III, 24; IV, 47 (also in S_2); V, 16. 74; VI, 63. 65.[53] Brock also points out its presence in Isaac (Second Part, 7, 1[54]).
- In Dionysius, f. 77r, we read the phrase "with your persistent meditation" (*b-hergāk tkībā*): this is also found in the Syriac version of Evagrius' *Gnostikos*, 147 (Greek 45)[55] and in Isaac, Second Part 22, 6.[56]

Furthermore, in his introduction to the Second Part Sebastian Brock singled out a very small number of exceptions to this general rule, showing that five or six (one is found in the title of a Discourse) phrases are not found in the Syriac translations of Evagrius (*rāzā d-pulḥānā*; *zawʿā rūḥānā*; *zawʿā d-ḥīrūtā*; *sūkkālā ḥattītā*; *teʾāwryā alāhāytā*; *teʾāwryā gnīztā*).[57] But here we are left with a difficult question regarding their actual Dionysian provenance. These phrases are indeed so limited in number that it may be asked: why should Isaac assimilate some isolated phrases from a work of which he seems to ignore, or to overlook, the overall doctrine and contents? This question is all the more urgent if we consider that some of the latter six phrases occur, if not in Evagrius, in other authors as well, as Brock has pointed out in his annotation to the Second Part.

4 "Ignorance" according to Dionysius and Isaac

Thus if we rely on a literary and linguistic analysis, we should conclude that there is little influence of Dionysius on Isaac. What we have seen so far, however, admittedly kept us at the margins of Isaac's doctrine, although his angelology has already been

50 Isaac of Nineveh, Second Part of the Homilies (83 [text]/94 [version] Brock).
51 Confer Evagrius Ponticus, Works (572 Frankenberg).
52 Respectively Evagrius Ponticus, Gnostic Chapters, 74–75; 126; 228 (Guillaumont).
53 Evagrius Ponticus, Gnostic Chapters, 66 and 84 (II, 13.61); 106–7 (III, 24); 157 (IV, 47); 182–183 and 208–209 (V, 16.74); 244–245 (VI, 63.65) (Guillaumont).
54 Isaac of Nineveh, Second Part of the Homilies (19 [text]/23 [version] Brock).
55 Evagrius Ponticus, Works (552 Frankenberg).
56 Isaac of Nineveh, Second Part of the Homilies (107 [text]/119 [version] Brock).
57 Brock, in: Isaac of Nineveh, Second Part of the Homilies (version), XXXIX.

touched upon: We have to go into Isaac's thought to really see whether Dionysius, even if not on the level of explicit quotations and mentions, left any trace on his theological and spiritual sensibility. For the sake of a first sounding, we will concentrate on a test case raising a central issue that was repeatedly tackled by scholars and can be seen as representative for a better understanding of the relation between Dionysius and Isaac. As was already noted by Paolo Bettiolo in commenting upon one of the *Chapters on Knowledge* (IV, 48) of the Second Part,[58] Isaac seems to be making reference to a Dionysian doctrine when he writes:

> What comes immediately from contemplations or other revelations is not the complete cessation of thinking and the migration of nature from knowledge to non-knowledge which is superior to knowledge, as the Fathers say, but peace and joy accompany the rapture and fervor of the heart.

Here Isaac is hinting at his view on the degrees of knowledge. According to him (First Part 52,[59] Third Part 13[60]) there are three places of knowledge: within nature, outside nature, above nature. The first two forms of knowledge correspond to both forms of natural knowledge in Evagrius: the knowledge of things and of their inner reasons. These two forms depend on human action, whereas the third is God's gift. Now the phrase "non-knowledge which is superior to knowledge", does sound Dionysian: it is no literal quotation, but it is very close to what we read at the end of the first chapter of the *Mystical Theology* (I, 3, 144, 14): "the non-operation (of knowledge), which is better than operation". Moreover, the terminology (non-knowledge, *lā īdaʿtā*) is definitely reminiscent of many Dionysian passages in Sergius of Rēšʿaynā's version, and is found in the immediate vicinity of the same passage. Once again, this passage is present in the florilegium of the manuscript *Sinai St. Catherine* Syr. 24, and it is also found in Babai's introduction to Evagrius' *Kephalaia Gnostika*:[61] Therefore, if Isaac actually relies on it, we would have another case of a Dionysian passage quoted by two East Syrian authors and, at the same time, present in the same monastic anthology so that, once again, it would seem very likely that Isaac is just assimilating an isolated "element", as Beulay put it, of Dionysius' doctrine because he finds it in an isolated fragment of his writings. But the fact that this element enters Isaac's works as an isolated chunk, without presupposing an organic reading, meditation and, as it were, digestion of the Dionysian doctrine of mystical knowledge as a whole, is further and more relevantly confirmed by the fact that "non-knowledge" is here explicitly rejected by Isaac. Dionysius' doctrine of ignorance as superior to knowledge was very likely conceived as a correction to Evagrius' doctrine, which lies behind the other degrees in the progress of knowledge according to Isaac, and according to

58 Bettiolo, in: Isaac of Nineveh, Spiritual Homilies, 168–169.

59 Isaac of Nineveh, On religious perfection (377–379 Bedjan); Mystic Treatises (253–261 Wensinck).

60 Isaac of Nineveh, Third Part of the Homilies (105–111 [text]/145–153 [version] Chialà).

61 Babai the Great, Commentary on Evagrius Ponticus' Kephalaia Gnostika (40 Frankenberg). The work is preserved in ms. Biblioteca Apostolica Vaticana Syr. 178, the passage is found at f. 18rab.

which the intellect, at the highest level, *does know* God in a positive sense – because God is himself knowledge –, although this knowledge is infinitely inadequate to God and in a sense can be called ignorance (*Practicus* 87).[62] Admittedly, the motif of non-knowledge is present elsewhere in Isaac (First Part Discourse 52, Third Part Discourse 13, as I said, but also in *Chapters on knowledge* III, 85[63]), but firstly it is not really pervasive: one may easily suppose that Isaac occasionally accepted the term "non-knowledge" into his own vocabulary because of the parallel it offered to his characteristic terminology of "non-prayer",[64] with the same function of stressing the human limits; secondly, Chialà rightly remarks that, if this actually had something to do with the apophatic doctrine of Dionysius, the latter nevertheless implies an ecstatic move of the mind which both Evagrius and Isaac do not contemplate in their doctrines of knowledge.[65] In Isaac in particular, non-knowledge is above nature and this might be seen as Dionysian as well, since in Sergius' translation the typical Dionysian adjective *hyperousios*, referring to the transcendent aspect of God, is rendered as "above nature", *lʿel men kyānā*[66], but still it is God's gift which operates within man's nature. Moreover, the characteristic sign of non-knowledge in Isaac is not ecstasy but wonder, *temhā*, and this is not at all a Dionysian motif. Drawing upon Chialà, I would tend to assume that Isaac does have something in common with Dionysius' doctrine on this point, but what they share is just the vocabulary. We should not think that a distinctively Dionysian doctrine made its way into Isaac's thought, which would establish a "tension" with the Evagrian background, as Bettiolo styled it.[67] To conclude, whether or not the philological level is involved in this case, that is the hypothesis that Isaac was using an anthological excerpt on "non-knowledge", and did not read the whole of Dionysius' works, the doctrinal level here is more decisive. Isaac could well have elaborated the phrase "non-knowledge which is superior to knowledge" on the basis of an anthological fragment from the *Mystical Theology*, but, whether he read this Dionysian passage or not, he appropriated this concept for purposes that are at any rate remarkably at odds with the meaning of Dionysius' doctrine of knowledge.

62 Evagrius Ponticus, Practicus (678–679 Guillaumont); On Self-Cognition (237–239 Bettiolo): "Of the passions there will one day be complete destruction, but in the case of ignorance they say one form will have an end, the other will not." Translation from Evagrius of Pontus, Ascetic Works (111 Sinkewicz).

63 Isaac of Nineveh, Spiritual Homilies (146 Bettiolo): "[prayer is] spiritually accomplished when it is absorbed by non-knowledge."

64 Chialà 2002, 140.

65 Chialà 2002, 140–141.

66 Fiori 2011b, 190–192.

67 Bettiolo ^{2}1990, 196 note 6.

5 Remarks on Joseph Ḥazzāyā

The case of Joseph Ḥazzāyā (8th century) is peculiar. As a matter of fact, any influence of Dionysius is hardly detectable throughout Joseph's works. His *Book of Questions and Answers*[68] is particularly interesting for us since its fifth *Mēmrā* contains Joseph's only quotation from the Areopagite, which is the one from *Divine Names* IV, 11 that we already found in Isaac, in a florilegium, and in Babai the Great. Significantly enough, Joseph introduces his quotation from Dionysius within the same argumentative context as Isaac does. The argument of the solitary is prompted by the following question of the disciple: "If the mind is lifted to the place of the intelligible concepts [...] does it [still] need sensible concepts?"[69] The solitary replies that

> because, as well as when one is a child, his food is of a certain type, his speech is also of a certain kind and of a certain type are the thoughts that come to his mind; and when he reaches the youth, the thoughts that move in him are of another type; and when he arrives at the acme of the age, his thoughts undergo another change; thus also the labor of the mind consists in three orders: one is its labor in the order of the corporeity, another one is its labor in the order of psychicity, and a further one is its labor in the order of spirituality. So also the divine Paul, when he exhorts the Corinthians, says: 'when I was a child I spoke as a child and I ate as a child and I thought as a child; but when I became a man I gave up the things of the youth' [1 Cor 13,11]. And as well as when one arrives at the acme of the old age he does not need the food that he ate in the order of childhood [...], thus also the soul, as long as it stays in the order of corporeity and psychicity, needs the sensible labor, because without it, it cannot grow up of a spiritual growth and ascend to the order of spirituality, as well as a child, too, does not grow and come to the order of manhood, according to the argument we previously made. [...] But when the sight of the mind is simplified [remember the concept of "simple knowledge" in Isaac], with the rays of the source of life that are manifested on it, all the labor becomes spiritual. And there is no need of things sensible by the intermediation of which it gets close to God.[70]

A few lines later, Joseph goes on to quote Dionysius: "[The mind] does no longer need sensible resources in order to learn the truth of intelligible actions by means of written signs, insofar as it becomes sight of the truth in its very substance, as the holy

68 The *Book* is preserved integrally only in ms. *(olim)* Diyarbakır Chaldean Archbishopric 100, then Baghdad Chaldean Patriarchate 131; despite the events in Iraq during the last decade, the manuscript is among the surviving ones and has been digitized by the Hill Museum and Manuscript Library. The treatise was also partially preserved in the manuscript Mosul, Chaldean Patriarchate 103. For this see Scher 1907a, 254. Mingana published excerpts in [Auctores Varii], Collection of Texts on Mysticism (156a–158a [text], 165–168 [translation]). According to Scher, Notice sur les manuscrits (Diarbékir), 409, one further excerpt on Elijah and Enoch was also found in the manuscript *(olim)* Diyarbakır Chaldean Archbishopric 112, whose whereabouts are unknown. In the meantime, G. Kessel informed me that he has found new excerpts scattered in monastic florilegia and in indirect tradition.
69 Joseph Ḥazzāyā, Book of Questions and Answers: ms. Baghdad Chaldean Patriarchate 131, f. 221r.
70 Joseph Ḥazzāyā, Book of Questions and Answers: ms. Baghdad Chaldean Patriarchate 131, f. 220v–221v.

Dionysius said, too, etc".[71] Thus both Isaac and Joseph are treating, though each in his peculiar language, the question of the condition of the mind when it has reached what they call spirituality/*rūḥānūtā*, i.e. the peak of the mind's progress toward God. As we saw, Isaac also applies to it his famous terminology of "non-prayer". Both see this stage as the last of those three steps in the ascetic progression that they call corporeity (*pagrānūtā*), psychicity (*napšānūtā*) and spirituality (*rūḥānūtā*). Moreover, both associate it with a state of "astonishment", *temhā/tehrā*. Indeed, in Joseph's *Book of Questions and Answers*, the solitary adds that sometimes the mind at the stage of spirituality "does not even know" its own state, "because of the stupor that fell upon it and of astonishment. The blessed apostle Paul is a witness to this in his ascent to the third heaven, 'whether in the body or not in the body I do not know; God knows [it]'. Indeed, continues the solitary, the apostle's mind had been lifted among the unutterable goods, so that also the corporeal sensation might be left aside by him completely".[72] Although the mutual literary relations between the East Syrian mystics are still a relatively unexplored field, and although it is hardly possible to detect any literal correspondence between the two writings, it can be argued with a certain confidence that Joseph is absorbing Isaac's concepts into his own stream of thought. This assumption is supported by the fact that Joseph certainly had first-hand knowledge of Isaac, since he quotes him by name in at least one of his writings,[73] and is also evidenced by his reworking and recasting Isaac's references into a new mold: the quotation from Paul's second letter to the Corinthians 12, 2, in particular, is common to Isaac and Joseph, suggesting that the stage of spirituality, laying beyond body and soul, cannot be defined within the limits of what belongs to them, and the mind itself lacks any reference to understand what it is experiencing. Isaac's closeness to Joseph's argument is even more evident in a passage from Isaac's Discourse 4 of the First Part, where 2 Cor 12, 2 is explicitly related to the absence of corporeal sensations at the stage of spirituality,[74] whereas Discourse 22 refers to the lack of will in the mind which has reached the level of non-prayer. Another occurrence of 2 Cor 12 in Isaac with the same meaning as in Discourse 4 of the First Part is found in Isaac's *Chapters on Knowledge* II, 59, where the verse is once again quoted to evoke the utter superiority of the supreme "order of revelation", which "was subtler and higher in its movements than the appearances of the memory of visible things".[75] Joseph's second Pauline reference, 1 Cor 13, 11, is not present in Isaac's Discourse 22 nor in any of his

71 Joseph Ḥazzāyā, Book of Questions and Answers: ms. Baghdad Chaldean Patriarchate 131, f. 222r.

72 Joseph Ḥazzāyā, Book of Questions and Answers: ms. Baghdad Chaldean Patriarchate 131, f. 219v–220r.

73 See Joseph's treatise on *The Prayer Which Comes to the Mind in the Place of Purity*, in: [Auctores Varii], Collection of Texts on Mysticism (150a [text]/157 [translation] Mingana).

74 Isaac of Niniveh, On religious perfection (49–50 Bedjan); Mystical Treatises (35 Wensinck); Ascetic Homilies (91 Gallo/Bettiolo).

75 Isaac of Nineveh, Spiritual Homilies (100 Bettiolo).

published works, and at first sight would seem to be Joseph's personal elaboration. Nevertheless, the comparison of a child with the soul of a novice, and of the spiritual growth with the progressive assumption of solid food, is certainly not new to ascetical literature; not by chance do we find an elaboration of this theme at the beginning of Isaac's Discourse 4. The reference to Dionysius, then, is part of a shared argumentative context, which may even lead us to suspect, as I said above, that Joseph's quotation does not derive from an independent reading of a Dionysian florilegium, but from Isaac himself. Joseph certainly shared with other East Syrian authors the veneration for Dionysius, which was less linked to a direct reading of his entire works than to the fact that he was supposed to be Paul's direct disciple. Since one of Isaac's homilies on the absence of corporeal and discursive signs at the spiritual stage made reference not only to Paul, but also to Dionysius, it is not daring to suppose that Joseph, when treating the same subject, found it suitable to repeat the quotation.

One may legitimately ask, then, how a famous passage from Joseph's *Book of Questions and Answers* must be judged. As is well known from Guillaumont's monograph on Evagrius' *Kephalaia Gnostika*, in the second Mēmrā of his *Book of Questions and Answers* Joseph, although he does not mention him by name and although it is not even clear whether he knew him or not, accuses the translator of the Dionysian corpus, Sergius of Rēšʿaynā, of having complicated Dionysius' style: Insofar as the Areopagite is the disciple of the Apostle, his style cannot be but simple; furthermore, the translator would have reversed the order of priority between the Cherubs and the Seraphs, putting the latter above the former – although of course this is already so in the Greek original.[76] Moving from these premises, Joseph declares that, had he time to do it, he would comment upon (rather than "translate") the book of Dionysius, in order to reject the translator's intrusions. Much later, ʿAḇdīšōʿ bar Briḵā (13th–14th centuries) actually mentions a commentary (or much less likely "translation", *pūššāqā*) on Dionysius among Joseph's works.[77] Without further evidence, it is impossible to decide whether this commentary was actually written or whether ʿAḇdīšōʿ relied upon Joseph's intentions. If Joseph did write the commentary, he really must have had access to the Dionysian corpus at some point in time. If he did not, it remains to be understood how he had gained his knowledge of Dionysius' style at the moment of writing the quoted passage. It is very likely indeed that he formed

76 Guillaumont 1962, 216; ms. Baghdad Chaldean Patriarchate 131, f. 218; Beulay 1987, 161–162. Joseph's passage is on f. 75r–v of the manuscript: "The writer who translated Mar Dionysius corrupted the books he translated, because he was a corrupted man; and because of the sharpness of his intelligence, he changed the expressions of the divine books according to his own opinion. [...] If there was time to explain that book, I would reject and expel from it every appearance; since he was the one who introduced the complicatedness in the style of this book: the blessed Dionysius, being the disciple of the blessed Apostle, wrote in a plain style [...] not as this corrupted writer did, who on account of his rhetoric complicated the style of the saint."

77 ʿAḇdīšōʿ bar Briḵā, Catalogue (III, 103 Assemani).

his opinion on the ground of anthological fragments, such as we read them in the florilegia that came down to us. They are often long enough to judge of their stylistic quality, but he could even have formed it on the ground of hearsay: He does not make a mystery, for example, that the abbot Narsai of the monastery of Mount Izlā was at the origin of a mouth-to-mouth tradition according to which Kumī had altered the text of Theodore of Mopsuestia's *On the Incarnation*, which is also untrue.[78] And in fact, his information does not appear to be very reliable: I think that he had no clue who the translator of the Dionysian corpus was, first of all because of the very fact that he does not name him. When he wants to discredit Kumī, on the contrary, he does not hesitate to call the latter by name. Secondly, his chronological notions are imprecise: He correctly puts Dionysius' translator under Justinian, but at the same time he makes him a "companion" of Kumī,[79] who was active in the first half of the fifth century. Thus, as far as we can judge, it is at least conceivable that Joseph, despite his claims to a good knowledge of Dionysius, had not read anything more than a bunch of anthological passages when he wrote his *Book of Questions and Answers*.

But before drawing a conclusion, let us move to a last point. As well as in Isaac's case, angelology is another revealing topic insofar as the relation with Dionysius is concerned. If we turn to a long systematic passage on angelology that immediately follows the excursus on the unfaithful translators in the second Mēmrā of the *Book of Questions and Answers*, we can observe that, despite his claim that he could have translated Dionysius better than Sergius of Rēšʿaynā, Joseph shows a remarkable ignorance of or at least a total lack of interest in Dionysius' doctrine on angels. What he expounds in a lengthy answer of the solitary can be partially viewed as an expanded and commented version of the traditional scholastic system of angels that, as we saw,[80] had already been used by Isaac and is mainly attested in Theodore bar Kōnī, Īšōʿdāḏ of Merw, and the Anonymous Commentary preserved in the manuscript *(olim) Diyarbakır Chaldean Archbishopric* 22. This system is constantly attributed to Dionysius in all these works as well as in Joseph, but the explanation of the functions of the single angelic ranks has nothing to do with the Dionysian hierarchy. As to the interpretations in Joseph's work that overlap with the traditional exegetical material, let us compare some chunks of Joseph's treatise with Theodore bar Kōnī's angelology, which is particularly close to it.

> Theodore: "the lordships, who are those who rule over kingdoms";[81] Joseph: "The sixth rank is that of the Lordships. This is their service: to have authority over kingdoms".[82]

---

78 Joseph Ḥazzāyā, Book of Questions and Answers: ms. Baghdad Chaldean Patriarchate 131, f. 76v–77r.
79 Joseph Ḥazzāyā, Book of Questions and Answers: ms. Baghdad Chaldean Patriarchate 131, f. 76v.
80 See paragraph 1 above.
81 Theodore bar Kōnī, Scholium (Recension from Seert) (71–72 Hespel, Draguet).
82 Joseph Ḥazzāyā, Book of Questions and Answers: ms. Baghdad Chaldean Patriarchate 131, f. 80r.

> Theodore: "the principalities, who are the governors of the air";[83] Joseph: "The third rank is that of the principalities. This is its service: it moves the air and raises the clouds [...] And it determines all the changes of the air".[84]
>
> Theodore: "the cherubs, who are interpreted as 'the carriers'";[85] Joseph: "the Cherubs carry His (God's) seat".[86]

In other cases, Joseph apparently diverges from the interpretation witnessed by these writings, but also in these cases he does not show any direct Dionysian influence: for instance he states that "the Thrones guard the doors of the heavenly Holy of Holies",[87] that the virtues have the function of "preventing the demons from wasting God's creatures because of their envy towards men",[88] or that the main function of the plain angels is that of guardian angels, so that they are not reduced to their etymological meaning of "messengers" as is the case in the traditional Syriac exegesis – and in Dionysius as well.[89] Even when the scholastic exegesis is close to Dionysius, then, Joseph diverges from it, showing thereby – at the very least – that he is not interested in making any use of the Dionysian angelology on which he claims to know the truth distorted by the Syriac translator; or, which is more likely, that he ignores it. All the clues I gathered here, it is true, are no conclusive evidence to prove that Joseph never read Dionysius' writings. Still, they are a set of concrete facts which support the assumption that, at the moment of writing the *Book of Questions and Answers*, Joseph did not have first-hand knowledge of the Dionysian writings *as a whole*. The concrete fact, as I said, is that he is not influenced at all by Dionysius, even on those points where he claims to know Dionysius' true thought; this can only mean one of two things: either that he had not read him at all, or more likely than that, that if he had read him, he had not assimilated him, as Beulay remarked. In the second case, the attested existence of florilegia gives a key to understanding why it was not possible for the ascetic reader to get an in-depth knowledge of Dionysius and to assimilated his thought. Of course, the Dionysian corpus as a whole did have a circulation, although probably a limited one, so that it was not utterly impossible to read it in its entirety. But this hypothesis, because of the lack of positive evidence, remains more speculative than postulating that the East Syrian ascetics, and Joseph Ḥazzāyā in particular, read Dionysius in anthologies, which in contrast are materially attested.[90] As in Isaac's case, then, the hypothesis of the anthological reading as source of the scarce assimilation

---

83 Theodore bar Kōnī, Scholium (Recension from Seert) (71–72 Hespel, Draguet).
84 Joseph Ḥazzāyā, Book of Questions and Answers: ms. Baghdad Chaldean Patriarchate 131, f. 79v-80r.
85 Theodore bar Kōnī, Scholium (Recension from Seert) (71–72 Hespel, Draguet).
86 Joseph Ḥazzāyā, Book of Questions and Answers: ms. Baghdad Chaldean Patriarchate 131, f. 81r.
87 Joseph Ḥazzāyā, Book of Questions and Answers: ms. Baghdad Chaldean Patriarchate 131, f. 81r.
88 Joseph Ḥazzāyā, Book of Questions and Answers: ms. Baghdad Chaldean Patriarchate 131, f. 80r.
89 See Dionysius Areopagites, Heavenly Hierarchy IX, 2 (Works 2, 199–201 Heil, Ritter).
90 Like the one in ms. Sinai Syr. 24 and others on which see the conclusions here below.

of Dionysius is a reasonable one, because it has the advantage of relying on some concrete evidence. In the same direction, the case studies of Isaac and Joseph allow for a series of concluding remarks of a more general character.

6 Conclusions

Reassessing the passages where a Dionysian influence was deemed to be possible, on Isaac as well as on Joseph Ḥazzāyā, we have consistently realized that the imprint of the Areopagite is certainly not "technical", as Beulay had already pointed out, nor organic to Isaac's and Joseph's doctrine, and even where they touch themes that have something in common with those of Dionysius, as for example angels or superior ignorance, they never appear to be "Dionysian" on these points. In order to explain this situation, I have put forward the hypothesis that Isaac and Joseph *did not* read Dionysius except in small fragments in florilegia, for if they did read Dionysius extensively, they did not assimilate his thought. Be this as it may, Isaac and Joseph proved to be the ideal authors to introduce the problem of the low degree of assimilation of Dionysius in the East Syrian world overall, and of an anthological approach to the Areopagite as a possible explanation of this limited assimilation. This seems indeed to have been a common attitude toward Dionysius among Syriac-speaking readers in the 6th, 7th, and 8th centuries. As a matter of fact, Sergius' Dionysian version miraculously survives only in the manuscript *Sinai St. Catherine* Syr. 52 the confessional origin of which we ignore. This, of course, does not mean in itself that his translation had had little diffusion, but what we have today of Sergius' version apart from the manuscript *Sinai St. Catherine* Syr. 52 is just a bunch of quotations in florilegia. Thus Sergius' version seems primarily to have been transmitted in monastic or dogmatic anthologies, and two facts are significant in this regard: Firstly, in these anthologies, we mostly find the same recurring sets of passages. Typical cases are those of a short florilegium from Dionysius' Epistle 9, to be read in two different manuscripts in exactly the same form,[91] or of *Divine Names* II, 9, a Christological passage that is quoted in many Miaphysite dogmatic anthologies.[92] Secondly, as we have already seen for *Divine Names* IV, 11 and *Mystical Theology* I, writers like Babai the Great, Isaac, and

---

91 Manuscripts: British Library Add. 17191, f. 2r (9th–10th century) described in Wright 1871, 1008–1015), where excerpts of the ninth *Epistle* are found (ep. 9, 3–6 passim); in British Library Add. 14538 (ca. 10th century; Miaphysite anthology) described in Wright 1871, 989–1002, f. 27v contains the same texts from ep. 9.

92 Manuscripts: British Library Add. 12155 (8th century; Miaphysite anthology) described in Wright 1871, 921–955. F. 87ra–vb presents a group of citations from *Divine Names* I and II, among which is also II, 9, 133, 5–11. British Library Add. 14532 (8th century.; Miaphysite anthology) described in Wright 1871, 955–967, contains *Divine Names* II, 9, 133, 7–12 at f. 50v. British Library Add. 14535 (9th century; Miaphysite anthology) described in Wright 1871, 796–799, has Divine Names II, 9, 133, 5–12 at f. 12v. In

Joseph Ḥazzāyā exclusively quote passages that are also present in attested florilegia. Moreover, they are the only writers to have quoted Dionysius and each of them did it only once. Therefore, Sergius' version must have been excerpted early, a repertoire of quotations must have crystallized very early, and these fossilized florilegia might have been the only form in which at least some East Syrian ascetics and theologians read Dionysius in the 7th–8th centuries.[93] Thus if Beulay is certainly correct in stating that these authors only used "elements" of Dionysius' doctrine, we are convinced that they did not usually consider him "a teacher to read", but rather an authority to quote occasionally: his was, of course, known to be an important voice, insofar as it came from a disciple of the Apostle, and therefore worth some mentions, but a need to study his whole work was not so urgently felt. Unlike among West Syrians, to whom Dionysius himself probably belonged,[94] the Areopagitic doctrine with its concentration on liturgical and hierarchical problems and philosophical speculation was far removed from the main interests of the cultivated East Syrian solitaries, so that Dionysius' work *as a whole* must never have become part of a common reading repertoire. Every individual author had his own approach, of course, and some of them *may* have read Dionysius in somewhat greater depth, especially Simon of Taibuteh at the end of the 7th century[95] and John of Dalyātā in the 8th century,[96] so that we can suppose that some copies of the whole Dionysian corpus were available; however, at the end of the 8th or at the beginning of the 9th century the East Syrian patriarch Timothy I is at a loss to find a copy of Dionysius' work, and sends to look for it in the West Syrian monastery of Mar Mattai.[97] And as I said above, it was already clear to Beulay that many ascetical authors did not even take Dionysius into consideration. It is mainly in this sense that I mean the phrase in my subtitle, "the phantom of a Greek heritage": Dionsyius' appearances in the East Syrian ascetic literature are phantasmatic, insofar as he is mentioned and quotations from his writings do emerge here and there, but the substance of his teaching, his "doctrinal flesh" is not present, since whenever he is quoted, his traces get immediately lost and the context of the quotation remains

---

the ms. Mingana syr. 69 (middle of the 7th century; Miaphysite anthology) described in Mingana 1933, 173–178, f. 30v contains *Divine Names* II, 9, 133, 7–12.

93 In a recent article, Bumazhnov 2016b has convincingly pointed out a further parallel between Isaac's *Chapters on Knowledge* IV, 77 and Dionysius' *Epistle* 7, 1. Now, no excerpt of *Epistle* 7, except for a single sentence, is preserved in florilegia known to us. But given the highly limited overall presence of Dionysius' thought in Isaac, and since many of Dionysius' epistles, or parts of them, are transmitted singularly in Syriac florilegia (Epistle 1, 4, 8, 9, and 10 are attested), I would tend to speculate that also of Epistle 7, or of its incipit, Isaac may easily have had an anthological knowledge.

94 Fiori 2011a, 38–42.

95 See his "notes" on Dionysius in: [Auctores Varii], Collection of Texts on Mysticism, 282–287; Simon of Taybuṯeh, Book of Grace (22–33, Bettiolo).

96 See Beulay 1987, 168–169, 178–180, and Beulay 1990, where a quick look at the index (p. 522) already gives a clue of the importance of a Dionysian background in John of Dalyātā.

97 Detailed information and discussion of the sources in Brock 1999b, and Berti 2009, 342–345.

foreign to him (Joseph Ḥazzāyā's angelology is particularly significant in this regard). Like a phantom, Dionysius comes into view for a moment and disappears. Only later did Syriac writers begin to show more systematic interest in Dionysius, but this significantly happened among the West Syrians, with a second translation made at Qenneshre at the end of the 7th century and the compilations of passages from the Dionysian *Hierarchies*[98] attributed to John of Dārā in the 9th, whereas the East Syrians continued to ignore Dionysius' teaching for a long time, the case of the catholicos Timothy being particularly telling. Only few traditional notions transmitted via a scholastic elaboration survived, as in the case of Dionysian angelology. The reason for a so much deeper engagement on the West Syrian side probably lies in the fact that Dionysius himself may be considered a West Syrian author writing in Greek; in this sense, he would have remained the "other" way of Syriac mysticism: the way of a stronger liturgical stress that was much more cultivated on the Miaphysite side and did not find an equivalent in the East Syrian culture.[99] But this is another story.

---

98 These unpublished compilations excerpted passages from the second Syriac translation of the *Corpus areopagiticum* which was made by Phokas of Edessa at the end of the 7th century, and of the scholia that accompanied it. See Breydy 1964; Breydy 1978; more recently, Becker 2006a, and Herman 2009.

99 See Fiori 2011a.

Martin Heimgartner

Griechisches Wissen und Philosophie beim ostsyrischen Patriarchen Timotheos (780–823)

1 Einführung

Timotheos der Erste[1] oder der Große, Patriarch der ostsyrischen Christen im muslimischen ʿAbbāsidenreich im Bagdad von Tausendundeiner Nacht, ist in mancherlei Hinsicht eine herausragende Gestalt des Christentums: Er ist Patriarch der damals flächenmäßig größten Kirche der Christenheit, deren Gebiet von der östlichen Mittelmeerküste über Kurdistan, Irak, Iran, Zentralasien den Seidenstraßen entlang bis nach Tibet und China reicht und im Süden sich bis nach Südindien erstreckt.[2] Er verlegt als erster Patriarch seine Residenz in die neugegründete Hauptstadt Bagdad, wo er in einem intensiven Kontakt mit dem Kalifen steht.[3] Die Sammlung seiner 59 Briefe, darunter etliche lange Traktate, ist ein Quellenwerk allerersten Ranges zu einer Fülle von Themen, in dieser Zeit nur etwa dem Corpus der Bonifatiusbriefe[4] vergleichbar. Kein christlicher Theologe vor ihm hat sich in auch nur annäherndem Maß theologisch mit dem Islam auseinandergesetzt wie Timotheos. So sind von ihm fünf Traktate erhalten, die sich aus verschiedenen Perspektiven mit dem Islam beschäftigen: in streitbarem rhetorisch-eristischen Angriff, in logisch-peirastischem Überzeugungsversuch und in hermeneutisch-reflektierender Selbstbesinnung.[5] Timotheos ist der größte bekannte Aristoteliker seiner Zeit. Es gibt vor ihm und nach ihm bedeutendere Kenner des Stagiriten, aber sowohl das Zurücktreten des Aristotelismus im Orient und Okzident des 7. und 8. Jahrhundert als auch die Launen der Überlieferung haben dazu geführt, dass zwischen 780 und 800 kein größerer Aristotelesspezialist fassbar ist. Bei Timotheos wird die Syllogistik zum Grundmuster der theologischen Argumentation, sei es in der Diskussion innerhalb der eigenen Konfession, sei es im

1 Grundlegend zu Timotheos: Berti 2009, ferner auch Heimgartner, Roggema 2009, beide Publikationen mit ausführlichen weiteren bibliographischen Angaben. – Beim vorliegenden Beitrag handelt es sich um eine ausführlichere Fassung meines englischen Aufsatzes „Aristotelian Logic in the Disputations of the East Syrian Patriarch Timothy I“, der im Journal of Eastern Christian Studies veröffentlicht werden soll.

2 Die Erwähnung des Metropoliten Šubḥalmāran von Damaskus *Brief* 47, 21, die Ernennungen von Metropoliten für Turkestan und Tibet in 47, 31, Fragmente von Briefen nach Indien sind bei Ibn aṭ-Ṭayyib erhalten (Das christliche Recht, II [119/121 und 149/152 Honerbach, Spies]). Zur Asienmission bei Timotheos vergleiche Suermann 2004a sowie Berti 2009.

3 Dazu ausführlicher Heimgartner 2015b, 173–175.

4 Bonifatius, Briefe, ed. Dau.

5 Heimgartner 2016 (CSCO Syr. 257), V, IX–XI.

https://doi.org/10.1515/9783110668292-006

christologischen Disput mit den Westsyrern, sei es in der theologischen Auseinandersetzung mit dem Islam. Timotheos hat sein Patriarchenamt fast 43 Jahre lang inne, so lange wie kein Papst, kein Oberhaupt einer großen christlichen Kirche, übertroffen nur etwa durch den Zürcher Antistes Heinrich Bullinger[6] oder die langlebigen Äbte der Blütezeit von Cluny.[7] Bereits die Historiker des syrischen Mittelalters haben festgehalten, dass Timotheos unter fünf Kalifen als Patriarch gewirkt hat.[8]

2 Anfänge

Timotheos wurde wohl im Jahr 741[9] in Ḥazzā[10], gute 10 km westlich von Arbelā, geboren. Sein Onkel Georg, der Bischof von Bēt Bagāš am Unterlauf des Großen Zāb war, schickte ihn nach Bāšōš auf die Schule von Abraham bar Dāšandāḏ[11], der auch „der Lahme" oder „der Kommentator" genannt wird. Timotheos folgte Abraham, als dieser die Schule zuerst nach Margā[12] und später ins Kloster des Mār Gabriel bei Mossul verlegte, wo Abraham starb.[13] Dass es sich dabei um eine prominente Institution, ja geradezu eine Kaderschmiede handelte, beweist die Tatsache, dass aus ihr

6 Im Amt 1531–1575.

7 So etwa Odilo (im Amt 994–1049) oder sein Nachfolger Hugo (1049–1109).

8 Es sind al-Mahdī (775–785), al-Hādī (785–786), Hārūn al-Rašīd (786–809), al-Amīn (809–813) und al-Ma'mūn (813–833), vergleiche dazu Mārī, Kitāb, Gismondi, I, 74/65 [arab./lat.]; deutsch bei [Auctores varii], Christlich-arabische Chrestomathie, 101, Kawerau). ʿAmr nennt nur die vier Kalifen al-Hādī, Hārūn al-Rašīd, al-Amīn und al-Ma'mūn (Mārī Ibn Sulaymān, Nachrichten über die Patriarchen der Nestorianer [II, 66/38 Gismondi]).

9 In der Einleitung seines Rechtsbuches vom Jahr 805 (Jahr 1116 der Griechen) gibt Timotheos selbst sein Alter mit „ungefähr 65 Jahren" an. Dazu [Auctores Varii], Syrische Rechtsbücher (II, 58/57 Sachau). Das oft genannte Geburtsjahr 727/728 stützt sich auf Mārī, der berichtet, dass Timotheos im Alter von 95 Jahren verstorben sei (Nachrichten über die Patriarchen der Nestorianer [I, 74/65 Gismondi]). Vergleiche zu den Varianten Bidawid 1956, 1 Anm. 2.

10 Mārī Ibn Sulaymān, Nachrichten über die Patriarchen der Nestorianer (I, 71/63 Gismondi; II, 64/37 Gismondi).

11 Thomas von Margā, Buch der Statthalter 4.3 (198, Bedjan; 195/380, Budge).

12 Timotheus I., Brief 49, 3, Heimgartner; so auch bereits Labourt 1904, 6.

13 Nicht unumstritten ist, ob die Schule tatsächlich nach Mossul verlegt wurde. So Labourt 1904, 6, und Rücker 1932, 184, ebenso Berti 2009, 195–200; dagegen Fiey 1959, 127 und 129 Anm. 2. Deutlich ist Überschrift und Anfang von Brief 42: „Von demselben an die Schulbrüder, die in Bēt Mār Gabriel in Mossul wohnen. An diejenigen, die Christus lieben, der Gottes Kraft und Gottes Weisheit ist, die reinen und verehrungswürdigen Brüder, die im Versprechen der Liebe zur Weisheit und Lehre im Kloster unseres Vaters Abraham wohnen." Vergleiche dazu auch Heimgartner 2012b (CSCO Syr. 249), Anm. 3. Vergleiche auch die Überschrift von Brief 49 und dazu Heimgartner 2012b (CSCO Syr. 249), Anm. 394; auch Labourt 1904, 6. – Das Kloster wurde auch „Oberes Kloster" (*dayr al-aʿlā*) genannt und befand sich im Norden der Stadt am höchsten Punkt direkt über dem Tigris. Dazu Rücker 1932, 186; Fiey 1959, 126–132 sowie Plan I im Anhang.

eine Reihe damals bekannter Männer hervorging. Īšōʿbarnūn, ein Studienkollege des Timotheos, wurde später zum Bischof von Ramhōrmīzd ernannt. Nach dem Wunsch des Timotheos hätte er zum Metropoliten von Nisibis erhoben werden sollen, doch der Versuch scheiterte am Widerstand der Bevölkerung und am Veto des Kalifen Hārūn.[14] Nach dem Tode des Timotheos 823 wurde er dessen Nachfolger im Patriarchenamt. Ein anderer Studienkollege, Abū Nuḥ aus Anbar (*al-Anbarī*), wurde Sekretär von Abū Mūsā ibn Muṣʿab, dem Gouverneur (*wālī*) von Mossul[15], und scheint später nach Bagdad gekommen zu sein, wo er wohl im Jahr 780 mit Timotheos zusammen die *Topik* des Aristoteles übersetzte.[16] Sergios, ein dritter Studienkollege, wurde um 782 zum Leiter der Schule von Mār Abraham und in den 790er Jahren zum Metropoliten von Elam ernannt. Timotheos war mit ihm eng befreundet und pflegte einen intensiven Briefkontakt. Das erhaltene Corpus der Timotheosbriefe geht auf die Sammlung des Sergios zurück.[17] Daher sind von den 59 Briefen 42 an Sergios gerichtet.[18]

Griechisches Wissen und Philosophie spielten bereits in der Ausbildung des Timotheos eine zentrale Rolle, denn in der Schule von Abraham erhielt Timotheos neben den üblichen Kenntnissen vor allem eine gründliche Bildung in der griechischen Sprache, den Texten der Kirchenväter und der Philosophie des Aristoteles. Leider haben wir keine genaueren Kenntnisse über den Unterricht und sind dabei auf Rückschlüsse angewiesen.[19] Sowohl der Fächerkanon als auch die Unterrichtsmaterialien zeigen den Einfluss des westsyrischen Klosters von Qennešrīn, welches im 7. Jahrhundert eine Hochburg syrischer Wissenschaft darstellte, und Abraham war eine Zentralfigur bei der Vermittlung dieses Erbes an die ostsyrische Tradition. Die syrischen Übersetzungen von *Topika* und *Zweiter Analytik* waren die des Athanas von Balad, und was die Werke von Gregor von Nazianz betrifft, hatte Athanas die Übersetzung Pauls von Zypern revidiert. Es ist diese Fassung, nach deren zweitem Band Timotheos in Brief 43, 8 sucht und deren Rücksendung er in Brief 22, 16 bestätigt. Auch das von Abraham verwendete Logikhandbuch war wohl dasjenige von Athanas von Balad. Darauf deuten Anspielungen in Brief 46 hin: Die scherzhaften Syllogismen dieses Dankesschreiben scheinen ein Nachhall des Logikunterrichts zu sein, den Timotheos und der Empfänger Sergios von Elam seinerzeit gemeinsam erlebt haben.[20]

---

14 Timotheus I., Briefe 57 und 54 sowie 21 und 22, vergleiche dazu Heimgartner 2012b (CSCO Syr. 249), LXX–LXXIII (Übers.).

15 Mārī Ibn Sulaymān, Nachrichten über die Patriarchen der Nestorianer (I, 71/63 Gismondi) (deutsch: [Auctores varii], Christlich-arabische Chrestomathie [91 Kawerau]), vergleiche dazu auch Braun 1901, 139 mit Anm. 2.

16 Dazu Timotheus I., Brief 43, 1 f.

17 Diese glänzende Beobachtung stammt von Berti 2009, 62–66.

18 Nämlich die Briefe 3, 5–8, 11, 13–25, 27–33, 37–40, 44, 46–49, 52–55, 57–59.

19 Zu den Schriften Abrahams vergleiche Abraham bar Dāšandāḏ, Ausgewählte Werke (italienische Übersetzung des Briefs an Johannes und der Ermahnungen: 19–35 Berti).

20 Vergleiche dazu Heimgartner 2012b (CSCO Syr. 249), LXI–LXII sowie Heimgartner 2010b, 66. Ähnliches gilt auch für die Briefe 8a und 51.

Jedenfalls ist der logische Schluss (Syllogismus) bei Timotheos ständig präsent. Man hat manchmal den Eindruck, der Patriarch könne kaum einen Gedanken entwickeln, ohne in die Form des logischen Schlusses zu verfallen.[21]

Dass Timotheos außer Syrisch auch Griechisch und Arabisch konnte, sagt er selbst in Brief 19[22]. Noch im Jahr 799 fragt ihn der genannte ehemalige Schulkollege Sergios, mittlerweile Metropolit von Elam, nach der Bedeutung des vergleichsweise seltenen griechischen Wortes *ἀυλητρίδες*, welches dieser bei der – offensichtlich griechischen – Lektüre der *Zweiten Analytik* des Aristoteles (1, 13 78b30f.) angetroffen hat (Brief 48, 4).[23]

Auch um die griechische Patristik hat sich Abraham bemüht. Die Schule besaß eine beachtliche Bibliothek, von der noch die Rede sein wird, und Timotheos berichtet, dass während seiner Schulzeit in Margā eine Handschrift mit den Briefen des Chrysostomos an Olympias eingetroffen sei (Timotheos, Brief 49, 1–3 und 20, 6f.).

Als Timotheos aus der Schule zu seinem Onkel zurückkehrte, habe dieser seines hohen Alters wegen mit allen Mitteln versucht, ihm sein Bischofsamt zu übereignen. Sein Onkel habe die Demission beim Metropoliten Māranʿammeh eingereicht, und Timotheos wurde nach 769/770 zum Bischof von Bēt Bagāš geweiht.[24] Bei Abū Mūsā ibn Muṣʿab, dem Gouverneur von Mossul, konnte dessen Sekretär, der eben genannte Abū Nuḥ, für Timotheos Steuerfreiheit erwirken.[25]

Als Patriarch Ḥnānīšōʿ II. im Jahr 778/779 starb, begann eine längere Sedisvakanz. Schließlich wurde Timotheos nach einem turbulenten Wahlverfahren am 7. Mai 780 zum Nachfolger gewählt. Über die tatsächlichen Vorgänge sich ein genaues Bild zu machen ist kaum mehr möglich, da die Berichte von Thomas von Margā, Mārī, ʿAmr und Barhebraeus einander teilweise heftig widersprechen. Brief 50 gibt einige Anhaltspunkte zu den Ereignissen, wie Timotheos und seine Parteigänger sie gesehen haben wollten.[26] Immerhin wird so viel klar, dass bei der Wahl des Timotheos Bestechung im Spiel war. Metropolit Aprem von Elam erschien nicht zur Wahl; mit seiner Provinz bestand ein etwa zweijähriges Schisma. Die Situation scheint sich bis zur Regionalsynode im Jahr 782 so weit beruhigt zu haben, dass es zu einer brieflichen Versöhnung mit Elam kam (Brief 50, 1–10).[27]

---

21 Vergleiche dazu auch Heimgartner 2020, Anm. 5.

22 Timotheus I., Brief 19 (127/85 Braun).

23 Vergleiche dazu Heimgartner 2012b (CSCO Syr. 249), LX–LXI, und unten 111.

24 Thomas von Margā, Buch der Statthalter 4.3 (199, Bedjan; 196/381 Budge); Mārī ibn Sulaymān, Nachrichten über die Patriarchen der Nestorianer (I, 71/63 Gismondi). Das Datum mit Braun 1901, 139 mit Anm. 2, nach Elias von Nisibis, Chronik, I (58/32 Brooks).

25 Mārī ibn Sulaymān, Nachrichten über die Patriarchen der Nestorianer (I, 71/63, Gismondi).

26 Die Berichte hätten eine eingehende kritische Studie verdient, was aber im Rahmen der vorliegenden Arbeit nicht geschehen kann.

27 Vergleiche dazu Heimgartner 2012b (CSCO Syr. 249), LI–LII.

3 Die *Topik*-Übersetzung und die beiden Disputationen des Timotheos im Rahmen des Aristotelismus zur Zeit des Kalifen al-Mahdī

Vermutlich spielte der Hof eine entscheidende Rolle dabei, dass sich Timotheos bei der umstrittenen Patriarchenwahl schließlich durchsetzen konnte. Kalif al-Mahdī stand der griechischen Bildung sehr offen gegenüber und favorisierte wohl selbst die Kandidatur des Timotheos, weil er den hervorragenden Aristoteleskenner nach Bagdad ziehen wollte. Die Rezeption der Werke des Aristoteles im arabischen Sprachraum hatte kurz nach der ʿabbāsidischen Revolution von 750 begonnen. Von den frühen philosophischen Handbüchern in arabischer Sprache ist einzig dasjenige von Ibn Muqaffaʿ (um 760) erhalten.[28] Darüber hinaus finden sich in der arabischen Literatur nur wenige unscharfe Notizen.[29] Umso wichtiger ist das reiche Material in den Briefen des Timotheos. Es zeigt exemplarisch die Bedeutung der syrischen Christen in diesem Kulturtransfer, bei dem um 780 Timotheos selbst eine zentrale Rolle spielte. Aufgrund der sonst widrigen Umstände der Überlieferung im ausgehenden 8. Jahrhundert können wir uns von keinem Aristoteleskenner ein so deutliches Bild machen wie von Timotheos.

Kaum war Timotheos im Amt, beauftragte ihn Kalif al-Mahdī mit der Übersetzung der *Topik* des Aristoteles. Timotheos berichtet darüber in Brief 43 an den Priester und Lehrer Pētīyōn in Mossul[30], dass das Werk dank der Mithilfe seines früheren Schulkollegen Abū Nūḥ bereits zum Abschluss gekommen sei (43, 1–4). Dabei ist nicht ganz klar, wer genau welchen Anteil an der Übersetzung hat und ob sie aus dem Syrischen oder auch aus dem Griechischen erfolgte.[31] Der griechische Text muss jedenfalls mindestens teilweise mitberücksichtigt worden sein, denn an der Übersetzung waren auch einige »Griechen«, also offensichtlich Melkiten mitbeteiligt, darunter auch deren Patriarch.[32] Nun untersucht Aristoteles in der *Topik*, wie der logische Schluss im Streitgespräch eingesetzt wird: Wie muss man argumentieren, um den Sieg über den Gegner davonzutragen? Kalif al-Mahdī war also daran interessiert, mit der *Topik*

---

28 Ediert von Dānēšpazhūh, al-Manṭiq (Logic) by Ibn Muqaffaʿ.

29 Dazu Gutas 1998, 61–68, und Watt 2004, 17b–18a. Im Kolophon des Logikhandbuchs von Ibn Muqaffaʿ, Logisches Kompendium (186, 93, Dānēšpazhūh), sind weitere Übersetzer genannt: „Zu Ende sind die drei Bücher der Logik in der Übersetzung des Abū Muḥammad Ibn ʿAbdallāh Ibn Muqaffaʿ, und nach Abū Muḥammad übersetzte sie danach Abū Nūḥ, der christliche Sekretär, dann nach Abū Nūḥ übersetzte sie Salm der Harranier, der Vorsteher des Hauses der Weisheit, für den Barmakiden Yahyā Ibn Ḫālid, und alle vier Bücher übersetzte vor diesen beiden Übersetzungen der Christ Hīlyā."

30 Er muss in den frühesten 780er Jahren verstorben sein, denn in Timotheus I., Brief 40 (*inscriptio*) erscheint Sergios bereits als sein Nachfolger.

31 Dazu Heimgartner 2012b (CSCO Syr. 249), 47 f., Anm. 218 und 219, sowie Heimgartner 2012a, 13.

32 Timotheus I., Brief 48, 10.

ein möglichst gutes technisches Instrumentarium für die Auseinandersetzung mit Kontrahenten anderer Meinung und anderen Glaubens zu gewinnen.[33] Wir wissen zwar nicht, ob Timotheos einen vollständigen arabischen Text der *Topik* erstellt hat oder ob es sich um eine handbuchartige Zusammenfassung handelte, wie es etwa das Logikhandbuch des Ibn Muqaffaʿ nahelegen würde. Zwei Anhaltspunkte in Brief 42 und 34 weisen jedenfalls auf Stellen in *Topik* 1 und 2 hin.[34] Möglicherweise umfasste die Übersetzung nur die Bücher 1–8, denn das 9. Buch der *Topik*, das auch von Timotheos als selbständige Schrift unter dem Namen »Sophistische Widerlegungen« betrachtet wird, wurde nach anderen Angaben vom Hofastronomen Theophilos von Edessa († 785) ins Arabische übersetzt. Allerdings zeigt Brief 40, dass Timotheos auch mit den falschen Schlüssen in *Topik* 9 vertraut war.[35]

Dank des Übersetzungsauftrags des Kalifen hat sich Timotheos also intensiv mit einer der logischen Schriften auseinandergesetzt. Zwei weitere Texte aus den ersten Amtsjahren dokumentieren die Anwendung der Logik in Streitgesprächen am Hof.[36] In Brief 40 schildert Timotheos seinem Korrespondenten Sergios eine Disputation, die er mit einem muslimischen Aristoteliker geführt hat. Wie von Aristoteles in der *Topik* vorgezeichnet, wendet Timotheos die Syllogistik in rhetorisch-argumentativer Weise an. Es geht weniger um Wahrheitsfindung als vielmehr um Selbstbehauptung. Der muslimische Gegner kennt seinen Aristoteles recht gut, vermag an passender Stelle aus den *Kategorien* zu zitieren[37], aber Timotheos ist ihm überlegen. Er scheut sich auch nicht, falsche Schlüsse anzuwenden, und lockt ihn da und dort sogar in

---

33 Gutas 1998, 67–69 sowie Heimgartner 2012a, 15–17.

34 Nämlich Timotheus I., Brief 35, 2, 7. Vergleiche dazu Heimgartner 2016 (CSCO Syr. 257), 70 Anm. 343, und Brief 48, 4.

35 In *Topik* 9, 19, 177a9–15 erläutert Aristoteles die Trugschlüsse, welche mit einer zweifachen Bedeutung eines Begriffs argumentieren (dort am Beispiel von ἐπίστασθαι: „sich auf etwas verstehen" und „etwas verstehen"). Genau dies tut Timotheos in *Brief* 40, 10, 1–6: Der Aristoteliker versucht, die Göttlichkeit des Jesus zu widerlegen. Er hält die Tatsache, dass Jesus gebetet hat, für einen Beweis, dass Jesus nicht von göttlicher Natur ist. Weshalb sollte Jesus gebetet haben, wenn er Gott wäre? Timotheos verweist darauf, dass auch Gott „gebetet" habe. Was auf Deutsch kaum nachvollziehbar ist, wird vom Syrischen und Arabischen her klar, wo dasselbe Verb *ṣallā* bei Menschen »beten«, bei Gott »segnen« bedeutet. Man kann dies im Deutschen nachzuahmen versuchen, indem man »sich [segnend] niederneigen« und »sich [betend] niederneigen« übersetzt. Der Aristoteliker spürte wohl, dass die Argumentation nicht stimmig war, und versuchte es dann mit einem anderen Verb (*sgd*, 40, 10, 7). Auch Timotheos sah wohl ein, dass diesem Trugschluss die Argumentationskraft fehlte. Als im Gespräch mit dem Kalifen dieselbe Thematik zur Sprache kam (Disputation 6), hat er darauf verzichtet, dieses Argument mit der doppelten Bedeutung von *ṣallā* zu verwenden.

36 Die berühmte Disputation mit dem Kalifen al-Mahdī fällt in die Zeit nach dem 31. August 782 und vor 785, dazu Heimgartner 2011 (CSCO Syr. 245), XXXI–XXXIII. Die Disputation mit dem muslimischen Aristoteliker fand kurz zuvor statt, denn in seinem Bericht darüber (Brief 40) erwähnt Timotheos bereits die Disputation mit dem Kalifen, über welche er bei Gelegenheit schreiben wolle (Brief 40, 11, 4).

37 Timotheus I., Brief 40, 3, 7 (Zitat von *Kategorien* 7b15 f.).

eine Falle.[38] Diese Technik funktioniert, weil der Gegner den Argumentationsfehler nicht aufzudecken imstande ist. Diese eristische Grundhaltung wird von Timotheos theologisch eingekleidet: Mit dem Kreuz sind der scheinbare Sieg des Satans und die scheinbare Niederlage des Christus in einen Sieg der Wahrheit und eine Niederlage der Lüge verwandelt, und deshalb können weder die Juden noch die Muslime als die „neuen Juden" den Christen etwas anhaben, wenn sie diese zum Streitgespräch herausfordern (Brief 40, 1).

Diese Grundhaltung verändert sich im nächsten Text: Es ist die Disputation mit dem Kalifen al-Mahdī, die wenig später stattfand.[39] Timotheos wurde zu seiner großen Überraschung zu einem Religionsgespräch mit dem Kalifen geladen. Audienzen wegen Sachgeschäften gehörten für ihn zu seinen Amtspflichten, aber dass der Herrscher dabei das Gespräch auf die Inhalte der Religionen lenkte, war für ihn neu (Disputation 2, 2). Dabei ging es im Wesentlichen um die kontroversen theologischen Themen wie die Trinitätslehre, die Christologie, die Stellung Mohammeds und die Frage nach der heilsgeschichtlichen Kontinuität, daneben auch um Fragen wie etwa die Beschneidung, das Gebet und die Bedeutung des Kreuzes.[40] Der Kalif unternimmt dabei einen eigentlichen missionarischen Angriff auf den Patriarchen, indem er auch Bibelstellen auf Mohammed hin auslegt.[41] Timotheos weist dieses Ansinnen zuerst ab, ändert aber dann an einem zweiten Disputationstag[42] seine Taktik: Nun stellt umgekehrt er den Islam – analog zum Judentum – als eine Vorstufe des Christentums dar und legt auch Koranstellen auf Christus hin aus.[43] Mohammed gilt ihm zwar nicht als Prophet, aber doch als Lehrer, der auf Christus hinweist (Disputation 15, 1–17) und „auf dem Pfad der Propheten gewandelt" ist (Disputation 15, 3–7). In diesem Sinne startet Timotheos in verhaltener Sprache eine missionarische Gegenoffensive, indem er den Wunsch äußert, mit dem Kalifen den gemeinsamen Glauben zu teilen (Disputation 21, 12). Damit wird die Disputation in ihrem zweiten Teil zu einem peirastischen Text, in dem die syllogistische Argumentation den Gegner nicht mundtot machen, sondern überzeugen will. Timotheos möchte nicht mehr nachweisen, dass der Islam und die islamische Sicht auf das Christentum falsch sei, sondern er interpretiert den Islam als eine Vorstufe des Christentums. In der großen Schlussrede mit der berühmten Perlenparabel beginnt Timotheos mit der Unerkennbarkeit der Wahrheit, die so verborgen ist wie eine zu Boden gefallene Perle in finstrer Nacht (Disputation 21, 1–5), und je länger er redet, verströmt die Perle plötzlich einen feinen Lichtschimmer (Disputation 21, 7), bis am Ende die Wahrheit des Christentums so offensichtlich ist wie die Sonne am helllichten Tag (Disputation 21, 12).

---

38 So etwa Timotheus I., Brief 40, 2, 27–35. Vergleiche dazu Heimgartner 2020.
39 Seit Bidawid 1956, 42f., wird sie auch als Brief 59 gezählt.
40 Siehe dazu die Übersicht von Heimgartner 2011 (CSCO 245), XXXVII (Übers.).
41 Dazu Heimgartner 2007, 50–53.
42 Vergleiche dazu Timotheus I., Disputation 14, 1 und Heimgartner 2011 (CSCO Syr. 245), 68 Anm. 211.
43 Dazu Heimgartner 2007, 48–50.

Dieser Stimmungsumschwung in der Disputation zeigt, wie Timotheos von einer eristischen zu einer peirastischen und schließlich zu einer eigentlich wissenschaftlichen Syllogistik übergeht.[44] Damit ist der Weg gebahnt zu einem eigentlich aristotelischen Wissenschaftsbegriff, wie er in der *Zweiten Analytik* entfaltet wird. In Brief 2 entwickelt Timotheos eine streng wissenschaftliche Darstellung dessen, „was die Seele ist, ob sie ist, wie sie ist und weshalb sie ist" (Brief 2, 3, 31). Die Differenzen in der Darstellung zum Referenztext in der *Zweiten Analytik* (2, 1, 89b24f.) zeigen, dass Timotheos hier auf die neuplatonisch-alexandrinischen *Eisagoge*-Kommentare, vermutlich denjenigen von David oder den von Johannes Philoponos[45] rekurriert.

Der Kontakt mit dem Bagdader Kalifenhof hat offenbar den Aristotelismus des Timotheos entscheidend mitgeprägt. Die Auseinandersetzung mit dem Islam rückt also die syllogistische Argumentation ins Zentrum. Die aristotelische Logik wird zu einer Referenzbasis für die Verständigung. Der melkitische Bischof Theodor Abū Qurra wird dies eine gute Generation später zum eigentlichen Programm machen, wenn er – gleichsam Anselm von Canterbury vorwegnehmend – zu Beginn seines „Traktat über den einen Schöpfer und die wahre Religion" schreibt: „Unsere Absicht mit diesem Buche ist diese, die Wahrheit unserer Religion aus der Vernunft zu beweisen und nicht aus den Schriften."[46] So weit geht Timotheos nicht. Er argumentiert zwar stets logisch, trifft aber doch den erkenntnistheoretischen Vorbehalt, dass die Gotteserkenntnis die Sinneswahrnehmung und Vernunfterkenntnis übersteige (Brief 2, 1, 1–12; 40, 2, 16 und andere). Neben diese beiden tritt die Offenbarung in der Schrift hinzu: Die erkenntnistheoretische Spannung bleibt also letztlich ungelöst.

4 Die *Hermeneutik*, die *Kategorien* und die Terminologie des Aristoteles im Werk des Timotheos

Die aristotelische Hermeneutik ist bei Timotheos allgegenwärtig mit ihren Differenzierungen von allgemeinen und partikulären Aussagen sowie von bejahenden und verneinenden Aussagen. Immer wieder greift Timotheos den Gegensatz von „Wesen"[47] als der ersten Kategorie und den „Akzidenzien" als den übrigen neun Kategorien auf,

---

44 Diese Differenzierung findet sich bei Aristoteles selbst in *Topik* 9, 3, 165b8–11: „Über die beweisenden Schlüsse [*apodeiktikōn*] ist in den Analytiken geredet, über diejenigen, welche zum Gespräch gehören [*dialektikōn*] und überzeugen wollen [*peirastikōn*], an anderen [Stellen], und über diejenigen [Schlüsse], welche zum Wettkampf [*agōnistikōn*] und Streit [*eristikōn*] gehören, wollen wir jetzt reden."

45 Vergleiche David, Eisagoge-Kommentar (1, 15 Busse). – Zu den Bezügen auf die verlorenen Kommentare von Johannes Philoponos vergleiche Furlani 1926, 135–142, insbesondere 141 f.

46 Theodor Abū Qurra, Traktat über den einen Schöpfer (49, 56, Graf).

47 Der Begriff οὐσία, im deutschen philosophischen Sprachgebrauch meist mit „Substanz" wiedergegeben. In der Theologie ist „Wesen" zu bevorzugen, da Augustinus, Über die Trinität 5, 2, 3 sowie 5,

wie es in der an die *Kategorien* anschließenden Tradition spätestens seit Porphyrios Standard geworden ist. So erklärt Timotheos auch die Trinität auf dem Hintergrund der Unterscheidung von Aussagen über das gemeinsame „Wesen" der drei göttlichen Personen und von Aussagen über die »Qualitäten«, welche nur je individuell den drei göttlichen Personen „eigentümlich" sind.[48] Dabei ist allerdings die Gottheit nicht etwa ein bloß abstrakter Oberbegriff im Sinne des „Zweiten Wesens" bei Aristoteles, und umgekehrt sind diese „Eigentümlichkeiten" nicht bloße zufällige, „akzidentelle" Eigenschaften der einzelnen Personen. Hier öffnet die aristotelische Unterscheidung von Erstem und Zweitem Wesen einerseits sowie von Wesen und („nichtwesentlichen") Akzidenzien andererseits für die Trinitätslehre einen logischen Widerspruch. Augustinus hatte das Problem gelöst, indem er für den göttlichen Bereich nicht ein Begriffssystem von Wesen und Akzidens für gültig erklärte, sondern eines von Wesen und Relation.[49] Diese begriffliche Neuentwicklung fehlt bei Timotheos: Er glaubt das Problem gelöst zu haben, indem er ständig zwischen den beiden Abgrenzungen oszilliert: Die Aussagen über gemeinsames Wesen und individuelle Qualitäten der drei göttlichen Personen dürfen weder tritheistisch missverstanden werden, als wären es drei verschiedene selbständige Einzelwesen, noch dürfen sie monistisch missverstanden werden, als wären die Qualitäten der Personen nur verschiedene Aspekte einer einzigen göttlichen Gestalt. Auch die Aussagen aus den *Kategorien*, dass es im Wesen kein Mehr oder Weniger gibt (3b33–4a9), verwendet Timotheos regelmäßig für seine Argumentation im Zusammenhang mit der Unveränderlichkeit des göttlichen Wesens (Brief 40, 5, 43f.). Hier scheint Timotheos auf Modellen der griechischen Patristik zu beruhen; man mag an Athanasius von Alexandrien denken[50], doch vorläufig lässt sich die Benutzung dieser Schriften noch nicht nachweisen.

Auch die Aussage über die Gleichzeitigkeit relationaler Entitäten, die Aristoteles in den *Kategorien* entfaltet, (7b15–8a12) spielt eine zentrale Rolle für die Trinitätslehre des Timotheos (Brief 40, 3f.). Wenn Erkennendes und Erkanntes gleichzeitig sein müssen, dann muss in Gott eine personale Differenzierung existieren. Nur so ist es möglich, dass Gott auch vor dem Schöpfungsakt ewig Erkennender ist, denn die ewig erkennbaren Objekte seines Erkennens sind der Sohn und der Geist (Brief 40, 4, 31). Dahinter steht vermutlich eine Stelle aus dem Logikhandbuch des Athanas von Balad.[51] Auffälligerweise bezieht sich Timotheos nirgends auf Buch Lambda der *Metaphysik*. Die Überlegungen des Aristoteles zur sich selbst erkennenden Erkenntnis

---

8, 9–5, 9, 10 und 7, 2,4, auf die Bedeutungsunterschiede von *essentia* und *substantia* im theologischen Sprachgebrauch hinweist.

48 Nicht zu der hier relevanten aristotelisch geprägten Deutung der Trinität, sondern zu rein theologischen Interpretationsmodellen vergleiche Heimgartner 2008.

49 Augustinus, Über die Trinität 5, 5, 6; 5, 8, 9; 5, 11, 12.

50 Dazu neu Bergjan 2017.

51 „Das Wissen ist Wissen eines Wissenden, und das Gewusste wird durch das Wissen gewusst." So Athanasius von Balad, Logik-Handbuch (725 [syrischer Text]/322 [italienische Übersetzung] Furlani).

(Λ 7, 1072b20–22) hätten sich in diesem Zusammenhang geradezu aufgedrängt. Erst der Westsyrer Yaḥyā ibn ʿĀdī wird in Verbindung mit *Metaphysik Lambda* eine stimmigere Interpretation der Selbsterkenntnis Gottes in den trinitarischen Personen entwerfen.[52]

Darüber hinaus ist bei Timotheos die aristotelische Begrifflichkeit von „Wesen", „Allgemeines", „Einzelnes", „Individuelles", „Besonderes", „Partikuläres", „Eigentümliches" und „Akzidenzielles" allgegenwärtig, wobei sein Hang zur Begriffsvariation es oft unmöglich macht, zwischen Begriffen wie „Individuelles", „Besonderes" und „Eigentümliches" zu unterscheiden.[53] Man kann nur spekulieren, ob auch diese begriffliche Unschärfe seiner Ausdrucksweise dazu geführt hat, dass seine arabische *Topik*-Übersetzung nicht erhalten geblieben ist.

5 Antworten auf die Anfragen der Mossuler Studenten in Brief 42

In Brief 42 finden sich Antworten auf Anfragen von Studenten in Mossul zu einer Stelle in der *Eisagoge* des Porphyrios und einer in den *Kategorien* des Aristoteles. Hier tritt Timotheos für einmal als Lehrer der Philosophie in Erscheinung.[54] Jegliche Bezugspunkte zur Theologie fehlen. Es sind eigentliche Exegesen der betreffenden Texte, die nicht ganz einfach zu verstehen sind, denn die Anfragen werden nicht zitiert.[55] Nicht alle beantwortet Timotheos mit der nötigen Sorgfalt. Ausdrücklich beklagt er den Zeitdruck der Alltagsgeschäfte (Brief 40, 2, 4–8), der ihn offenbar dazu gedrängt hat, teils sogar dort bei logisch-rhetorischen Pseudoargumenten Zuflucht zu nehmen, wo man eine sachlich stringente Antwort erwartet hätte.[56]

Zuerst (Brief 42, 3) geht es um eine Aporie aus der *Eisagoge* des Porphyrios (10, 22–11, 6)[57]. Dort geht es um folgenden Gedanken: Die Unterscheidungsmerkmale der Arten sind stets auch in den übergeordneten Gattungen vorhanden, sonst würden die Unterscheidungsmerkmale gewissermaßen aus dem Nichts entstehen. Oder am Beispiel: Die Unterscheidungsmerkmale des Menschen, nämlich „sprach-denkbegabt" und „sterblich", sind Eigenschaften, die auch an manchen Exemplaren der übergeordneten Gattung „Lebewesen" vorhanden sind. Denn: „Woraus sollten denn die

52 Vergleiche dazu Platti 1983, 109, und Watt 2007, 104f.

53 Vergleiche etwa Heimgartner 2012b (CSCO Syr. 249), Anm. 67 zu Brief 42, 4, 4.

54 Heimgartner 2012b (CSCO Syr. 249), XXII (Übers.), und zuvor schon Heimgartner 2010b, 65.

55 Dieselbe Schwierigkeit trifft für die Briefe 38 und 39 zu, welche auf eine Anfrage des Sergios zu Texten Gregors von Nazianz antworten. Vergleiche dazu auch Heimgartner 2016 (CSCO Syr. 257), XV–XVI.

56 Dazu Heimgartner 2012b (CSCO Syr. 249), XXX–XXXI.

57 Hier und im Folgenden zitiert nach der Edition von Busse.

Unterschiede in den Arten [sonst] entstehen?"[58] Die Mossuler Studenten haben den Text vermutlich auf Griechisch gelesen und den Modus dieses Fragesatzes nicht richtig erfasst. Er wird von ihnen nämlich wie folgt wiedergegeben: „Woraus entstehen die Unterschiede in den Arten?"[59] Timotheos hat offenbar den Text nicht zur Hand und durchschaut den Fehler nicht. Er entschuldigt sich vielmals für sein Nichtwissen und für seine Arbeitsüberlastung, konstruiert dann aber doch eine notdürftige Antwort: Die Aporie erübrige sich, weil die Unterschiede in den Arten bei Aristoteles ewig bestehen und daher keine Rede davon sein kann, dass die Unterschiede *entstehen* würden.[60] Dieses Argument kleidet Timotheos dann in raffinierter Weise dreimal in andere Worte, sodass man meint, es seien tatsächlich drei verschiedene Argumente.[61]

So wertlos dieser Passus aus philosophischer Sicht auf den ersten Blick scheint, gibt er doch interessante Einblicke: Er zeigt an einigen Details, dass Timotheos nicht nur die *Eisagoge*, sondern auch alexandrinische *Eisagoge*-Kommentare kennt. Welche genau es sind, ist nicht ganz deutlich erkennbar, vermutlich Elias, David und Ammonios.[62] Zudem wendet sich Timotheos gegen die Tendenz der alexandrinischen Neuplatoniker, Platon und Aristoteles zu harmonisieren, und betont die Unterschiede der beiden Denkansätze.[63]

In einem Nachtrag (42, 4, 16–20) wendet sich Timotheos einem weiteren Problempunkt aus dem diskutierten *Eisagoge*-Abschnitt zu, nämlich dem Satz: „Unterscheidungsmerkmal ist das, worum die Art reicher ist als die Gattung." (*Eisagoge* 10, 22–11, 1) Die Platoniker haben an diesem Satz kritisiert, dass das nach platonischer Vorstellung ontologisch Niedrigere „reicher sein" soll (*περισσεύει*) als das Höhere, oder anders formuliert, dass die Unterscheidungsmerkmale in den übergeordneten Gattungen nur potenziell, in den untergeordneten Arten aber aktuell vorliegen sollen. Wie kann es sein, dass etwas Niedrigeres mehr Wirklichkeit ist als etwas Höheres?[64]

Auch dieser Diskussionspunkt zeigt, dass die Studenten in Mossul nicht nur die *Eisagoge*, sondern auch deren Kommentare lesen, denn der betreffende Einwand findet sich nicht in der *Eisagoge*, sondern in den Kommentaren von Ammonios und Elias.[65] Die Antwort des Timotheos greift im Wesentlichen die Argumentation von Elias auf: „Reicher sein" bezeichnet in diesem Zusammenhang nicht ein tatsächliches Plus, sondern nur ein Mehr an einschränkenden Zusatzdefinitionen.[66]

---

58 Zur Problemstellung im Detail vergleiche Heimgartner 2012b (CSCO Syr. 249), XXIV–XXV (Übers.).
59 Heimgartner 2012b (CSCO Syr. 249), XXV–XXVI (Übers.).
60 Heimgartner 2012b (CSCO Syr. 249), XXVI–XXIX (Übers.).
61 Heimgartner 2012b (CSCO Syr. 249), XXX–XXXI (Übers.).
62 Heimgartner 2012b (CSCO Syr. 249), XXIX (Übers.) mit den Anm. 103–105; vergleiche auch oben Anm. 45.
63 Heimgartner 2012b (CSCO Syr. 249), XXIX.
64 Dazu im Detail Heimgartner 2012b (CSCO Syr. 249), XXXVIII–XXXIX.
65 Heimgartner 2012b (CSCO Syr. 249), XXXVIII Anm. 122.
66 Heimgartner 2012b (CSCO Syr. 249), XXXIX mit Anm. 125.

Eine weitere Frage der Studenten betrifft die Aussage des Aristoteles in *Kategorien* 3b,15f, dass die sogenannten „Zweiten Wesen" – also die Art- und Gattungsbegriffe im Gegensatz zu den Einzeldingen – nicht ein „Dieses da" bezeichnen, sondern ein „Irgendwie-beschaffen". Hier bereitet die syrische Übersetzung ein Problem: Bei Aristoteles hat das Wort „ein" (*τι*) im Ausdruck „ein Irgendwie-beschaffen" sozusagen die Bedeutung des unbestimmten Artikels. Die syrische Übersetzung versucht dies nachzuahmen und schreibt „irgendein Irgendwie-beschaffen" oder noch wörtlicher: „das Irgendwie-beschaffen, das irgendeines ist". So gewinnt das tonlose *τι* des griechischen Textes im Syrischen ein großes Gewicht, und genau danach fragen die Studenten: Meint denn »*irgendein* Irgendwie-beschaffen« eine *beliebige* Eigenschaft? Timotheos antwortet mit dem Verweis auf die Definition, welche gemäß *Topik* 1,8 (103b15f.) und *Eisagoge* 8, 15–17 aus Gattung und artbildendem Unterschied besteht: Es geht nicht um eine beliebige, also akzidentelle Eigenschaft, sondern um eine definierende, also wesensbestimmende Eigenschaft; „*irgendein* Irgendwie-beschaffen" soll hier mehr im Sinne von einem „bestimmten" Irgendwie-beschaffen verstanden werden, nämlich als die Wesensdefinition von einer bestimmten Art innerhalb der Gattung.[67]

Vermutlich wurde den Studenten aus *Kategorien* 3b,19–23 der Zusammenhang von Art und Gattung nicht klar, denn Timotheos erläutert nun noch den relationalen Charakter des stufenförmigen Übereinanders, dass also etwas Bestimmtes Gattung der darunter liegenden Art, aber auch Art der darüber liegenden Gattung sein kann. Nur auf die oberste Gattung und die unterste Art trifft dieser relationale Charakter nicht zu.[68]

Bei diesen Ausführungen erweitert Timotheos den betreffenden Aristotelestext durch eigene erläuternde Zusätze. Berti hat dieses Verfahren in Anlehnung an Timotheos' eigene Begrifflichkeit „Tosefta" genannt.[69] Es findet sich auch in der Koranexegese.[70] Die Referenztexte von Timotheos sind dabei die *Eisagoge* des Porphyrios und die *Topik* des Aristoteles. Daraus übernimmt er das System von Gattung und artbildendem Unterschied und die Begrifflichkeit von Wesen (Substanz) und Akzidens, beides Elemente, die in den *Kategorien* nur marginal begegnen und dort nicht erklärt werden. Im Einzelnen ist es kaum möglich abzugrenzen, wo Timotheos die *Topik* und wo die *Eisagoge* verwendet, da ja Porphyrios selbst in der *Eisagoge* die *Topik* benutzt.[71]

In den Briefen des Timotheos finden sich immer wieder Listen von Büchern, um welche der Patriarch den Adressaten bittet. In den Briefen 19 und 43 sind dabei neben theologischen auch philosophische Werke aufgeführt. So schreibt er in Brief 43 dem

67 Dazu im Detail Heimgartner 2012b (CSCO Syr. 249), XXXI–XXXVII.
68 Heimgartner 2012b (CSCO Syr. 249), XXXVII–XXXVIII.
69 Berti 2009, 351.
70 Sinai 2009, 201–206.
71 Vergleiche genau an dieser Stelle *Brief* 42, 4, 16 das Zitat *Eisagoge* 2, 15 f., das praktisch wörtlich mit *Topik* 1, 5, 102a,31 f. übereinstimmt.

Lehrer Pētīyōn in Mossul, dieser solle nach griechischen oder syrischen Kommentaren und Scholien zur *Topik*, den *Sophistischen Widerlegungen*, zur *Rhetorik* und zur *Poetik* suchen (43, 5). Dem entspricht die Aufforderung in Brief 19, 20, Sergios möge nach dem zweiten und dritten Buch der *Poetik* suchen; er selbst habe nur das erste.[72] Ebenso soll Sergios nach den Logikkommentaren von „Olympiodor, Stephan [von Alexandria], von Sergios [von Rešʿaynā] und von Alexander [von Aphrodisias]“ forschen. Timotheos kennt also bereits das um *Rhetorik* und *Poetik* erweiterte Organon der alexandrinischen Tradition, und er weiß auch von deren Aristoteleskommentaren. Dabei finden wir hier wieder griechische und syrische Kommentare nebeneinander; es ist freilich möglich, dass der eine oder andere Kommentar in syrischer Übersetzung vorlag. Auch der *Kategorien*-Kommentar Georgs des Araberbischofs lehnt sich sehr eng an denjenigen von Johannes Philoponos an, wie Watt gezeigt hat.[73]

6 Weitere Schriften des Aristoteles und anderer Philosophen im Werk des Timotheos

Timotheos hat auch die *Zweite Analytik* gelesen, die sonst in der syrischen Tradition kaum vorkommt. In Brief 48 erklärt er eine Passage mit dem äußerst seltenen Wort *αὐλητρίδες* („Musikantinnen“), das sein Korrespondent nicht kennt (48, 4–10).[74] In dem betreffenden Abschnitt der *Zweiten Analytik* (1,13 78a22–28) geht es um den Unterschied von Faktizität und Kausalität. Timotheos hat hier die zweideutige Übersetzung missverstanden und interpretiert den Text als eine Unterscheidung einer näheren und einer entfernteren Ursache (48, 7–9).[75] Ähnlich wie in Brief 42 lässt Timotheos auch bei dieser Deutung durchblicken, dass er sich in der Sache nicht sicher sei (48, 9). Für die syrische Übersetzung der *Zweiten Analytik* durch Athanas von Balad ist Timotheos mit Brief 48 überhaupt der einzige Zeuge (48, 4, 10).

In Brief 42 zieht Timotheos auch Aristoteles' Schrift „Von Werden und Vergehen“ zur Argumentation bei. Ich hatte seinerzeit die gemeinte Stelle in dieser Schrift zu identifizieren versucht.[76] Mittlerweile scheint mir wahrscheinlicher, dass Timotheos an die Überlegungen zur Mehrung und Minderung in den *Kategorien* (3b33–4a9) denkt.

72 Zur Pseudodiskussion um die Datierung der syrischen Übersetzung der Poetik siehe Heimgartner 2012b (CSCO Syr. 249), Anm. 226.

73 Vergleiche Watt 2015, 148–151.

74 Zu Problem und Übersetzung siehe Heimgartner 2012b (CSCO Syr. 249), 74 Anm. 369.

75 Dazu im Detail Heimgartner 2012b (CSCO Syr. 249), 76 Anm. 384.

76 Nämlich mit *Über Werden und Vergehen* 1, 3, 317a,32–319b,5, vergleiche Heimgartner 2012b (CSCO Syr. 249), 12 Anm. 54.

In Brief 43 lässt Timotheos noch nach weiteren philosophischen Schriften suchen, nämlich nach einer Schrift aus vermutlich mittelplatonischer Tradition „Über die natürlichen Prinzipien der Körper" (43, 9f.), die sich bisher noch nicht hat identifizieren lassen[77], sowie die Schrift „Über die Natur des Menschen" von Nemesios von Emesa (43, 11). Man kann nur spekulieren, ob sich Timotheos bei Letzterer bereits für die Thematik der Seelenlehre interessierte, welche den Gegenstand von Brief 2 bilden sollte. Die Art, wie Timotheos über diese beiden Schriften redet, legt nahe, dass Timotheos sie wenigstens oberflächlich kennt; vielleicht hatte Abraham bar Dāšandāḏ sie seinerzeit im Unterricht behandelt.

7 Die aristotelische Logik in christologischen Texten des Timotheos

John Watt hat darauf hingewiesen, dass die aristotelische Logik und Rhetorik in den christologischen Diskussionen bis zum 8. Jahrhundert keine zentrale Rolle spielt.[78] Das ändert sich bei Timotheos definitiv. So verwendet er im bereits genannten Brief 42 die Syllogistik auch bei der Beantwortung einer Frage der Mossuler Studenten zu einem Passus bei Gregor von Nazianz (42, 5–7),[79] ebenso in den Briefen 38 und 39 bei einer Frage seines Freundes Sergios zum selben Autor.[80] In Brief 25 spricht er davon, dass es für die christologischen Auseinandersetzungen einen „Logiker" brauche, der als Metropolit von Ḥarēw den dort zahlreichen Westsyrern entgegenzutreten imstande sei. „Dort tut ein tapferer Krieger not." (25, 18)[81] Leider ist eine Disputation mit dem westsyrischen Patriarchen Georg[82] verloren. Dennoch geben lange Abschnitte in den Briefen des Timotheos Aufschluss darüber, wie er in der christologischen Auseinandersetzung mit den Westsyrern durchgehend auch syllogistisch und mit aristotelischem Vokabular und Instrumentarium argumentiert.[83] Vielleicht lässt sich eines Tages noch deutlicher nachzeichnen, inwiefern es die Diskussion mit dem Islam war, welche Timotheos dazu geführt hat, dieses Instrumentarium auch für die christologische Auseinandersetzung fruchtbar zu machen.

77 Heimgartner 2012b (CSCO Syr. 249), 51 Anm. 238.
78 Watt 2016, 356–358.
79 Dazu im Detail Heimgartner 2012b (CSCO Syr. 249), XXXIX–XLIV.
80 Dazu im Detail Heimgartner 2016 (CSCO Syr. 257), XV–XIX.
81 Timotheus I., Brief 25 (141f./96 Braun). – Dazu auch Heimgartner 2012a, 21.
82 Barhebraeus, Chronik 2.37 (III, 179–181/180–182 Abbeloos, Lamy).
83 Timotheus I., Briefe 42, 5–7; 38–39; 41, 5–8 und andere.

8 Timotheos und die griechische Patristik

Neben der aristotelischen Logik ist ein zweites Gebiet der griechischen Literatur für Timotheos von zentraler Bedeutung: die griechische Patristik. Sie kann nicht hoch genug eingeschätzt werden. Natürlich bilden die Trinitätslehre und Christologie der Ostsyrer die Hauptpfeiler seiner Theologie, aber erstaunlicherweise werden sie kaum mit syrischen Autoritäten belegt. Narsai etwa wird in dem bisher digital erschlossenen Material nur wenige Male zitiert oder erwähnt.[84] Babai der Große und Ephraem der Syrer werden überhaupt nie erwähnt. Wenn Timotheos syrische Autoren erwähnt, geht es oft um umstrittene oder gar häretische Theologen, so etwa um Johannes von Dalyātā, Josef den Seher[85] oder Ḥnānā den Adiabeniten[86]. An anderen Stellen nennt Timotheos die Patriarchen Aḇā I.[87] und Saḇrīšōʿ[88], aber als kirchenrechtliche Referenzgrößen und nicht als normgebende Theologen. Dahinter steckt die Vorstellung, dass die Normtheologie bereits durch die griechischen Väter am „Konzil der Dreihundertachtzehn" (325 in Nicäa) und am „Konzil der Hundertfünfzig" (381 in Konstantinopel) klar festgehalten worden ist. Daher sind die griechischen Väter des 4. und 5. Jahrhunderts von fundamentaler Bedeutung.[89] Im Zentrum stehen für Timotheos die sogenannten „antiochenischen" Theologen Nestorius der Große, Diodor von Tarsos und Theodor von Mopsuestia. In Brief 41, 11, 15 wird die Annahme dieser drei Theologen zur Bedingung für die Kirchengemeinschaft mit den Ostsyrern gemacht. Timotheos kennt den *Liber Heraclidis* des Nestorius, wie sich aus den Briefen 38 und 39 schließen lässt.[90] Theodor von Mopsuestia wird als „Lichtengel" (Brief 20, 3) bezeichnet[91], begegnet aber dennoch nicht so häufig, wie man erwarten würde. Auch Diodor wird mehrfach erwähnt und sogar mit sonst nicht bekannten Fragmenten zitiert.[92]. Darüber hinaus begegnen hauptsächlich die Kappadokier, Johannes Chrysostomos und Athanasios von Alexandrien. Die Gestalt, welche alles überstrahlt, ist Gregor von

---

84 Timotheus I., Briefe 47, 34; 54, 11–14; 35, 8,12 f.; 35, 9, 2.

85 Vergleiche den Synodalbericht bei Ibn aṭ-Ṭayyib, Das christliche Recht (II, 185–187/187f. Hoenerbach, Spies), ferner zur Auseinandersetzung mit den Mystikern vergleiche Heimgartner 2010a.

86 Timotheus I., Brief 35, 8, 4–10.

87 Timotheus I., Briefe 50, 6, 22–29; 53, 6.

88 Timotheus I., Brief 35, 8, 5 (synodale Verurteilung von Ḥnānā).

89 Luise Abramowski würdigt die Christologie des Timotheos als eine eigenständige Weiterentwicklung der von Nestorius und Babai geprägten ostsyrischen Theologie unter Einbezug der griechischen Väter. Ihr noch nicht publizierter Beitrag unter dem Titel „Christus im Fleisch, der Gott über allem ist" soll im sechsten Band (dereinst wohl Band 2, 5) von Alois Grillmeiers Monumentalwerk „Jesus der Christus im Glauben der Kirche" erscheinen, das nun von Theresia Hainthaler betreut wird. Die Angaben bei Hainthaler 2014, 75 und 79.

90 Pinggéra 2011, 402–404, und Heimgartner 2016 (CSCO Syr. 257), 152 Anm. 768 und 153 Anm. 773.

91 Timotheus I., Brief 20, 131/87, Braun.

92 Heimgartner 2015a. Bei den beiden Fragmenten Diodors in Brief 42, 5, 5f. handelt es sich allerdings um dort zitierte Texte von Apollinaris oder seiner Schule, vergleiche dazu ebenda 200–203.

Nazianz. Timotheos kennt beide syrische Standardübersetzungen, bemüht sich um eine vollständige Abschrift der weniger geläufigen Fassung von Paul von Zypern in der Revision des Athanas von Balad (Brief 43, 8) und weist sogar auf Abweichungen dieser Übersetzung zum Urtext hin (Brief 38, 36).

Es fällt auf, dass Timotheos auch auf Materialien zurückgreift, welche aus Florilegien stammen. Ein solches lässt sich in Brief 42, 7 identifizieren: Die dort erwähnten Texte stammen aus Theodorets Apologie für Diodor und Theodor, welche auch Facundus von Hermiane in *Pro defensione trium capitulorum* 4, 2 und der Oystsyrer Barḥadbešabbā ʿArbāyā in seiner Kirchengeschichte 17 verwenden.[93] Eine Liste, die auch auffällig seltene vornizänische Autoren wie Justin, Hippolyt von Rom und Methodios von Olympos enthält (Brief 41, 10, 8), weist Ähnlichkeiten mit Traditionen auf, welche dem noch unpublizierten Traktat über die Präexistenz der Seele in Codex Vatopedi 236 und der ersten Rezension des zweiten Buches der Hiera von Johannes Damascenus zugrundeliegen.[94]

Die zentralen Feindesgestalten sind Arius, Sabellius, Apollinaris sowie – entscheidend für die Auseinandersetzung mit den Westsyrern – Kyrill von Alexandrien und Severus von Antiochien. Es ist wohl gerade die theologische Debatte mit den Westsyrern, welche Timotheos zur Rezeption der griechischen Väter motiviert. Eines seiner Hauptanliegen ist, Gregor von Nazianz der kyrillisch-severianischen Interpretation zu entreißen und zu zeigen, dass es nicht die westsyrische, sondern die ostsyrische Christologie ist, welche mit ihm übereinstimmt.[95]

Die Briefe des Timotheos zeigen, wie er sich um den Aufbau der griechischen patristischen Literatur und der Patriarchatsbibliothek gekümmert hat, die dort offensichlich weitgehend fehlten. Dazu gehören etwa das Corpus der Pseudodionysischen Schriften in den syrischen Übersetzungen des Athanas von Balad oder des Phokas (Briefe 43, 12 und 16, 9), die Verteidigungsschrift des Eusebius von Caesarea für Origenes (Briefe 47, 33 sowie 3, 24 und 13,31), die Reden Gregors von Nazianz (Briefe 22, 17 und 43, 8), eine Schrift von Gregor von Nyssa (Briefe 3, 24 und 13, 33),[96] die Briefe des Johannes Chrysostomus an Olympias (Briefe 49, 1–4 und 20, 6), daneben aber auch syrische Schriften wie die *Mēmrē* des Patriarchen Mār Aḇā über die Seele und die Mēmrē des Narsai (47, 33f.; 54, 11–14).[97] Mit Sicherheit benützt hat er dabei die Bibliothek des westsyrischen Klosters Mār Mattai (Brief 43, 6f.), des Metropoliten von Elam in Bēt Lāpāṭ (Gundešāpūr), vermutlich auch die Bibliothek des Bischofs von Šūšterīn (Brief 13, 32) und natürlich diejenige des Klosters Mār Gabriel in Mossul: Dorthin hatte sein Lehrer Abraham bar Dāšandād seine Schule verlegt, und einen Teil seiner

93 Dazu Heimgartner 2012b (CSCO Syr. 249), L Anm. 146.

94 Dazu Heimgartner 2001, 233–285, insbesondere die Lemmaliste auf 235–244.

95 Dazu zentral Timotheus I., Briefe 38 und 39 sowie 42, 5–7.

96 Zur Identifikation des „Buches von Gregor von Nyssa“ siehe Berti 2009, 336.

97 Zur patristischen Literatur bei Timotheos Berti 2009, 332–357.

Bücher hatte er Timotheos vermacht.[98] In Brief 19, 19 bittet Timotheos Sergios um Nachforschungen nach dem Bücherverzeichnis des Klosters Mār Zīnā.[99]

9 Veränderungen in der Zeit des Kalifen Hārūn

Soweit wir uns beim jetzigen Forschungsstand ein Bild machen können, tritt das Interesse der muslimischen Elite an der aristotelischen Logik in der frühen Hārūnzeit etwas zurück. Hārūns Brief an den byzantinischen Kaiser Konstantin VI. zeigt eine gewisse Polemik gegen Argumentationsmuster, welche auch Timotheos pflegt, führt erstmals Wunder zur Legitimation von Mohammed an und vertritt statt des aristotelischen Modells von Wesen und Akzidens die sogenannten Bündeltheorien, welche besagen, dass ein Wesen die Summe seiner Eigenschaften ist. Diese Theorie finden wir bereits in der Disputation in den Worten des Kalifen,[100] und von den muslimischen Zeitgenossen hat sie Ḍirār ibn ʿAmr vertreten.[101] Unklar ist, ob tatsächlich eine erste arabische Physikübersetzung in die frühe Hārūnzeit zu datieren ist.[102]

Das Schicksalsjahr 803 mit dem Sturz der Barmakiden verändert das geistige Klima.[103] Der Aristotelismus verliert vorerst an Bedeutung, die Rezeption von griechischem Erbe tritt vorerst zurück. Der Sturz der Barmakiden lässt sich in den Texten des Timotheos nicht fassen. Das hat vermutlich überlieferungsgeschichtliche Gründe: Vermutlich ist im selben Jahr 803 Metropolit Sergios von Elam verstorben, auf dessen Sammlung das erhaltene Corpus der Briefe des Timotheos zurückgeht.[104] Es ist also wohl möglich, dass die überlieferten Briefe auf die Zeit vor dem Sturz der Barmakiden zurückgehen.

Dennoch ist ein Wandel bereits in der Korrespondenz des Timotheos fassbar. Von einer vergleichbaren Tätigkeit als Übersetzer philosophischer Texte hören wir nichts mehr, ebensowenig von Religionsgesprächen des Timotheos am Hofe Hārūns. Dennoch ist Timotheos im Juni 799 in politischer Mission mit Kalif Hārūn auf Reisen (Brief 48, 1f.). Wenn nicht alles täuscht, fallen die Briefe 34–36 mit ihrer Selbstreflexion im Gegenüber zum Islam in die frühe Hārūnzeit.

Statt der Philosophie tritt nun wissenschaftliche Theologie und insbesondere Bibelwissenschaft ins Zentrum. Ein Hauptereignis war die wohl um 803 erfolgte

98 Zum Ausbau der Patriarchatsbibliothek vergleiche auch Heimgartner 2015b, 180–181, ferner zu Mār Mattai auch Heimgartner 2012, 14.

99 Vergleiche dazu Berti 2007, 310–312.

100 Timotheus I., Disputation 17, 1 und 18, 16.

101 Dazu van Ess 1991–1997, 37–44, sowie die Fragmente V, 231 f. (Ašʿarī, Maqālāt) und 232 ganz unten (Baġdādī, Uṣūl ad-dīn).

102 Vergleiche dazu Gutas 1998, 72 f.

103 Vergleiche dazu Van Ess 1991–1997, 93.

104 Siehe dazu oben 101 mit Anm. 17.

Abschrift der Syro-Hexapla, von der Timotheos in Brief 47 ausführlich berichtet.[105] Timotheos hatte eine Syro-Hexapla-Handschrift über den Haushofmeister Gabriel vermittelt erhalten (Brief 47, 2). Timotheos war brennend an der Frage der Textvarianten interessiert, denn die Muslime warfen den Christen stets vor, es gäbe Textabweichungen zwischen jüdischen und christlichen Bibelhandschriften. Timotheos bestreitet dies gegenüber dem Kalifen al-Mahdī vehement,[106] zitiert aber sogar ihm gegenüber Psalm 110, 3 einmal nach dem hebräischen Text und einmal nach der Septuaginta.[107] In Brief 1 referiert er abweichende Lesarten der Westsyrer zum Hebräerbrief.[108] In Brief 47 entwickelt er eine eigentliche Theorie über die verschiedenen Rezensionen des Bibeltextes und ihre Entstehung.[109] Besonders aufgewühlt hat ihn eine Nachricht von Bibelhandschriften, die bei Jericho gefunden worden seien.[110] Timotheos hofft dort den Urtext zu finden, hat auch bereits den Metropoliten Šubḥalmāran von Damaskus mit Nachforschungen beauftragt, aber noch keine Antwort erhalten.[111] Zu diesen Bibelstudien passen auch die ausführlichen Exegesen von Psalm 8 und Psalm 110 in Brief 36[112], die allerdings etwas früher sein dürften.

Damit zeichnet sich eine Tendenz ab, welche später im ostsyrischen Klerus des 9. Jahrhunderts noch stärker wird: ein Rückzug auf Bibelexegese und Homiletik. Philosophie wird, wenn sie überhaupt fassbar ist, von gebildeten Laien gepflegt, in erster Linie von Ärzten wie etwa Ḥunayn ibn Isḥāq, die dann aber auch als ostsyrische Christen bereits das Arabische verwenden.[113] Allerdings sind viele Quellen des 9. Jahrhunderts noch kaum ausgewertet oder gar nicht ediert.

---

105 Dabei handelt es sich um eine syrische Variante der *Hexapla* des Origenes. Letztere stellte den Text des Alten Testamentes in sechs Kolonnen nebeneinander: das hebräische Original, den hebräischen Text in griechischer Umschrift sowie vier verschiedene griechische Übersetzungen, nämlich die Septuaginta, Symmachus, Aquila und Theodotion. Die *Syro-Hexapla* hat ein vereinfachtes Konzept, das aus dem syrischen Text des Alten Testamentes bestand, zu dem in Anmerkungen die Abweichungen der verschiedenen Übersetzungen notiert sind. Vergleiche dazu Heimgartner 2012b (CSCO Syr. 249), 63 Anm. 299 sowie LXVII (zur Septuagintaabschrift bei Timotheos mit weiterer Literatur), ebenso Heimgartner 2015b, 181 f.

106 Vergleiche die Diskussion in Timotheus I., Disputation 13, 26–77 sowie ferner auch 8, 4–13.

107 Timotheus I., Disputation 13, 30 und 19, 13. Vergleiche dazu auch Heimgartner 2011 (CSCO Syr. 245), 64 Anm. 202 und Heimgartner 2018, 53f.

108 Timotheus I., Brief 1, 6, 11 f. zu Hebräer 2, 9, 16.

109 Brief 47, 24–27.

110 Brief 47, 16–19.

111 Brief 47, 28; 21, 29.

112 Brief 36, 1, 8–75 und 36, 2.

113 Dazu danke ich Pfr. Michael Kohlbacher für wertvolle Anregungen in Gesprächen am 8. Deutschen Syrologentag in Salzburg im März 2014.

10 Die späten Lebensjahre des Timotheos

Die letzten 20 Lebensjahre von Timotheos sind nur schlecht dokumentiert. Der vermutlich letzte erhaltene Text aus seiner Feder ist das Rechtsbuch, welches er selbst aufs Jahr 805 datiert. Es ist bereits außerhalb der Sammlung des Sergios überliefert. Vermutlich waren es eher düstere Jahre; die früheren Schulkollegen, welche für uns als syrische Bildungselite fassbar sind, starben langsam weg wie Sergios. Bei einer späteren Generation von Gebildeten wie dem melkitischen Theodor Abū Qurra oder dem Ostsyrer ʿAmmar al Baṣrī in den 820er Jahren sind kaum noch Verbindungen zu Timotheos erkennbar. Er selbst ist am 9. Januar 823 im Alter von 82 Jahren verstorben.

Nestor Kavvadas

Verdächtiges Prestige: Die griechische Bildung, der Jargon der Logik und die Konflikte der ostsyrischen Eliten

1 Einleitung

Unter den Völkern des Nahen Ostens hat sich seit der Eroberung Alexanders des Großen und bis in die abbasidische Ära hinein kaum ein zweites Volk so intensiv wie die Syrer dem griechischen Einfluss geöffnet: Über die griechische Sprache, Kultur und Kunst hinaus haben die Syrer auch die höhere rhetorische, philosophische und wissenschaftliche Bildung rezipiert, und zwar in einem einmaligen Ausmaß.[1] Vor allem in den syrischen Eliten ist daraus eine auch wissenschaftliche, bildungsdefinierte graeco-syrische Mischkultur hervorgegangen. Doch bleibt es eine offene Frage, welche Motive überhaupt die Syrer zu jener epochalen Rezeption auch der hohen griechischen Bildung führten. Die vornehmen Familien der syrischen Oberschicht haben Jahrhunderte lang für ihre Söhne eine gute griechische rhetorisch-philosophische Bildung mit sehr hohem Aufwand organisiert; was versprachen sie sich davon? Die Frage ließe sich am besten über die Analyse von konkreten Fällen angehen, in denen so (aus)gebildete Söhne syrischer Elitefamilien ihr rhetorisch-philosophisches Können in der Praxis ihrer harschen Einflusskonkurrenzen zu konkreten Zwecken einsetzten. Als ein Fragment einer solchen Analyse sind folgende Beobachtungen aufzufassen.

2 Argumentieren im Härtefall: Timotheos I. und Sergios von Elam

Ein außerordentlich erfolgreicher Exponent einer solchen syrischen Archontenfamilie, die für ihre Söhne die damals höchstmögliche griechische rhetorisch-philosophische Bildung anstrebte, war Timotheos I., von 780 bis 823 Katholikos-Patriarch von

1 Zu diesem Rezeptionsprozess und den verschiedenen Etappen und Aspekten seiner langen Geschichte siehe, unter anderem, für die seleukidische Ära und die römische Kaiserzeit, Andrade 2013, besonders 94ff. und 314ff.; und für die Spätantike Millar 2006, besonders 107ff.; Millar 2015a, 213–363; Millar 2015b, 363–435; Millar 2015c; Debié 2015a, besonders 442ff. und ter Haar Romeny et al. 2009, wie auch die noch unveröffentlichten Studien desselben Autors, die unter den Titeln „How Greek was Syriac Christianity?" und „Greek-speaking and Syriac Christianity" auf dem 7th North America Syriac Symposium (Washington 2015) und der XVII. International Conference on Patristic Studies (Oxford 2015) respektive präsentiert wurden.

https://doi.org/10.1515/9783110668292-007

Seleukeia-Ktesiphon mit Sitz in Bagdad, also ranghöchster Prälat der ostsyrischen Kirche und damit Vorsteher und Vertreter aller Ostsyrer vor dem Kalifen. Die nahezu ein halbes Jahrhundert umspannende Amtszeit des Timotheos I. war sowohl für die ostsyrischen als auch für die abbasidisch-iranischen Elitekreise Mesopotamiens die Zeit der stärksten Forcierung der griechischen rhetorisch-philosophischen Bildung,[2] und Timotheos selbst hat dabei eine Schlüsselrolle gespielt[3]. Als junger Mann hatte er an der Schule des prominenten Lehrers und Theologen Abraham bar Dāšandāḏ in Bā Šōš (nahe Mossul), der damals vielleicht höchsten ostsyrischen Bildungseinrichtung, die in seiner Zeit und seinem Kulturraum höchstmögliche Bildung im Griechischen, in Rhetorik bzw. Philosophie und Schriftexegese genossen. Als Metropolit und dann als Katholikos hat Timotheos später seine – inzwischen nach Mossul umgezogene – *alma mater* sowie die ostsyrische Schulbewegung überhaupt konsequent gefördert und sich darüber hinaus auch in der abbasidischen Übersetzungsbewegung – jenem epochalen Projekt für arabische Übersetzungen der griechischen Philosophie und Wissenschaft, der mittelpersischen Geschichtsschreibung sowie der indischen Mathematik[4] – stark engagiert.

Seine außerordentlich hohe griechische rhetorisch-philosophische Bildung setzte aber Timotheos I. auch bei der Ausübung seines Amtes als Katholikos in der Kommunikation mit seinen Metropoliten ein. Dies tat er in einer etwas ausgefallenen, aber (vielleicht deswegen) auch aufschlussreichen Weise in einem seiner zahlreichen Briefe[5] an seinen engsten, ältesten und vertrautesten Mitarbeiter und alten Kommilitonen in der Schule von Bā Šōš, den Metropoliten Sergios von Elam (Huzistan).

2 Mit der Bewegung der arabischen Aristotelesübersetzungen erreichte ab dem späten 8. Jh. das Prestige der griechischen Bildung in Mesopotamien seinen historischen Höhepunkt. Dieses Prestige der griechischen Philosophie, Rhetorik, Wissenschaft und Medizin war nicht nur unter den perso-arabischen abbasidischen Eliten und der Wezirendynastie der Barmakiden, den Patronen und Finanzierern der Bewegung, sondern auch in den christlichen, vor allem ostsyrischen Eliten Mesopotamiens stark präsent (Gutas 2001; vergleiche Gutas 2012). Bei diesen syrischen Eliten, die eine Schlüsselrolle gerade in der Frühphase der Übersetzungsbewegung spielen sollten, hatte jenes Prestige tiefe Wurzeln in der Geschichte, die bis auf die unbekannten Anfänge des Kulturkontakts und der gegenseitigen Beeinflussung zwischen Aramäern bzw. Syrern und Griechen zurückreichen (vergleiche Bonatz 2014, 250f., vergleich auch Healey 2014, 391–402, besonders 399ff.; Gzela 2015); spätestens seit der seleukidischen Zeit stellte die griechische Kultur und Sprache nicht nur unter den Westsyrern, sondern auch jenseits des Euphrat unter den syrischen Eliten vor allem des nördlichen Mesopotamiens und darüber hinaus in allen Bereichen von der Literatur bis zur Kunst und Architektur ein prägendes Paradigma dar, siehe etwa Mundell Mango 1982, besonders 117ff.

3 Siehe Berti 2009, hierzu 321ff., besonders 331; Berti 2007; vergleiche auch die Bemerkungen zur Rolle der Ostsyrer in der Übersetzungsbewegung überhaupt in Berti 2008, besonders 139f. sowie Watt 2005a, besonders 151 und 153.

4 Siehe Gutas 1998, 23ff. und 29ff.

5 Aus 59 erhaltenen Briefen des Timotheos sind 42 an Sergios adressiert; dies liegt vor allem daran, dass die auf uns gekommene Sammlung der Timotheosbriefe allem Anschein nach auf das persönliche Archiv des Sergios zurückgeht, wie Vittorio Berti gezeigt hat; siehe Berti 2009, 62ff. Nichtdestotrotz

Timotheos schrieb jenen Brief (Nummer 8 von Timotheos' Briefkorpus) kurze Zeit nachdem er Sergios in 795[6] – nach anderen neuralgischen Aufgaben – den Metropolitansitz von Elam in Beṯ Lapaṭ (Gundischapur), traditionell den bedeutendsten Sitz im iranischen Teil der ostsyrischen Kirche, anvertraut hatte, und dies zu einem Zeitpunkt, als Huzistan zum vornehmlichen Schauplatz von bedrohlichen, weil bis auf die höchste Etappen des Bagdader Etablissements zurückreichenden Reaktionen gegen Timotheos geworden war.[7] Doch dieses Schreiben ist – in scharfem Kontrast zu den anderen Briefen des Katholikos an seinen engsten Mitarbeiter – eine Abmahnung. Sergios hatte offenbar auf einen (oder mehrere) frühere(n) Brief(en) des Timotheos überhaupt nicht reagiert. Jetzt schrieb ihm der Katholikos, dass

---

spiegelt die große Anzahl der Briefe des Timotheos an Sergios sicherlich auch die enge Verbindung zwischen den beiden wider.

6 Dieser Brief ist der erste in einer größeren Gruppe, die Berti 2009, 61 in die Zeitspanne 795–799 datiert.

7 Timotheos hatte vorerst Sergios, seinen – leicht älteren – früheren Kommilitonen an der Schule von Bā Šōš, zum Direktoren jener Schule, die inzwischen nach Mossul umgezogen war, eingesetzt (Berti 2009, 211ff.); diese Stelle war von Schlüsselbedeutung für Timotheos, der von Anfang seiner Amtszeit als Katholikos an forciert die Lenkung, „Homogenisierung", „Orthodoxisierung" der ostsyrischen theologischen Kultur anstrebte (siehe Berti 2009, 189f.), wofür seine alte Schule von Bā Šōš/Mossul als Hochburg der Linie des Timotheos eine entscheidende Multiplikatorenrolle spielen könnte. Mehr noch, Timotheos hat wiederholt Sergios damit beauftragt, seine eigenen dogmatisch-theologischen Schriften, die sein Homogenisierungs- bzw. Orthodoxisierungsprojekt artikulieren sollten, vor ihrer Veröffentlichung auf Präzision und Rechtgläubigkeit zu überprüfen (Berti 2009, 220ff.). Doch die Feuerprobe für Sergios war ohne weiteres seine Erhebung durch Timotheos auf den Metropolitenthron von Beṯ Lapaṭ in Elam (Huzistan) in den 90ern des 8. Jahrhunderts – eine Aufgabe, wie sie es heikler kaum geben könnte. Denn zum Zeitpunkt der Erhebung des Sergios war die Metropolie von Huzistan – das seit Jahrhunderten ein Problemherd für die ostsyrischen Katholikoi, nicht zuletzt wegen Spannungen zwischen seinen vorwiegend iranischen Gemeinden (sowie vom benachbarten Fars) und den vorwiegend semitischen, aramäischen ostsyrischen Führungseliten aus Nordmesopotamien und Bagdad bildete – erneut destabilisiert: Eine Fraktion um den Bischof Abraham von Gai in Huzistan hatte sich dort gegen Timotheos gestellt und sogar in Bagdad die Unterstützung eines Mitglieds der Ärzte-Familie Baḫtīšō', der damals vielleicht einflussreichsten christlichen Sippe im Abbasidenreich, für sich gewonnen (siehe Berti 2009, 245; zu Spannungen zwischen Timotheos und der Baḫtīšō' Familie s. auch Abele 2008, 66f.; zur Geschichte der Familie vergleiche Nagamia 2009; Debié 2014). Dabei schalteten sich in die Unruhen in Huzistan die größten Gegner des Timotheos ein; sein Rivale und Nachfolger, Īšō' bar Nūn – ein weiterer Schüler des Abraham bar Dāšandāḏ – konnte seine Erhebung zum Bischof von Ram-Hormizd in Huzistan durchsetzen (um 799, siehe Berti 2009, 268). In dieser überspannten Situation könnte die Erhebung eines Mannes wie Sergios aus dem fernen, aramäischen nordmesopotamischen Mossul – dem anderen Extrem der Kernländer der ostsyrischen Kirche – zum Metropoliten vom iranischen Huzistan dort nur noch zusätzliche Reaktionen hervorrufen, und tatsächlich ist es zu solchen Reaktionen gekommen (Berti 2009, 244ff.). Dass Timotheos sich trotzdem bereit zeigte, die Reaktionen in Kauf zu nehmen und auch zur Durchsetzung des Sergios direkt einzugreifen, macht deutlich, dass für ihn Sergios der einzige Mitarbeiter war, dem er eine so kritische und prekäre Stelle anvertrauen zu können meinte.

> Wer gegrüßt wird und schweigt, der ist ein großer Übervorteiler. Wenn wir Dich nun grüßen, Du aber in pythagoräisches Schweigen flüchtest, wer aber dies tut, ein großer Übervorteiler ist, so folgt daraus, dass Du demnach ein großer Übervorteiler bist.

Timotheos fährt fort und führt Sergios vor Augen, wie schwerwiegend seine Unterlassung eines Antwortschreibens sei:

> Rabban Sergios erwidert den Gruß nicht. Wer aber den Gruß nicht erwidert, ist ein Übervorteiler. Daher ist also mein Herr Rabban [das heißt Meister] Sergios ein Übervorteiler. Unter den Übervorteilern ist jedoch der eine ein totaler, der andere wiederum ein relativer und partieller solcher. Nun ist Rabban Sergios sowohl ein totaler als auch ein partieller Übervorteiler, aus folgendem Grund: Wenn Rabban Sergios den Katholikos übervorteilt, der Katholikos aber aufs Ganze bezogen ist, so ist Rabban Sergios ein großer beziehungsweise ein totaler Übervorteiler. Doch fällt unter diese totale [Übervorteilung] zwangsläufig auch die partielle, weswegen also Rabban Sergios ein totaler sowie ein partieller Übervorteiler ist. Es ist aber nicht unser [Anliegen], Deine Keuschheit durch diese [Vorwürfe] schlecht zu machen. Denn wir nennen auch überhaupt nicht die Sonne Finsternis oder den Kreis Viereck; genauso machen wir niemals Deine Keuschheit mit diesen [Vorwürfen] schlecht. Denn wie könnte derjenige, der ein lebendiges und vernünftiges Bild alles Guten, und Lehrer sowie Täter der göttlichen Dinge ist und zugleich von Allen anerkannt wird [...] wie könnte also dieser [...] ein Übervorteiler, groß oder klein, genannt werden? Denn, wenn Rabban Sergios ein Lehrer ist, jeder Lehrer aber ein Gebender ist, so ist also Rabban Sergios ein Schenkender. Nun ist aber kein einziger Gebender bzw. Schenkender ein Übervorteiler, noch wird er so genannt. Daher ist also Rabban Sergios kein Übervorteiler.[8]

Es könne doch nicht wahr sein, dass Sergios ein „Übervorteiler" ist – was nach Timotheos jeder ist, der auf einen Brief (zumal des Katholikos) nicht antwortet –, dies dürfe nicht sein, denn, wäre es wirklich so, dann widerspräche Sergios direkt seinem Wesen als Lehrer bzw. Bischof. So der Wortsinn. Doch in der Realität hat Sergios schon – wie Timotheos hier selbst behauptet – mindestens einen Brief des Timotheos unbeantwortet gelassen: Das heißt, das Unmögliche, weil dem Wesen des Sergios als Lehrers und Bischofs Widersprechende, ist bereits jetzt Tatsache. Was soll also diese gewundene, bis zum Selbstwiderspruch hin und her gerissene Periode des Timotheos – der einmal Sergios zum Übervorteiler erklärt, einmal dies als prinzipiell unmöglich in Abrede stellt – heißen? Es ist deutlich, dass sie eine letzte Vorwarnung darstellen soll: Die extreme Doppelgleisigkeit soll Sergios, dem engsten Mitarbeiter des Katholikos, die Möglichkeit einräumen, mit einem schnellen Antwortschreiben alles wie ein böses Missverständnis aus der Welt zu schaffen – was auch tatsächlich eintreten würde. Wäre Sergios jedoch stattdessen weiterhin bei seinem „pythagoreischen Schweigen" geblieben – dann wäre das Unmögliche endgültig Realität, Sergios hätte seinem Wesen als Bischof in der Praxis widersprochen, gleichsam sich selbst aus dem Episkopat ausgeschlossen. Auch wenn der gewundene Gedankengang mit dem Satz endet, „daher ist also Rabban Sergios kein Übervorteiler", so ist dies hier nur „syllogistisch" vom Wesen des Sergios als Lehrer und Bischof, unter Absehung von

8 Timotheus I., Brief 8 (88f. Braun).

seinem gegenwärtigen Handeln, abgeleitet: Der Satz bedeutet hier nur, dass Sergios kein Übervorteiler sein darf, insofern bzw. solange er Bischof ist. Es handelt sich also hierbei um eine Art Anklage unter Vorbehalt, die im Fall dass der Angeklagte „richtig" bzw. wie gewünscht reagiert, gleich zurückgenommen werden kann – wie sie sehr oft in kirchenpolitischen Auseinandersetzungen als letztes Druckmittel vor dem offenen Konflikt eingesetzt wurde.[9] Diesmal hat Sergios offenbar die gewünschte Reaktion gezeigt und seine Treue zum Katholikos bewiesen, da sein intimes Bündnis mit Timotheos, wie an dessen zahlreichen späteren Briefen an den Metropoliten von Elam zu ersehen,[10] ungebrochen weiterbestand.

Angesichts der besonders engen Beziehung zwischen den beiden Kirchenmännern drängt sich die Frage auf, welche konkreten Umstände Timotheos zu dem Punkt bringen konnten, die Loyalität selbst seines treuesten Mitarbeiters so in Zweifel zu ziehen. Da der letzte erhaltene Brief (Nummer. 3 des Corpus) des Timotheos an Sergios vor dieser Abmahnung – gemäß der von Vittorio Berti erstellten Chronologie der Timotheos-Briefe[11] – sich um Aktionen gegen Timotheos' Autorität dreht, die seine hohen (kirchen)politischen Gegner, gerade durch den Bischof Abraham von Gai in Huzistan, also einen Suffragan des Sergios, forcierten, so ließe sich vermuten, dass auch diese plötzliche Erschütterung des Vertrauens des Timotheos zu seinem alten Mitarbeiter mit diesem Konflikt zu tun hatte. Kann es sein, dass selbst Sergios im Wirbel des Konflikts vorübergehend ins Wanken geraten ist? Wie dem auch sei, fest steht, dass als Timotheos in eine – uns en détail unbekannte – kritische Lage geriet und in die äußerst unangenehme, schwierige Situation versetzt wurde, seinem engsten Mitarbeiter gegenüber seine volle Autorität zur Geltung bringen zu müssen, indem er auf die „griechische" Sprache der logischen Schlussfolgerung zurückgriff – wenn auch in sehr merkwürdiger Weise. Vielleicht lässt sich gerade wegen der extremen Schwierigkeit der Situation des Katholikos besser durchschauen, warum genau, zu welchem konkreten Ziel er diesen „griechischen" Jargon der Logik hier einsetzt.

---

9 Unter zahlreichen ähnlichen Fallbeispielen seien hier die etwas früheren mehrfachen Verurteilungen gewisser mystisch-anachoretischen Strömungen durch ostsyriche Generalsynoden bzw. Katholikoi zu erwähnen, wo die Vorwürfe sich generell gegen bestimmte Praktiken und Vorstellungen und/oder gegen die – stets anonymen – „Messalianer" richten, damit die konkret gemeinten Anachoreten die Möglichkeit zur „Reintegration" haben (siehe etwa [Auctores Varii], Orientalisches Synodicon (146 Chabot); vergleiche Kavvadas 2015c, 16; vergleichbar ist auch den ersten Brief des Kyrill von Alexandrien an Nestorios, wo die Thesen des Letzteren zwar verurteilt werden, diesem jedoch noch keine direkten Vorwürfe gemacht werden, für den Fall dass er von seinen Thesen zurücktreten sollte, siehe [Auctores Varii], Akten der ökumenischen Konzilien (I.1.1., 23f. und 25–8 Schwartz); vergleiche auch die klassische Einleitungsformel *si quis dixerit*... von offiziellen reichskirchlichen Verurteilungen).

10 Berti 2009, 61f.

11 Berti 2009, 60ff.

3 Der Jargon der Logik als (kirchen)politisches Eliteidiom

Dazu kann vorerst eine nähere Aufnahme auf das Wie des Einsatzes der Logik durch Timotheos helfen. Sein Argument scheint aus zwei separaten Schlussfolgerungen zu bestehen, die Timotheos – in fraglicher Weise – zusammenschweißt. Der erste Schluss ist: (a) Wer einen Gruß nicht erwidert, ist ein Übervorteiler; (b) Sergios hat auf des Timotheos (Gruß)Brief nicht reagiert; also: Sergios ist ein Übervorteiler. Dieser Schluß ist logisch problemlos. Aber Timotheos geht weiter: (c) Wer den Katholikos übervorteilt ist ein totaler (*καθ' ὅλου*) Übervorteiler; (d) Sergios übervorteilt den Katholikos (da er seinen Brief unbeantwortet lässt); also: Sergios ist ein totaler Übervorteiler. Diese zweite Schlussfolgerung nennt Timotheos sogar ausdrücklich – mit dem griechischen Lehnwort – einen Syllogismos; sie stellt die Spitze des Ganzen dar, da es ja Timotheos nicht darum geht, Sergios die bloße „Unhöflichkeit" der Verweigerung eines Antwortschreibens an irgend eine Person, sondern des *crimen laesae maiestatis*, der Verweigerung der Briefkommunikation mit dem Katholikos zu bezichtigen. Doch die Prämisse (c) dieser Schlussfolgerung ist nicht einmal nachvollziehbar, wenn man nicht eine in der östlichen Ekklesiologie beheimatete Auffassung vom Patriarchenamt, gleichsam als versteckte Prämisse, voraussetzt: Dass nämlich der Patriarch gleichsam in seiner Person die gesamte Kirche vertritt, die gesamte Kirche wiederum für die Gesamtheit des Seins steht, so dass eine Verfehlung gegen die Person des Patriarchen eigentlich eine Verfehlung gegen die Gesamtheit des Seins – eine „totale Übervorteilung" – darstellt. Dieser Vorstellung liegt eine besondere Denkweise zugrunde, die allerdings für die ostsyrische sowie für die östliche Theologie überhaupt charakteristisch ist – man könnte sie vielleicht Denken der ontologischen (Stell-)vertretung von Personen nennen.[12] Aber vom Standpunkt der Logik her scheint diese erste Prämisse (c) – Wer den Katholikos übervorteilt ist ein totaler (*καθ'ὅλου*) Übervorteiler – mit ihrer Übertragung der Eigenschaft *καθ' ὅλου* von der Würde des Objektes einer Handlung (in diesem Fall, des Opfers einer Verfehlung) zunächst auf die Handlung bzw. Verfehlung und dann auf das Subjekt der Verfehlung selbst ein grober Verstoß gegen die Regel des Argumentierens, eine mehrfache *μετάβασις εἰς ἕτερον γένος* zu sein. Also stellt das Argument des Timotheos nur eine äußerliche Nachahmung einer „echten" Schlussfolgerung dar.[13] Der Katholikos verkleidet hier nur sehr oberflächlich einen ekklesiologischen, theologischen Glaubenssatz im Gewand einer logischen Schlussfolgerung: Ohne die „versteckte" ekklesiologische Prämisse ist die Schlussfolgerung

12 Zu dieser Denkweise, die mit der (aristotelischen) Logik zu kombinieren sehr schwierig scheint, siehe etwa Zizioulas 1985, 163ff. und besonders 194ff.; vergleiche Zizioulas 1999, besonders 138ff.

13 In anderen Fällen hat Timotheos freilich auch sehr gelehrte Anwendungen derselben griechisch-aristotelischen philosophischen Bildung vorgewiesen; dazu siehe Heimgartner 2012a, besonders 15ff.; vergleiche Heimgartner 2008, besonders 74ff.

kaum nachvollziehbar, wenn man aber von dieser Prämisse – wie hier Timotheos – ausgeht, so scheint die syllogistische Verkleidung überflüssig.

Wozu diente aber diese Verkleidung? Dieser gräzisierende logisch-rhetorische Jargon tendierte dazu, die privilegierte offiziöse Sprache der hohen Kirchenpolitik zu werden. Wiederholt lässt sich beobachten, wie die äußere Form eines Syllogismus – manchmal auch viele griechische philosophische Lehnwörter – in sehr ähnlichen Kontexten wie dem Brief des Timotheos an Sergios eingesetzt wird.[14] Dieser gräzisierende Jargon der Logik hatte eine imponierende Wirkung. Diese verdankte sich nicht nur der Tatsache, dass nur eine kleine Minderheit – selbst in den höheren Etappen der ostsyrischen Eliten – es aktiv verwenden konnte, selbst in der verzerrenden Weise dieses Timotheosbriefes, sondern auch einem gewissen unmittelbaren Eindruck der Unwiderlegbarkeit, die es gerade bei Uneingeweihten machte, auch wenn es in der Realität bloß eine Verkleidung für logisch unhaltbare pseudo-Syllogismen war. Auch wenn selbst bei offiziellen, öffentlichen Disputationen etwa zwischen Miaphysiten, Ostsyrern („Nestorianern") und Chalkedoniern der Sieger in der Regel durch realpolitische Gärungen und nicht von der (Eindrucks)kraft der Argumente entschieden wurde,[15] konnten trotzdem scheinbar syllogistisch strukturierte Argumente in theologischen und/oder kirchenpolitischen Auseinandersetzungen – etwa in informellen, spontan entfachten Miaphysiten-„Nestorianern" Kontroversen – vor einem wenig gebildeten Publikum einen Eindruck der Unwiderlegbarkeit machen, und so eine nicht zu unterschätzende Wirkung entfalten.[16] Diese Eindruckskraft selbst von pseudo-Syllogismen erscheint wie eine kulturgeschichtliche Konstante, stellt sie ja das Hauptziel der Kritiker von agonistischen argumentativen Disputationen schon seit deren Aufkommen in Athen des 5. Jahrhunderts v. Chr. dar.[17] Eben diese Eindruckskraft war ein Grund, warum Timotheos – so wie viele andere ostsyrische Katholikoi und Kirchenmänner – die syllogistische Form in „schwierigen" Auseinandersetzungen einsetzten. Es war

14 Vergleiche King 2013, 73f.

15 Vergleiche Lim 1995, 105ff.

16 Vergleiche etwa die angespannte Frage eines in einer christologischen Disputation verwickelten miaphysitischen Mönchs an den philosophisch gebildeten Gelehrten Georg den Araberbischof, wie er ein stark syllogistisch strukturiertes anti-miaphysitisches Argument widerlegen könne, siehe Probus, Anfragen an die Jakobiten, 229, Declerck; Georgs des Araberbischofs Gedichte und Briefe (81 Ryssel); vergleiche King 2013, 73f.

17 Vergleiche vor allem die *Wolken* des Aristophanes, wo der Protagonist Strepsiades, ein ungebildeter Geschäftsmann, der in Schulden verstrickt worden ist, das Erlernen des „sophistischen" Argumentierens deswegen erstrebt, um dann mit den unbesiegbaren Schlussfolgerungen vor Gericht seinen Schuldigern zu beweisen, dass er ihnen nichts schuldet, siehe Wolken, V. 93ff. und 112ff., 137–202; und die sehr ähnliche Kritik Platons an dasselbe „sophistische" Argumentieren im *Theaitetos*, wonach dieses eine bereits von Professionellen wie Protagoras hochentwickelte rhetorische Kampfkunst darstellt, gegen die ein Ungeschulter – ein nicht gebildeter Mensch genauso wie ein wahrer Philosoph – auf ihrem eigenen Feld, also auf dem Gerichtshof oder in vergleichbaren öffentlichen Disputationen, keine Chance hat, siehe Platon, Theaitetos 164c–167e und insbesondere 174b–175e.

aber nicht nur durch diese Eindruckskraft der syllogistischen Form, dass der gräzisierende Jargon der Logik in der ostsyrischen Welt blendend wirken konnte; er imponierte auch durch die – außer einer Bildungselite, den meisten ganz unverständlichen – griechischen philosophischen Lehnworte.[18]

Die Wirkung und das Prestige des aristotelischen bzw. aristotelisierenden logischen Schlussfolgerns in der syrischen Welt – sowie im Oriens überhaupt – war von jeher fest mit dem breiteren, tief verwurzelten Prestige der griechischen Kulturwelt verbunden,[19] und dieses hing oft mit dem realpolitischen Einfluss der griechisch-frühbyzantinischen Eliten zusammen. Das Griechische war überall im frühbyzantinischen Oriens, selbst in nahezu rein syrischsprachigen Gegenden, die Amtssprache der kirchlichen Strukturen,[20] welche oft die im Oriens abgeschwächten Staatsstrukturen weitgehend ergänzten bzw. ihre Schwäche rekompensierten; ja dieses Prestige der „Elitensprache" sollte am Griechischen mindestens bis zu seiner Ersetzung durch das Arabische als Amtssprache der Kaliphalen Kanzlei unter al-Walīd haften bleiben.[21] Und die Übersetzungen von aristoteli(sti)schem Schrifttum sowie die Rezeption von aristoteli(sti)schem Gedankengut durch die Syrer stand von Anfang an im Zeichen der großen kirchen- und reichspolitischen Auseinandersetzung um die Konzilien von Ephesos und Chalkedon, in welche die syrischen Kirchen nach und nach von den griechisch(sprachig)en Protagonisten in Antiochia, Alexandria und Konstantinopel hineingezogen wurden[22] – also folgte die Aristoteles-Rezeption auf die Involvierung in einen sprachlich wie kulturell ursprünglich griechischen Konflikt. Eine neue Etappe in der Prestigeentfaltung des Griechischen sollte die in der Zeit der Timotheos I. einsetzende Übersetzungsbewegung eröffnen, und die Kenntnis des Griechischen zu einer der am besten bezahlten Qualifikationen in Bagdad machen.[23] Dieses außerordentlich dauerhafte Prestige des Griechischen hatte insbesondere mit der Vorstellung zu tun, dass es die Sprache der begrifflichen Klarheit, und damit die Sprache des theoretischen Denkens – nicht nur in Philosophie und Wissenschaft, sondern auch in der Dogmentheologie – par excellence darstellt. Eine Vorstellung, die sowohl von Bewunderern dieser Funktion der griechischen Begriffssprache in der Theologie wie etwa Philoxenos von Mabbug – der über die mangelnde begrifflich-systematische Schärfe selbst bei einem Kirchenvater wie Ephrem dem Syrer klagte – als auch von

---

18 Ein sprechender Beleg dieser imponierenden oder legitimierenden Wirkung griechischen Vokabulars ist, dass man für einen Zinsfuß von ursprünglich jährlich, manchmal jedoch monatlich ein Prozent bei Darlehen zwischen ostsyrischen Christen die griechische Bezeichnung Hekatoste benutzte (siehe [Auctores Varii], Orientalisches Synodicon [180f. Chabot]) – wohl wie heute man oft unangenehme finanzielle Maßnahmen mit englischen Bezeichnungen präsentabler zu machen meint („loan dumping", „capital controls" usw.).

19 Siehe wie oben, Fn. 2.

20 Siehe Millar 2006, 107ff.

21 Vergleiche Brock 1982, 22f.

22 Vergleiche Bevan 2016; ferner Blaudeau 2012, 235ff.

23 Siehe Gutas 1998, 138f.

Kritikern des Einflusses griechischer Sprache und Systematik aufs Syrische wie Johannes dem Einsiedler geteilt wurde;[24] bemerkenswerterweise betrachtete auch Basilios von Caesarea, der feste Kontakte zu den benachbarten syrischen Bischöfen und Theologen unterhielt, das Syrische als eine Sprache, die so viel schlichter als das Griechische war, dass sie in manchen Fällen die Feinheiten von häresieverdächtigen „zweideutigen“ theologischen Formulierungen nicht widergeben und so quasi nur die einfache Wahrheit formulieren konnte.[25] Es ist dieses von vielen Quellen gespeiste Prestige des Griechischen, das die außerordentliche Anhäufung griechischer Lehnwörter in den „schwierigen“ Argumenten des Timotheos I. sowie, wie zu sehen sein wird, einiger seiner Vorgänger, erklärt.

Im Fall dieses Timotheosbriefes an Sergios war es allerdings nicht der direkte Empfänger, dem es zu imponieren galt, da dieser den „gräzisierenden“ philosophischen Jargon mindestens genauso gut wie Timotheos beherrschte; andere mögliche Leser waren anvisiert. Denn der Brief war, wie gesehen, eine implizite, aber unzweideutige Vorwarnung an Sergios: Wenn er auch diesen Brief des Katholikos unbeantwortet ließe, würde er sich – nach Timotheos’ Gedankengang – endgültig als Übervorteiler erweisen und damit seinem Wesen als Lehrer bzw. Bischof frontal widersprechen, so dass er nicht weiter Bischof bleiben dürfte – auch wenn Timotheos den letzteren hypothetischen Schluss nicht zieht, ist die implizite Absetzungsandrohung, wie bereits gesehen, die Spitze seines Briefes. Eine solche implizite Absetzungsandrohung ist aber immer ein halb-öffentliches Dokument, eine Art „Konzept“ einer offiziellen Absetzung, die im schlimmsten Fall darauf folgen kann.[26]

Und in einem solchen halb-offiziellen Papier hatte der „gräzisierende“ Jargon der philosophischen Logik eine bestimmte Funktion – freilich eine feine, schwer fassbare Funktion, denn der Jargon war keinesfalls der entscheidende Faktor: Diese Vorwarnung des Timotheos an Sergios z. B. basierte letztlich auf dem außerordentlichen politischen Einfluss dieses Katholikos, nicht auf seinen Argumenten. Aber dieser Elitejargon besaß in der ostsyrischen Welt, und insbesondere in der abbasidischen Gesellschaft jener Zeit der Übersetzungsbewegung, ein hohes Prestige, er drückte Macht aus. Er tendierte dazu, zur „Sprache der Macht“ bzw. der Mächtigen, zum Idiom, dessen Beherrschung Voraussetzung und Mittel für eine Karriere in der Kirchenführung oder in vielen Bereichen der hohen Politik war, für Einfluss und hohe Stellen, zu werden.

---

24 Siehe Philoxenos von Mabbug, Brief an die Mönche von Snūn (51 de Halleux); vergleiche Van Rompay 2004, und Johannes von Apamea, Kohelet-Kommentar (2ff. Strothmann), sowie Bettiolo 2000, 456; zur Beeinflussung auch der syrischen Grammatikschreibung durch das griechische Vorbild, siehe Contini 1996, 46ff.

25 Siehe Basilius von Caesarea, Über den heiligen Geist (514 Pruche); zur späteren Wahnehmung der syrischen Sprache durch griechisch(sprachig)e Autoren siehe Leontsini 2004, besonders 239ff.

26 In einem solchen Fall konnte auch das Vorwarnungsschreiben zusammen mit dem Absetzungsbeschluss (als Beleg einer ignorierten Vorwarnung) im Episkopat öffentlich werden.

Daher war es für Timotheos, als mitten im für ihn existenzwichtigen Konflikt mit den Kreisen – wahrscheinlich – um Abraham von Gai selbst sein alter Vertrauter Sergios zu wackeln schien, gleichsam selbstverständlich, sein halboffizielles Androhungsschreiben in diesem Jargon zu formulieren. Es ist kein Zufall, dass Timotheos in dieser vorwarnenden Passage an Sergios auf einmal mehr griechische Lehn- bzw. Fremdwörter benutzt[27] als in seinem ganzen restlichen Briefwechsel mit ihm: Dies war besonders geeignet für ein halb öffentliches Papier, das seine Machtstellung, sein hohes Amt, seinen politischen Einfluss zugleich – auch vor bzw. gegenüber möglichen Gegnern – zum Ausdruck bringen sollte. Und zugleich besaß jener Jargon eine Überzeugungskraft, die mindestens auf ein bestimmtes (halb-gebildetes) Publikum beeindruckend wirken konnte.

4 Der Jargon der Logik als Abwehr: Ḥnānīšōʿ II. und seine Kritiker

Dieser Einsatz des „gräzisierenden" logisch-philosophischen Jargons mit seinem besonderen Prestige hatte zur Zeit des Timotheos, wie bereits angedeutet, eine lange Tradition. Ein charakteristisches – wenn auch wiederum etwas ausgefallenes – Fallbeispiel dafür bietet der unmittelbare Vorgänger des Timotheos, Katholikos Ḥnānīšōʿ II., in seinem einzig erhaltenen Synodalschreiben. Das Papier soll den Abschluss eines für Ḥnānīšōʿ höchst prekären Machtkonflikts besiegeln, in den er sich bereits bei seiner Wahl zum Katholikos (773) verwickelt sah: Kurz vor Ḥnānīšōʿ war der Mönch Georg aus dem Kloster Beṯ Ḥālē (nahe Mossul), durch den Kalifen al-Mahdī[28] allein unter Zustimmung des Metropoliten Isaak von Kaškar, des Vorstehers der größten Kirchenprovinz in den Kernländern der ostsyrischen Kirche, zum Katholikos eingesetzt worden. In Reaktion auf diese unakzeptable Einsetzung wurde nun Ḥnānīšōʿ zum Katholikos gewählt[29] – jedoch nur von einem einflussreichen Archidiakon und von zwei Kirchenprovinzen, denen von Ḥīrtā und Beṯ Garmai. Darauf antwortete nun die Partei des Metropoliten von Kaškar mit einem ausführlichen schriftlichen Einspruch, der die Wahl des Ḥnānīšōʿ vor allem wegen der Umgehung des Metropoliten von Kaškar, dessen Zustimmung für die Patriarchenwahl unverzichtbar war, anfocht. In dem darauf folgenden harschen Parteienkonflikt wurde schließlich nach dem Tod des Isaak von Kaškar ein Kompromiss erreicht: Ḥnānīšōʿ gestand seinen früheren „Fehler", den Metropoliten von Kaškar bei seiner Wahl zu umgehen, ein und erklärte

27 S. Timotheus I., Brief 8 (88f. Braun).

28 Zu den Beziehungen zwischen ostsyrischen Katholikoi und abbasidischen Kalifen, vergleiche Hage 2001.

29 Für die Hauptinformationen der Quellen zu dieser zähen Auseinandersetzung siehe Berti 2009, 148ff.

sogar selbst seine so erfolgte Wahl zum Katholikos für ungültig;[30] und im Gegenzug dafür erkannten die Bischöfe und der Klerus der Kirchenprovinz von Kaškar – der Metropolit Isaak war inzwischen verstorben – und die Synode Ḥnānīšōʿ ab sofort, also nach besagtem Schuldbekenntnis, doch als Katholikos an! Es war dieser sehr vertrackte Kompromiss, der von Ḥnānīšōʿ in einem Synodalschreiben festgehalten wurde.

Was Ḥnānīšōʿ hier tun musste, war für einen ostsyrischen Katholikos gänzlich präzedenzlos: Er sah sich dazu gezwungen, höchstoffiziell zuzugeben, dass „wir, da wir unsere Selbstgerechtigkeit durchsetzen wollten, dies durch Manöver und List bewerkstelligten".[31] Und in dieser Situation, als Ḥnānīšōʿ von der Partei des verstorbenen Metropoliten vom Kaškar zu einem Zugeständnis gezwungen wurde, das seine Autorität und sein Prestige als Katholikos unterminieren konnte, benutzte dieser im Synodalschreiben folgende Umschreibung des ganzen Vorgangs:

> Nun, zwischen der Kataphasis und der Apophasis, erschien die Antiphasis des Isaak, Bischof von Kaškar und seiner Bischöfenversammlung, welche [Antiphasis] die Wahrheit von der Lüge unterschieden hat; sie setzten eine Protasis sowohl aus der Synode als auch aus der Natur zusammen, und strengten den Syllogismos an, und sie bewiesen das durch diese Wahl geschehene Unrecht.[32]

Bereits das einfache Textverständnis dieser Passage des Ḥnānīšōʿ – die eine in den erhaltenen Synodaldokumenten der ostsyrischen Kirche (*Synodikon Orientale*) einmalige Konzentration griechischer Lehrwörter aufweist – erfordert einen Kommentar: Mit Kataphasis (= Bejahung) ist die ursprüngliche Wahl des Ḥnānīšōʿ gemeint, die Antiphasis (= Gegenrede) wäre der schriftliche Einspruch des Isaak von Kaškar dagegen, die Apophasis (= [hier:] Entscheidung) der gegenwärtige Endkompromiss.[33] Auf diese einleitende Passage folgt dann jene Antiphasis des Isaak, wörtlich angeführt oder referiert; und anschließend zieht Ḥnānīšōʿ Bilanz:

> Ich, Ḥnānīšōʿ und alle Väter, die hier mit mir unterzeichnen, wir haben, nachdem diese Antiphasis die Kataphasis von mir bekämpfte und ihre Apophasis wahrlich die Lüge ans Licht brachte, durch logische Protaseis der apophantischen Rede derselben Kategorien, die bei uns [gelten], aus dem gleichen Hypokeimenon, das sie haben – und, um dies symperasmatisch zu sagen, ebenfalls nicht [durch] Synonymie, nicht durch [falsche Übertragung von Aussagen] in Bezug

30 Ḥnānīšōʿ musste in diesem ersten Erlass nach seiner abenteuerlichen Wahl sich selbst Recht darin geben, dass er die anfängliche Einsetzung des Mönches Georg durch al-Mahdī verworfen hatte, dann aber seinen Fehler, den Metropoliten von Kaškar zu ignorieren, gestehen und Letzterem sogar Recht darin geben, dass er seine, des Ḥnānīšōʿ, Wahl bisher für null und nichtig hielt – und schließlich musste er den etwas seltsamen gegenwärtigen Kompromiss als vollkommene Wiederherstellung der Ordnung darstellen

31 [Auctores Varii], Orientalisches Synodicon (246 Chabot).

32 [Auctores Varii], Orientalisches Synodicon (246 Chabot).

33 Für eine unterschiedliche Interpretation siehe Berti 2009, 150f.

> auf etwas anderes, [...] sondern stets in der Weise [argumentierend], die notwendig ist, und [da] dies mittels dialektischer und analytischer Begriffe, in apodeiktischen Beweisführungen, etabliert ist, ihr Recht bewahrheitet und aufgestellt.[34]

Die Überspitzung des logischen Jargons erscheint hier so grotesk,[35] dass man gar denken könnte, es handele sich dabei um einen Witz, um eine Ironie des Ḥnānīšōʿ an die Adresse des Bischofs von Kaškar – doch der extreme Ernst der Lage, die lebensgefährlichen Umstände der Wahl des Ḥnānīšōʿ und seines Konflikts mit der früher vom inzwischen verstorbenen Kalifen al-Mansūr unterstützten Bischofspartei, die hinter Isaak von Kaškar gestanden hatte – die Vergiftung des Ḥnānīšōʿ nur vier Jahre später dürfte durchaus im Zusammenhang damit stehen – ließen kaum Raum für Humor oder Ironie.[36]

Was Ḥnānīšōʿ bzw. seine Parteigänger mit diesem derart exzessiven Einsatz des „gräzisierenden" logisch-philosophischen Jargons anstrebten, war Schadensbegrenzung: Durch die Selbstüberbietung in diesem Jargon der politischen und kirchlichen Eliten, der Elitenzugehörigkeit und Macht ausdrückte und zur Sprache gewichtiger offizieller Stellungnahmen zu werden tendierte – es ist kein Zufall, dass auch die Einspruchschrift (Antiphasis) des Isaak von Kaškar sich stückweise einer Syllogismus-ähnlichen Argumentenstruktur bedient hatte[37] – versuchten hier Ḥnānīšōʿ und seine Parteigänger, die unerhörte Blamage des Zugeständnisses der Ungültigkeit seiner Wahl hinter dem Prestige des Jargons möglichst zu kaschieren.[38] Freilich ist hier der Jargon an sich genauso wenig wie im ca. zwei Jahrzehnten späteren

34 [Auctores Varii], Orientalisches Synodicon (249f. Chabot); vergleiche King 2013, 77. Es ist für die Prestigeentfaltung der (pseudo-)syllogistischen Argumentationsstruktur in der Gesellschaft des abbasidischen Mesopotamien charakteristisch, wie nah diese Äußerung des Ḥnānīšōʿ an einen Satz des al-Masʿūdī über die „Widerlegung" von muslimischen Häresien durch „rechtgläubige" Gelehrte unter al-Mahdī steht; siehe al-Masʿūdī, Goldwäschen (vol. 5, § 3447 Barbier de Meynard). Zum allgemeinen Einfluss griechischen Gedankenguts auf die islamische theologische Kultur des frühen abbasidischen Reiches siehe Van Ess 1992, 67ff.; 224ff.; 309ff. et passim.

35 Die Anmerkung des Editors Jean-Baptiste Chabot zu diesem Abschnitt ist charakteristisch: „Je ne saisis pas bien le sens des cinq lignes qui suivent. Je reproduis le manuscrit fidèlement sans rien corriger. L'idée generale est ceci: 'en presence d'une argumentation aussi logique, moi, Henaniso et les évêques de mon parti, nous reconnûmes notre tort'" (Chabot 1902, Fn. 5.). Die unverständliche Konstruktion könnte auch auf Fehler von einem/mehrern Kopisten zurückgehen der/die den mit Fremdwörtern derart überlasteten Text nicht verstehen konnte/n (vergleiche King 2013, 77, Fn. 69). Aber auch in einem solchen Fall würde die Ratlosigkeit des Kopisten Zeugnis dafür ablegen, dass bereits der ursprüngliche Text einem überdurchschnittlich gebildeten Mann, der ein Handschriftenkopist damals war, nicht verständlich war.

36 Davon abgesehen, scheint eine solche subtile Ironie nicht nur den offiziellen kirchlichen Dokumenten, sondern auch der Literatur der Ostsyrer überhaupt gänzlich unbekannt zu sein (vergleiche die unterschiedliche Interpretation von King 2013, 77f.).

37 Siehe [Auctores Varii], Orientalisches Synodicon (248f. Chabot).

38 Wie V. Berti dazu beobachtet, „la logica aristotelica viene dunque piegata a strumento retorico di auto-riflessione comunitaria e di gestione dei conflitti" (Berti 2009, 151).

Brief des Timotheos an Sergios der realpolitisch entscheidende Faktor: Ḥnānīšōʿ ist überhaupt erst in der Lage, diesen Kompromiss zu schließen und seinen Thron zu bewahren, weil er bereits mit seinen politischen Verbindungen und seinem Einfluss im Kampf gegen die Partei des verstorbenen Isaak von Kaškar einen Pyrrhossieg errungen hat. Nur deswegen hat er jetzt die Möglichkeit, im Synodalschreiben seine Narrative vom Gang der Dinge, bei allen zwangsläufigen Zugeständnissen an seine einflussreichen Gegner, zu diktieren: Der Jargon ist „nur" das geeignete Medium dafür. Als solches setzt ihn also Ḥnānīšōʿ in diesem existenzkritischen Konfikt, wie es Timotheos später gegenüber Sergios machen sollte, zur Unterstützung eines für sein kirchenpolitisches Überleben kritischen Zuges ein.

5 (Aus)bildung zum Streiten ? Das Erlernen des Jargons und seine Kritiker

Diese Dokumente des Ḥnānīšōʿ II. und des Timotheos I. gewähren – auch wenn ersteres einen Extremfall darstellt – fragmentarische Einblicke in ein breiteres Phänomen: den Einsatz der griechischen philosophisch-rhetorischen Bildung bzw. den Gebrauch eines „gräzisierenden" logisch-philosophischen Jargons in den Einflusskonflikten innerhalb der ostsyrischen Eliten – ein Phänomen, das weit verbreitet, vielseitig und auch deutlich älter als die beiden Dokumente zu sein scheint.[39]

Und diese Einsatzmöglichkeiten jenes prestigeträchtigen Jargons in allerlei Konflikten innerhalb bzw. unter den Eliten scheint eine der Schlüsselfunktionen der – wahren oder vorgetäuschten – griechischen Bildung und Philosophie in der

39 Ein charakteristisch ähnlicher Fall ist z. B. ein Brief des Metropoliten von Adiabene – und späteren Katholikos – Īšōʿyahḇ III. (r. 649–659) an einen Archidiakon von Arbel Johannes, der, gemeinsam mit einem besonders einflussreichen, obwohl nicht einmal getauften Archonten names Široi, eine offenbar sehr wirksame Opposition gegen Īšōʿyahḇ anzettelte, indem sie für dessen abgesetzten Vorgänger Makīka warben; in Reaktion auf ein nicht erhaltenes Schreiben, in dem gegen Īšōʿyahḇ argumentiert wurde, schrieb Letzterer an den Archidiakon Johannes: „Bekannt sind die Materien der Worte, welche [Materie] jedem Wort [zusteht], und nicht nur die dem Wort zugrundeliegenden [Materien], sondern auch die Bedeutung, die Form und die Gattung der logischen Kategorien; jene [Gedanken], die ihr – also die Lobpreiser der Philosophie – beweiskräftige Syllogismen zu nennen pflegt, da durch jene – gleichsam wie durch den Prachtstück der Vernunft – bei euch die Wahrheit von der Lüge unterschieden wird, damit nicht durch den schönen Schein das [äußere] Aussehen, die falsche Meinung euch mitreißt, die von Unwissenden, wie wir es sind, her [kommt]. Wenn nun [...] euere Deklaration auf eine große Anzahl von Prämissen zurückging, [...] um wieviel mehr geziehmt es auch deiner jetzigen Widerrede gegen uns, dass sie, während sie partielle oder auch aufs Ganze bezogene Bezeichnungen verwendet, ein wenig zur Barmherzigkeit für uns neige" (Īšōʿyahḇ III., Brief 23 [176f. Duval]); zum Konflikt zwischen Īšōʿyahḇ und Johannes-Široi siehe Fiey 1970, 16ff. Eine längere Reihe weiterer Fälle einer sehr ähnlichen „Instrumentalisierung" der griechischen Bildung und der Kenntnisse syllogistischer Begrifflichkeit in schwierigen kirchenpolitischen Angelegenheiten ließe sich hinzufügen.

spätantiken und frühabbasidischen ostsyrischen Welt zu sein.[40] Somit geben uns diese speziellen (kirchen-)politischen Einsatzmöglichkeiten einen Hinweis für die Beantwortung auf unsere Ausgangsfrage nach den Gründen dafür, dass die Elitenfamilien ihren Söhnen diese Bildung oft mit sehr hohem Aufwand gewährleisteten und dafür auch mitunter Schulen von sehr hohem Niveau, wie etwa die Schule von Bā Šōš, organisierten und förderten: Einer der Hauptgründe scheint das besondere Prestige der griechischen rhetorisch-philosophischen Bildung mit seiner unter Umständen „gefährlichen" Konfliktstärke. Und zugleich erscheint dieses „schlagkräftige" Prestige als ein Grund, warum diese bestimmte Bildung auch ins Visier einer prinzipiellen Kritik seitens anderer, vor allem monastisch-anachoretischer, ostsyrischer Kreise geriet.

Bereits im späten 7. Jahrhundert – einer Zeit, da der „Jargon der Logik" längst in kirchenpolitischen Streiten Einsatz fand – äußerte sich Isaak von Ninive, der berühmteste Vertreter der ostsyrischen Mystik und einer der prominentesten syrischen Autoren überhaupt, ausdrücklich gegen jeden, der „sich des Lesens bedient, um sich als Bewandter und Wissender, als [Schrift]exeget und gedankenreich zu zeigen, ... dieser ist von der Ruhmsucht und der Unwissenheit verschlungen".[41] Die Adressaten dieser Kritik sind v. a. Mönche, die sich mit den in den ostsyrischen Schulen als Hinführung zur Theologie und Schriftexegese unterrichteten „weltlichen" Fächern beschäftigen und dann diese in Streitgesprächen über die theologische Wahrheit einsetzen. Über solche Menschen schrieb Isaak, „willst Du den Mann erkennen, dessen Herz [von den Dämonen] aufgebrochen worden ist? An seinen vielen Worten [wirst Du ihn erkennen], am Trübsal seiner Sinne und daran, dass er in allem, worüber er spricht, streitet, um darin zu siegen[42]. Wer die Wahrheit geschmeckt hat, streitet nicht

40 Im Bezug auf des Kompromisspapier des Ḥnānīšōʿ beobachtet Vittorio Berti, „ci rileva qualcosa circa l'orizzonte culturale dell'episcopato siro-orientale di questi anni, e degli ambienti vicini al palazzo patriarcale. Il linguaggio con cui ci si esprime è aggiornato alla moda ellenizzante che aveva corso nelle scuole siro-orientali della seconda metà dell' VIII secolo e in particolare al ruolo della logica nelle academie „nestoriane". [...] Ḥenanišoʿ [...] sembra [...] recepito dalle fonti come l'espressione di un milieu scolastico, e tale pare essere in fin dei conti anche il suo avversario Isacco di Kaškar. D'altro lato [...] gli ambienti di scuola acquisivano peso nella vita della chiesa, e si è notato come nei cent' anni che precedettero questa stagione fosse divenuta alquanto frequente l'ascesa al patriarcato di uomini legati ai centri del sapere. La scelta di Ḥenanišoʿ II non faceva che inserirsi in questa più generale tendenza, tempareamente interrotasi sotto Giacomo II, e della quale il frutto più maturo sarà proprio l'ascesa di Timoteo" (Berti 2009, 151).

41 Isaak von Ninive, Zweiter Teil der Homilien, 2.1.52: ms. Bodleian Library, Ms syr.e.7, f. 11ʳ.

42 Isaak von Ninive, Zweiter Teil der Homilien, 2.3.4.77: ms. Bodleian Library, Ms syr.e.7, f. 102ʳ. Diese negative Sicht von Streitgesprächen war in der kirchlich-kulturellen Situation der Zeit Isaaks, in der solche Disputationen zwischen gebildeten Vertretern der konkurrierenden Konfessionen in den größeren Städten des syrischen Orients gängig waren, besonders kontrovers (siehe Bettiolo 2007); diese Sicht Isaaks und seine Weigerung, sich in solchen Streitgesprächen mit Sprechern anderer Konfessionen zu begeben, könnte einer der Gründe gewesen sein, warum er das hohe Amt des Bischofs von Ninive – einer Grenzstadt von strategischer Bedeutung, die als solche Miaphysiten, Ostsyrer und wohl

auch wenn es um die Wahrheit geht".[43] Es scheint also für Isaak ein vitaler Nexus zu bestehen zwischen jener rhetorisch-philosophischen (und dann exegetischen) Bildung der höheren ostsyrischen Schulen seiner Zeit und dem Willen, sich in Disputationen und Streitigkeiten durchzusetzen. Es war freilich kein Zufall, dass bereits der erste Ansatz der ostsyrischen Rezeption einer aristotelisierenden philosophischen Argumentationslogik (wenn auch ursrpünglich nur indirekt, durch die Schriftkommentare des Theodor von Mopsuestia mit ihren peripatetischen Einflüssen[44]) – also die im Zug der *causa Nestorii* und des Konzils von Ephesos (431) um den Bischof Ibas in Edessa gewachsenen theologischen Lehrkreise („Schule der Perser") und v. a. die dortige Übersetzungstätigkeit, wie auch ab dem späten 5. Jahrhundert die Schule von Nisibis – sich bei einer näheren Analyse seines (kirchen)politischen Kontextes als ein militantes Projekt erweist, das in dem Streit um die Konzilien von Ephesos und Chalkedon, welcher damals die hohe Reichspolik nahezu monopolisierte, engagiert war: Es ging darum, in aller Deutlichkeit Stellung vorerst gegen die (reichsweit präsente) Kyrillianisch-Ephesinische Mehrheit, dann, nach Chalkedon, gegen die Miaphysiten sowie auch gegen die chalkedonisch-reichskirchliche Partei zu beziehen, und positiv einen eigenen – antiochenisch-theodoranischen – Standpunkt zu artikulieren.[45] Demnach war es ein auch von der Generalsynode der ostsyrischen Bischöfe erklärtes Ziel der höheren Schulen, die jene aristotelisierenden Argumentationslogik in der ostsyrischen Welt verbreiteten, ihre Studenten mit der Argumentationskunst auszurüsten, die für die effektive Widerlegung von Häresien und Häretikern vonnöten war[46]. Und gerade aus diesem Grund, also weil sie besonders dazu geeignet, ja vielleicht dazu bestimmt war, Mittel zur Selbstdurchsetzung in Konflikten zu werden, war die an den höheren ostsyrischen Schulen angebotene Bildung für Isaak von Ninive ein fragwürdiges Gut.

---

auch Chalkedonier unter ihren Einwohnern zählte – niederlegte (zur Frage nach den Ursachen des Rücktritts Isaaks, vergleiche Chialà 2002, 58ff.; zu den konfessionellen theologischen Konflikten im Ninive des 7. Jahrhunderts, vergleiche Payne 2009, besonders 401ff.).

43 Es ist bemerkenswert, dass diese Ferne von der Wahrheit (wegen der Konzentration auf die rhetorische Überzeugungskraft) den Hauptvorwurf dastellt, den einer der frühesten Kritiker der Einflussnahmen der (griechischen) Bildung auf die syrische Welt, Johannes der Einsiedler – eine der Quellen Isaaks von Ninive –, dagegen vorbrachte (siehe seinen Kohelet-Kommentar [2ff. Strothmann]; vergleiche Bettiolo 2000, 456).

44 Siehe Abramowski 1968; die direkte Aristoteles-Rezeption setzt viel später ein, vergleiche Brock 2011b, besonders 202ff.

45 Siehe die programmatische offene Verurteilung des Konzils von Chalkedon und die Proklamierung des auf dem Konzil von Ephesos verurteilten Nestorios zu einer Art Heiligem durch Narsai in einer Rede, die sehr wahrscheinlich seine „Antrittsvorlesung" auf der von ihm neugegründeten Schule von Nisibis war, siehe Abramowski 1954; Abramowski 2006, 341f.; Kavvadas 2012, besonders 229ff.; Kavvadas 2015b, 140ff.; vergleiche Kavvadas 2015a, besonders 97ff.

46 Siehe den 1. Kanon der Synode des Katholikos Georg I. vom Jahr 676, in: [Auctores Varii], Orientalisches Synodicon (217 Chabot); vergleiche Berti 2011a, 245ff.; dasselbe Ziel der Widerlegung von Häresien lag der höheren syrischen Bildung bereits in ihren frühesten Phasen zugrunde.

Noch deutlicher zutage tritt diese Kritik am Einsatz der rhetorisch-philosophischen Bildung der ostsyrischen Schulen in Streitgesprächen und Konflikten bei einem anderer Exponenten der ostsyrischen Mystik der Zeit Isaaks, Dāḏīšōʿ Qaṭrāyā. Für Dāḏīšōʿ endet letztlich die ganze der „Belehrung der Vernunft“ zugeordnete Schulbildung – ausdrücklich nennt er die *Kategorien*, das *Peri Hermeneias* und die *Analytica Posteriora* – bloß als Waffe fürs Sichdurchsetzen in Disputationen und Konflikten zwischen den „Jähzörnigen“. Der Bezug zu jenem Einsatz des „gräzisierenden“ logisch-philosophischen Jargons als Medium und Sprache der „öffentlichen“ Konflikte unter den ostsyrischen Eliten, der bei mehreren ostsyrischen Katholikoi – darunter auch Īšōʿyahḇ III., ein Zeitgenosse des Dāḏīšōʿ und des Isaak, – so auffällt, ist unverkennbar. Es ist deutlich, dass unter anderem dieser bestimmte Einsatz des Jargons der Logik ein Grund gewesen sein muss, warum Anachoreten-Autoren wie Isaak und Dāḏīšōʿ – die ohnehin eine kritische Distanz zu den Einflusseliten bewahrten – ein pointiertes Misstrauen gegenüber der exegetischen, rhetorischen, logisch-philosophischen Bildung der ostsyrischen Schulen an den Tag legten.

Jene organische Verbindung der (Aus)bildung in griechischer oder „gräzisierender“ Rhetorik, Philosophie und Logik mit den Machtkonflikten, die zur Karriere eines Exponenten der ostsyrischen Eliten immer gehörten, die Verbindung, welche das Misstrauen der Anachoreten weckte, war aber zugleich ein gewichtiger Grund, warum ostsyrische Elitefamilien Generation nach Generation den Aufwand auf sich nahmen, ihrem Nachwuchs eine entsprechende Bildung zu geben: Ihr Prestige konnte selbst in überlebenswichtigen Konflikten, ja selbst bei logisch hinfälligen Argumenten, ein Faktor werden.

Alexander M. Schilling

Der Koran des Katholikos-Patriarchen. Eine synoptische Analyse der sowohl in Timotheos' I. Dialog mit al-Mahdī als auch in Dionysios bar Ṣalībī's „Disput gegen die Nation der Araber" zitierten Koranverse

1 Ostsyrische Koran-Kenntnisse: zum Forschungsstand

In einem jüngst in den Beiträgen des IX. Deutschen Syrologentags in Eichstätt von 2016 erschienenen Aufsatz[1] habe ich auf Bestand, Potenzial und forschungsgeschichtliche Defizite im Hinblick auf ein komplexes, in syrischer Sprache überliefertes Islam-Dossier hingewiesen. Dieses ist zwar ausschließlich bei dem Westsyrer Dionysios bar Ṣalībī aus dem 12. Jahrhundert überliefert,[2] dürfte jedoch nach meinen Feststellungen, zumindest in Teilen, auf erheblich älteres ostsyrisches kontroverstheologisches Material zurückgehen. Wie ich an besagter Stelle näher auszuführen Gelegenheit hatte, sprechen literarhistorische Erwägungen für die Einheitlichkeit eines Großteils dieses Dossiers, genau genommen des gesamten zweiten Teils, der Kapitel #25–30 von Dionysios' umfangreichem Werk „Gegen die Nation der Araber".[3] Dieses Material nenne ich daher – in meiner vorangegangen, wie auch der hier vorliegenden Publikation – der Einfachheit halber „Koran-Florilegium" oder einfach nur: „*florilegium*", womit bereits darauf hingewiesen ist, dass auch die Ostsyrer sich der antiken Technik des Exzerpierens für ihre Zwecke bedienten. Es wird im Folgenden darum gehen, dieses einheitlich überlieferte Korpus mit den Koran-Zitaten zu vergleichen, die sich in einem bestimmten Text Timotheos' I., nämlich seinem Religionsgespräch mit dem Kalifen al-Mahdī, sowie im Fließtext von Dionysios bar Ṣalībī, nämlich dem ersten Teil seines „Disputs gegen die Nation der Araber", finden; weitere Texte Timotheos' I.,

1 Schilling 2018, mit ausgiebigen Literaturhinweisen. – In der Zwischenzeit hat sich im Rahmen eines von Manolis Ulbricht (Berlin) organisierten Workshops „Preliminary Considerations on the *Corpus Coranicum Christianum*. The Qur'an in Translation. A Survey of the State-of-the-Art, Freie Universität Berlin/Germany, December 5th – 7th, 2018", die Gelegenheit geboten, die bislang erzielten Ergebnisse einem internationalen Publikum vorzustellen.

2 Die ältere Teiledition von Alphnose Mingana (1925) ist vor gut zehn Jahren (2005) ersetzt worden durch diejenige von Joseph Amar – eine Edition, die indessen nicht ohne Vorbehalte zu benutzen ist, vergleiche etwa Schilling 2018, 163–164 Anm. 31–36, 166 und 171 Anm. 60.

3 Schilling 2018, 163.

https://doi.org/10.1515/9783110668292-008

in denen koranisches Material vorkommt, sollen an anderer Stelle auf ihre möglichen Parallelen untersucht werden.

Zunächst müssen die wichtigsten Ergebnisse meines vorangegangenen Beitrags und meine Analyse des Forschungsstandes rekapituliert werden: Für die ostsyrische Herkunft von Teilen des Koran-Florilegiums sprechen insbesondere punktuelle Übereinstimmungen mit den ältesten (mir derzeit bekannten) frühneupersischen Übersetzungen des Koran, und zwar sowohl in der Lexik, als auch in der Interpretation, das heißt der Ausgestaltung theologischer Konzepte,[4] da insbesondere die Ostsyrer in einem engen Austausch mit persischen Milieus standen.[5] Gegen die Erklärung, lediglich das dort vorhandene Koran-Material sei durch Dionysios bar Ṣalībī seiner Widerlegung des Islam (also den Kapiteln 1–24 seiner Schrift) zugrunde gelegt worden, spricht allerdings die Tatsache, dass sich in diesem kontroverstheologischen Teil einige Koranverse finden, die nicht in dem daran angehängten, annotierten *florilegium* (#25–30) figurieren:[6] Es müssen dem Westsyrer Dionysios mithin eine (oder mehrere) weitere, sozusagen „externe" Quelle(n) vorgelegen haben.[7]

Um den genaueren Charakter und das Datum jenes „ostsyrischen" Koran-Florilegiums zu bestimmen, liefert die jüngere Forschung bereits wichtige Hinweise: Namentlich Martin Heimgartner und Vittorio Berti haben zum Briefcorpus Timotheos' I.,[8] Katholikos-Patriarch der ‚Kirche des Ostens'[9], gezeigt, dass diesem Kirchenfürsten am Ende des 8. Jahrhunderts eine entscheidende Rolle bei Bestimmung und Ausgestaltung des Verhältnisses zwischen der ‚Kirche des Ostens' und dem Abbasidenkalifat zukommt. Erste stichprobenartige Untersuchungen zu Texten und Traditionen aus dem Umfeld dieser herausragenden Persönlichkeit führten zu einem Befund, der mit großer Zuversicht dahin gehend interpretiert werden darf, dass unser *florilegium* literargeschichtlich in diesem Kontext zu verorten ist.[10]

---

4 Es gibt aber auch Züge, die beide Corpora deutlich voneinander trennen, etwa das bislang nur in den christlichen Koranübersetzungen (syrisch-griechisch-lateinisch) anzutreffende Sondergut in *Sure* 5,46a, vergleiche Schilling 2018, 161–162.

5 Schilling 2018, 173–178.

6 Zur leichteren Identifikation ihrer Quellen sollen die betreffenden sechs Verse im Anhang mitgeteilt werden (zu weiteren Versen, die diesem „Sondergut" zuzurechnen sind, siehe unten Nr. 4, 5 und 6).

7 Unter den bekannten Quellen ist zunächst die *Chronik* Michaels des Syrers namhaft gemacht worden, vergleiche etwa Schilling 2018, 178–179 (Anm. 85).

8 Zum Beispiel Timotheus I., Disputation mit dem Kalifen al-Mahdī, ed./tr. Heimgartner.

9 Zum Beispiel Berti 2009.

10 Eine andere Auffassung wird von Jacobs 2018 vertreten, der an der Autorschaft des Dionysios bar Ṣalībī festhalten will. – Es sind hier insbesondere Übereinstimmungen zu nennen, die Dionysios bar Ṣalībī's Argumentation mit dem verbinden, was der – wohl dem Kreise des Katholikos-Patriarchen Timotheos' I. zuzurechnende – Philosoph und Arzt Hiob von Edessa ausgeführt hatte, so dass davon auszugehen ist, dass Dionysios bar Ṣalībī an dieser Stelle von ostsyrischen Autoritäten abhängt, ver-

Die Idee einer solchen Verortung war so neu nicht: Timotheos' I. Religionsgespräche mit dem Kalifen al-Mahdī, in deren Verlauf immer wieder auf den Koran verwiesen worden war, liegen – literarisch ausgestaltet – in der 59. Epistel aus dem Registrum des Katholikos-Patriarchen vor. Schon der Herausgeber Alphonse Mingana hatte im Jahre 1928, im Rahmen seiner *editio princeps* dieses Briefes, es unternommen, Ähnlichkeiten zwischen Timotheos' Zitaten von und Anspielungen auf Koranverse mit dem Text der bei Dionysios bar Ṣalībī überlieferten Koran-Materialien aufzuspüren: Diese kannte Mingana gut, hatte er sie doch selbst kurz zuvor, im Jahre 1925, veröffentlicht. Für seinen Vergleich hat er die Verse Sure 3,48, 4,156, 4,159, 4,170, 19,17, 19,34, 21,91, 90,1–3 berücksichtigt, hat für 19,17 und 4,170 vermerkt, dass sie nicht bei „Barṣalībi" (*i.e.* dem der Widerlegung des Dionysios bar Ṣalībī angehängten *florilegium*) stünden (aber nicht für 4,159 und 19,17 – zwei Verse, die in Mingana's Synopse gar nicht vorkommen), und ist insgesamt ziemlich lapidar zu folgendem Schluss gekommen:[11] „If both texts are identical there would be strong reasons for believing that the Jacobite Barṣalībi and the Nestorian Timothy were quoting from a text lying before them. On the whole, however, the balance is in favour of the opinion that Timothy's text is not Barṣalībi's text".

2 Ziele dieser Darstellung

Vor dem Hintergrund dieses Forschungsstandes soll es der Gegenstand der vorliegenden Untersuchung sein, Minganas Bemühungen um Timotheos' I. Vorlage koranischen Materials einer gründlichen Revision zu unterziehen: Seine Synopse soll vor dem Hintergrund der inzwischen erfolgten Publikationen von Dionysios bar Ṣalībī's gesamter Schrift (und nicht nur des *florilegium*, d. h. der Kapitel #25–30, auf der Grundlage einer einzigen Handschrift) und der kritischen Edition von Timotheos' I. Disputation mit dem Kalifen al-Mahdī (ebenfalls auf der Grundlage sämtlicher verfügbarer Handschriften), zunächst erweitert werden; hierbei sollen das *florilegium* sowie die parallelen Zitate in Dionysios bar Ṣalībī's eigener kontroverstheologischer Auseinandersetzung in den ersten 24 Kapiteln seines Werkes als zwei Überlieferungslinien behandelt

gleiche Schilling 2018, 167–170. Des Weiteren finden sich Übereinstimmungen zwischen den Wortbedeutungen, die der zu Timotheos I. zeitgleiche Lexikograph Ḥnanīšōʿ bar Srōšwai mitgeteilt hat, und Glossen und Lehnwörter der syrischen Koranübersetzung, die sich teilweise auch in den frühneupersischen Koranübersetzungen finden, vergleiche Schilling 2018, 173–174. Schließlich ist daran zu erinnern, dass der aus dem südlichen Irak stammende Araber Abū Nuḥ al-Anbarī, ebenfalls ein Zeitgenosse Timotheos' I., eine erste große „Widerlegung des Islam" seitens der Kirche des Ostens verfasst hat, von der bislang nicht viel mehr bekannt geworden ist, als ihr möglicher Titel, vergleiche Schilling 2018, 161 Anm. 17.

11 Mingana 1928, 13–14.

werden, deren Verhältnis zueinander und zu den Texten Timotheos' I. noch zu ermitteln ist. Der Vollständigkeit halber wird auch die christliche Koran-Überlieferung in griechischer Sprache berücksichtigt,[12] die allerdings erst durch eine in Vorbereitung befindliche Publikation von Manolis Ulbricht auf eine sichere Grundlage gestellt werden wird.[13] In knappen Kommentaren, die ich den einzelnen Texten beifüge, weise ich auf philologische und interpretatorische Probleme hin. Abschließend soll dann Minganas oben zitierte Einschätzung noch einmal kritisch hinterfragt werden – Grundlage für eine weitergehende Einschätzung des Timotheos I. vorliegenden, beziehungsweise von ihm für Diskussion, Polemik und Dokumentation verwendeten Koran-Materials.[14]

Das ist erst zu diesem Zeitpunkt möglich, da erst anhand der sorgfältigen Prüfung jeder einzelnen Wendung, jedes einzelnen Wortes, ja jedes einzelnen Buchstabens im Vergleich mit den Parallelen eine klare Anschauung darüber gewonnen werden kann, ob eine absichtliche polemische Verdrehung vorliegt, oder aber der – eher harmlose, doch umso folgenreichere – Hör-, Lese- oder Abschreibfehler eines Kopisten angesichts eines ungewohnten und ungewöhnlichen Stücks Übersetzungsliteratur: Nur so lässt sich, mit anderen Worten, die Frage klären, ob in der syrischen Koran-Überlieferung „gedankenlose Exzerptoren" am Werk waren oder Redaktoren mit eigenem Gestaltungswillen, die, wie es sich für antike Quellen häufig zeigen lässt, eigene Motive verfolgten.[15]

---

12 Vergleiche Høgel 2010 und [Auctores Varii], Griechische Koranfragmente, ed. Förstel – zwei Arbeiten, die offensichtlich ohne gegenseitige Kenntnis entstanden sind.

13 Ich möchte mich an dieser Stelle bei Manolis Ulbricht herzlichst bedanken für seine Freundlichkeit, mir Forschungsergebnisse seiner Dissertation bereits vor deren Drucklegung (sie wird in der Reihe „Studi e testi" erscheinen) zugänglich gemacht zu haben.

14 Einige der hier publizierten Ergebnisse habe ich meiner vorangegangenen Publikation bereits stillschweigend vorausgesetzt, vergleiche etwa Schilling 2018, 179; die Diskussion weiterer einschlägiger Koran-Verse im Werk Timotheos' I. ist an anderer Stelle vorgesehen.

15 Vergleiche hierzu Piccione 2003, VII–XIV, vor allem VIII und XII. – Dass zum Beispiel Orient und Okzident „Götter" seien (Dionysios bar Ṣalībī #21 [89, 18–21 Amar], vergleiche ebenda #30 [132, 1–3 Amar]), ist am leichtesten durch einen Kopistenfehler – Ausfall einer (angeblich überschüssigen) syrischen Partikel ܕ zu erklären: das erste ܕ wird in der Funktion eines ὅτι *recitativum* benötigt, das andere ܕ, um anzuzeigen, dass das darauffolgende Wort im Genitiv steht; mit anderen Worten: es ist [ܐܡܪܬ ܠܟ ܕ]ܐܠܗܐ ܐܢܘܢ ܡܕܢܚܐ ܘܡܥܪ̈ܒܐ statt [ܐܡܪܬ ܠܟ ܕ]ܕܐܠܗܐ ܐܢܘܢ ܡܕܢܚܐ ܘܡܥܪ̈ܒܐ überliefert, wodurch sich die Verballhornung der bekannten Wendung „Gottes sind Orient und Okzident" aus *Sure* 2,115 erst ergeben konnte. Um dem Satz einen klaren Sinn zu geben, mussten (wie in manchen Handschriften von Dionysios bar Ṣalībī's Widerlegung des Islam, nicht jedoch im *florilegium* belegt,) Pluralpunkte gesetzt werden (deshalb ܐܠܗ̈ܐ, „Götter"). Die syrische Übersetzung der Fortsetzung desselben Verses kann anhand des arabischen *textus receptus* noch weiter korrigiert werden (ܡܛܠ ܕܪܘܝܚܐ ܗ̇ܘ [ܕ]ܐܠܗܐ. ܘܡܝܕܥܐ ausgehend von إنّ الله واسعٌ عليمٌ): Wo – wohl aus Flüchtigkeit – das geläufige ܪܘܚܐ („Geist") aus dem intendierten ܪܘܝܚܐ (für واسعٌ) herausgelesen worden war, wurde, wie in manchen Handschriften belegt, die Genitivpartikel ܕ hinzugesetzt, damit die vertraute Wendung „Geist Gottes" im Text erschien (das begründende ܡܛܠ ܕܪܘܚܐ ܗ̇ܘ ܕܐܠܗܐ, „denn Geist Gottes ist er", ist wohl weitergebildet

Einige formale Vorbemerkungen sind zum Verständnis des Folgenden notwendig: Um den Vergleich mit Texten und Traditionen zu erleichtern, in denen lediglich Anspielungen auf Koranverse vorkommen, werden, außer den wörtlichen Zitaten, auch Allusionen in die folgende Synopse aufgenommen und mit Asteriskus * gekennzeichnet; Minganas Liste von sechs gegenübergestellten (aus den acht von ihm bei Timotheos I. identifizierten) Koranversen wächst so auf zehn (oder elf) Nummern an: Diese Diskrepanz, die sich aus Zuweisungsproblemen ergibt, wird noch zu diskutieren sein. Timotheos' I. Koranzitate und Anspielungen werden in der Reihenfolge ihres Erscheinens innerhalb des Koran gegeben. In der rechten Kolumne ist zum besseren Verständnis der arabische Wortlaut der betreffenden Stelle nach dem Kairiner *textus receptus* abgedruckt. Es schließen sich, nach links fortschreitend, gegebenen Falles die Belege im *florilegium* (also Dionysios bar Ṣalīḇī #25–30), bei Timotheos I. (Disp.) und Dionysios bar Ṣalīḇī (#1–24) an, so dass die Partien aus Timotheos' I. Text nach Möglichkeit durch die syrischen Parallelen eingerahmt werden.

Für die weitere Einrichtung der Synopse gelten folgende typographische Grundsätze: Runde Klammern ( ) zeigen Varianten aus Parallelstellen und anderen Kontexten an (ausgenommen bei drei Punkten ... die für eine Auslassung unbestimmter Länge stehen). In eckige Klammern [ ] sind ausgewählte Varianten der handschriftlichen Tradition nach dem *apparatus criticus* der benutzten Editionen angegeben; Großbuchstaben stehen hier (allerdings nicht regelmäßig, das sollte einem Gesamtkommentar vorbehalten bleiben) für die entsprechenden Handschriftensiglen, für vollständige Hinweise sei der Leser vorläufig auf die kritischen Editionen verwiesen.

aus ܡܛܠ ܕܪܘܚܐ ܗܘ ܐܠܗܐ, „denn Geist ist Gott", statt des intendierten ܡܛܠ ܕܪܘܝܚܐ ܗܘ ܐܠܗܐ, „denn allumfassend ist Gott").

3 Synoptische Analyse der jeweils bei mehreren syrischen Zeugen überlieferten Passagen

1. Timotheos' I. Reminiszenz an den Vers Sure 3,47 (Maria, die Mutter Jesu, soll ein Kind zur Welt bringen, ohne verheiratet zu sein):

Timotheos I., Disp. 2,8* (p. 6 ed. Heimgartner)	Dionysios bar Ṣalībī #29 (p. 125,9-12 ed. Amar)	Sura 3,47 [16]
ܘܡܠܟܢ ܕܝܢ ܪܚܡ ܐܠܗܐ		
ܐܡܪ ܠܗ܆ ܗܝ ܕܝܢ		
	ܘܐܡܪܬ ܡܪܝܡ	قالت
		ربِّ
ܕܕܠܐ ܙܘܓܐ	ܐܝܟܢ ܢܗܘܐ ܠܝ ܒܪܐ	أنّى يكونُ لى ولدٌ
ܐܬܝܠܕ[17] ܡܢ ܡܪܝܡ܆	ܘܓܒܪܐ ܠܐ ܩܪܒ ܠܝ.	ولمْ يَمْسَسْنِى بَشَرٌ
	ܘܐܡܪ [ܠܗ]	قال
	ܕܗܟܢܐ ܒܪܐ ܐܠܗܐ ܟܠ ܕܨܒܐ ܗܘ.	كذلِكِ الله يخْلُقُ ما يشاءَ
	ܘܟܕ ܦܩܕ ܠܡܕܡ	إذا قضى أمْرًا
	ܐܡܪ ܕܗܘܝ܆ ܘܗܘܐ.	فإنّما يقولُ له كنْ فيكونُ
ܘܐܝܬܘܗܝ ܒܟܬܒܐ ܘܝܕܝܥܐ		

Timotheos I. weicht in seiner Wortwahl ebenso wie in seiner syntaktische Einbettung (Wechsel von direkter Rede zu indirektem Referat) vom *florilegium* ab – ܐܬܝܠܕ ܡܢ ܡܪܝܡ statt ܢܗܘܐ ܠܝ ܒܪܐ, die wörtliche Übersetzung des *florilegium* für das koranische يكونُ لى ولدٌ (wozu auch die griechische Übersetzung ἔσται ταύτῃ υἱὸς zu vergleichen ist: auch der griechische Übersetzer wechselt zur indirekten Rede). Wo der arabische Zustandssatz ولمْ يَمْسَسْنِى بَشَرٌ im *florilegium* ansprechend durch ܘܓܒܪܐ ܠܐ ܩܪܒ ܠܝ („wobei sich kein [= ohne dass sich ein] Mann mir genähert hatte") wiedergegeben ist, verkürzt Timotheos I. zu ܕܕܠܐ ܙܘܓܐ („ohne Ehegatte" [*sc.* wurde <Christus> aus Maria geboren]). Interessanter Weise ist es im Rahmen des Religionsgesprächs nicht der Katholikos-Patriarch, der hier solchermaßen auf den Korantext anspielt, sondern „unser Gott liebender König" (ܡܠܟܢ ܪܚܡ ܐܠܗܐ), – der Kalif al-Mahdī –, der darauf hinweist, dass „die[se] Tatsache freilich" (ܗܝ ܕܝܢ ܕ) „auch in der Schrift (stehe) und bekannt sei" (ܘܐܝܬܘܗܝ ܒܟܬܒܐ ܘܝܕܝܥܐ). Dieselbe Verkürzung findet sich auch in der griechischen Version des Korans: *υἱὸς ἄνευ ἀνδρός*, „ein Sohn ohne [Ehe-] Mann", entspricht eher ܒܪܐ ܕܕܠܐ ܙܘܓܐ, einer hypothetischen Variante des Timotheos-Wortlauts, als der zwar umständlicheren, aber doch wörtlichen *florilegium*-Übersetzung ܒܪܐ ܘܓܒܪܐ ܠܐ ܩܪܒ ܠܝ.

16 Mingana 1928, 18 n. 1 führt diesen Vers als *Sure* 3,41. Die (von Høgel 2010 übersehene) griechische Version ([Auctores Varii], Griechische Koranfragmente [92 Förstel]) lautet: Εἶτα εἰσάγει ταύτην πειρωμένην μαθεῖν, πῶς ἔσται ταύτῃ υἱὸς ἄνευ ἀνδρός, τοὺς δὲ φάναι· Ὁ βούλεται ὁ Θεός, τοῦτο καὶ γίνεται.

17 *sc.* ܡܫܝܚܐ

2. Zitat der Verse Sure 3,55–57 (Gott nimmt Jesus nach seinem Tode zu sich auf): Timotheos I. stimmt im Wortlaut mit Dionysios bar Ṣalībī für Sure 3,55 überein,[18] das *florilegium* liefert für eine Vokabel eine weitere Variante und bietet die gesamte Stelle:

Dionysios bar Ṣalīḇī #22 *(p. 94,12-3 ed. Amar)*	Timotheos I., Disp. 9,20 *(p. 54 ed. Heimgartner)* [19]	Dionysios bar Ṣalīḇī #29 *(p. 125,20-ult. ed. Amar)*	Sura *3,55-57* [20]
ܘܬܘܒ ܟܬܝܒ ܒܟܬܒܘܬܗܘܢ.	ܘܬܘܒ		
ܕܐܡܪ ܐܠܗܐ ܠܝܫܘܥ	ܐܡܪ ܐܠܗܐ ܠܝܫܘܥ	ܘܐܡܪ ܐܠܗܐ ܠܝܫܘܥ	إذْ قال اللهُ يا عيسى
ܕܗܐ ܡܡܝܬ ܐܢܐ ܠܟ:	ܗܐ ܡܡܝܬ ܐܢܐ ܠܟ	ܕܐܢܐ ܡܡܝܬ ܠܟ	إنّى مُتَوَفِّيكَ
ܘܡܪܝܡ ܐܢܐ ܠܟ ܠܘܬܝ܀	ܘܡܪܝܡ ܐܢܐ ܠܟ ܠܘܬܝ܀	ܘܡܣܩ ܐܢܐ ܠܟ ܠܘܬܝ	ورافِعُكَ إلَيَّ
		ܘܡܚܪܪ ܐܢܐ ܠܟ ܡܢ ܐܝܠܝܢ	ومُطهِّرُكَ من الذين
		ܕܟܦܪܘ.	كفروا
		ܘܥܒܕ ܐܢܐ ܠܐܝܠܝܢ	وجاعلُ الذين
		ܕܗܝܡܢܘ ܒܟ. ܘܐܬܘ ܒܬܪܟ	اتّبعُوكَ
		ܠܥܠ ܡܢ ܐܝܠܝܢ	فوق الذين
		ܕܟܦܪܘ ܒܟ ܒܝܘܡܐ ܕܩܝܡܬܐ.	كفروا بيوم القيامة
		ܘܗܦܟܝܢ ܠܘܬܝ ܐܬܝܢ ܐܢܬܘܢ.	ثُمَّ إلىَّ مَرْجِعُكُمْ
		ܘܕܐܢ ܐܢܐ ܠܟܘܢ ܒܟܠܡܕܡ	فأحكُمُ بينكم فيما
		ܕܡܬܚܠܦܝܢ ܗܘܝܬܘܢ ܒܗ.	كنتم فيه تختلفون
		ܒܪܡ ܗܠܝܢ ܕܟܦܪܘ ܒܟ	فاما الذين كفروا
		ܡܫܢܩ ܐܢܐ ܠܗܘܢ	فأُعَذِّبُهم
		ܫܢܩܐ ܩܫܝܐ ܘܡܪܝܪܐ	عَذابًا شديدا
		ܒܥܠܡܐ ܗܢܐ ܘܒܥܬܝܕ	فى الدنيا والأخِرَةِ
		ܘܠܝܬ ܕܡܥܕܪ ܠܗܘܢ.	وما لهم من الناصرين
		ܐܠܐ ܕܗܝܡܢܘ	واما الذين ءامنوا
		ܘܥܒܕܘ ܛܒܬܐ	وعمِلوا الصالحات
		ܡܦܪܥ ܠܗܘܢ ܐܓܪܗܘܢ.	فَيُوَفِّيهم أُجُورَهم
		ܘܐܠܗܐ ܠܐ ܡܚܒ ܠܛܠܘܡܐ.	والله لا يحبّ الظالمين.

Alle drei Belege der ziemlich homogenen syrischen Überlieferung liefern anstelle des koranischen „Gott sprach: O Jesus, […]" (قال اللهُ يا عيسى) die Variante „Gott sprach zu Jesus: […]" (ܐܡܪ ܐܠܗܐ ܠܝܫܘܥ; das wäre arabisch قال اللهُ لعيسى) – eine Abweichung, der entweder durch eine anderslautende Rezitation des Korantexts, vielleicht aber auch vom syrischen Kompilator zur syntaktischen Absetzung vom Folgenden (eine geläufige Technik beim Exzerpieren) aus einem Frühstadium der syrischen Überlieferung

18 Zu dieser Stelle vergleiche bereits Schilling 2018, 179 Anm. 87.

19 Mingana 1928, 14 führt diesen Vers als *Sure* 3,48.

20 Zu dieser Passage existiert eine griechische Version (Høgel 2010, 82; [Auctores Varii], Griechische Koranfragmente [93 Förstel]), die wie folgt lautet: καὶ ὅτι εἶπεν [Förstel: Εἶπεν αὐτῷ] ὁ Θεός· Ἐγώ σε ὑποβάλλω θανάτῳ, κἀγώ σε ἀνυψῶ πρός με, καὶ καθαρίσω σε ἐκ τῶν ἀρνησαμένων καὶ καταστήσω τοὺς ἀκολουθήσαντάς σοι ἐπάνω τῶν ἀρνησαμένων ἐν τῇ ἡμέρᾳ τῆς ἀναστάσεως· τοὺς δὲ ἀρνησαμένους κολάσω κόλασιν βαρεῖαν ἐν τῷ μέλλοντι, καὶ οὐκ ἔστιν αὐτοῖς ἔκδικος.

zu erklären wäre (eher jedenfalls als durch einen wie auch immer gearteten Lesefehler, ܐܡܪ ܐܠܗܐ ܠܝܫܘܥ statt ܐܡܪ ܐܠܗܐ ܐܘ ܝܫܘܥ, oder gar قال اللهُ لعيسى statt قال اللهُ يا عيسى [freilich in kufischem Alphabet]). Die griechische Fassung, die hier καὶ *ὅτι εἶπεν* [Förstel: *Εἶπεν αὐτῷ*] *ὁ Θεὸς* liest („[Und es] [Zu ihm] sprach Gott"), trägt zur Lösung des Problems immerhin so viel bei, dass konstatiert werden kann, diese – noch weiter verkürzende – griechische Variante (nach der Lesung Förstels) stehe näher bei den syrischen Textzeugen, als beim arabischen Standardtext. Die Stelle könnte mithin zu einem – bereits anderweitig konstatierten[21] – „christlichen Sondergut" an Koranlesarten zählen, oder aber, und auch das wäre von herausragender Bedeutung, für einen gemeinsamen, sprach- und konfessionsübergreifenden Ausgangspunkt christlich-orientalischer Koranstudien. Das *florilegium* bewahrt durch seine gegenüber den anderen Textzeugen abweichende Wortfolge im Eingang (ܕܐܢܐ ܡܡܝܬ ܠܟ) den das „Ich" betonenden Charakter des arabischen إنِّى besser, als das wörtlichere ܗܐ („siehe") der anderen Zeugen mit deren (an den Fortgang des Zitats) angeglichenen Wortfolge (ܗܐ ܡܡܝܬ ܐܢܐ ܠܟ): Timotheos I. stimmt hier eher mit Dionysios bar Ṣalībī als mit dem *florilegium* überein. Zwei Varianten des nächsten Halbsatzes (ܡܥܠܐ ܐܢܐ ܠܟ bzw. ܡܣܩ ܐܢܐ ܠܟ für رافِعُكَ) führen zu demselben Befund: Timotheos I. und Dionysios bar Ṣalībī stehen auch hier gemeinsam gegen den Wortlaut des *florilegium* (mit seinem erklärungsbedürftigen ܡܡܝܬ ܐܢܐ ܠܟ) und stimmen – gegen das griechische Zitat und das syrische *florilegium*, das Zitatende franst hier aus – auch in der Zitatgrenze überein.

3. Zitat des doketistisch-christologischen Verses Sure 4,157, der davon handelt, dass nicht Jesus, der Sohn der Maria, gekreuzigt worden sei, sondern ein Trugbild:

Dionysios bar Ṣalībī #22 *(p. 94,5-6 ed. Amar)*	Timotheos I., Disp. 9,17 *(p. 54 ed. Heimgartner)*	Dionysios bar Ṣalībī #29 *(p. 126,2-3 ed. Amar)*	Sura *4,157* [22]
ܚܢܢ ܕܝܢ ܐܡܪܝܢ	ܚܕ ܟܐܠܗ	ܐܡܪܝܢ ܗܘܕܝܐ ܕܩܛܠܢ ܠܡܫܝܚܐ	وقولهم إنّا قتلْنا المسيح
		ܝܫܘܥ ܒܪ ܡܪܝܡ	عيسى بن مريم
		ܫܠܝܚܗ ܕܐܠܗܐ	رسول الله
	ܠܐ ܩܛܠܘܗܝ	ܘܠܐ ܩܛܠܘܗܝ	وما قتلوه
ܕܠܐ ܨܠܒܘܗܝ	ܘܠܐ ܨܠܒܘܗܝ	ܘܠܐ ܨܠܒܘܗܝ	وما صلبوه
ܐܠܐ ܕܡܕܡܝܘ ܕܡܝ ܠܗܘܢ	ܐܠܐ (ܡܕܡܝܘ ܕܡܝ ܠܗܘܢ	ܐܠܐ ܡܬܕܡܝܘ ܐܬܕܡܝ ܠܗܘܢ	ولكنْ شُبِّه لهم
ܢܦܫܗ.	ܗܟܢܐ[23]).	ܗܟܢܐ	(...)

21 Schilling 2018, 162.

22 Mingana 1928, 14; zu dieser Passage existiert eine griechische Version (Høgel 2010, 85; [Auctores Varii], Griechische Koranfragmente [95 Förstel]), die wie folgt lautet: Καὶ τοῦ λέγειν Ἰουδαίους, Ἡμεῖς ἐφόνευσαν τὸν Χριστὸν τὸν Ἰησοῦν υἱὸν Μαρίας ἀπόστολον Θεοῦ· οὐκ ἐφόνευσαν αὐτὸν οὐδὲ ἐσταύρωσαν αὐτόν, ἀλλ᾽ ὡμοιώθη αὐτοῖς. (...).

23 Diese Wendung findet sich auch bei Timotheos I. ep. 59, 9, 35 (56 Heimgartner).

Den ersten Teil des Verses hat nur die griechische Überlieferung sowie das syrische *florilegium* bewahrt – stünde im Syrischen (bei Dionysios bar Ṣalībī #29) ܘܐ vor ܐܡܪܝܢ ܝܗܘܕܝܐ ܕܩܛܠܢ ܠܡܫܝܚܐ ܝܫܘܥ ܒܪ ܡܪܝܡ ܫܠܝܚܗ ܕܐܠܗܐ, wäre die Übereinstimmung mit dem griechischem *καὶ τοῦ λέγειν Ἰουδαίους, Ἡμεῖς ἐφόνευσαν τὸν Χριστὸν τὸν Ἰησοῦν υἱὸν Μαρίας ἀπόστολον Θεοῦ*, natürlich im Rahmen der gestalterischen Freiheit eines jeden Übersetzers, vollkommen. Für das Folgende bestätigt sich die Beobachtung, dass der Wortlaut Timotheos' I. eher mit dem des Dionysios bar Ṣalībī als mit der Übersetzung des *florilegium* zusammengeht, genauer: mit Dionysios' Torso der zweiten Vershälfte: Eine *figura etymologica* für شُبِّهَ ist zwar allen syrischen Varianten gemeinsam (das Griechische übersetzt in einem Wort *ὡμοιώθη*), in der Wahl des Verbalstammes setzt sich das *florilegium* jedoch ab (ܡܬܕܡܝܢܘ ܐܬܕܡܝ ܠܗܘܢ gegen ܡܕܡܝܢܘ ܕܡܝ ܠܗܘܢ). Bemerkenswerter Weise kennen die drei syrischen Varianten (nicht jedoch das Griechische) einen Überschuss gegenüber dem Arabischen: hier gehen – mit ܗܟܢܐ, „so", „auf diese Weise" – Timotheos I. und das *florilegium* gegen Dionysios bar Ṣalībī's ܒܢܦܫܗ, „selbst".

4. Verweis auf den (nicht im *florilegium* belegten) christologischen Vers Sure 4,171, in dem Christus Jesus als Logos Gottes bezeichnet wird, und als Geist aus ihm:

Timotheos I., Disp. 16,90* (p. 114 ed. HEIMGARTNER)	Dionysios bar Ṣalībī #16 (p. 65,19 ed. AMAR)	Sura 4,171 [24]
ܘܡܛܠ ܗܢܐ		
ܠܗ̇ܝ ܗ̇ܝ ܕܝܫܘ ܐܠܗܐ		
ܚܠܝܨܘܬ ܐܠܦ.		
ܠܗ̇ܝ ܕܝܢ ܕܬܠܝܬܝܘܬܐ:		
ܐܝܟ ܕܒܪܡܙܐ		
ܘܐܝܟ ܕܒܐܪܙܐ		
ܚܘܝܗ̇. ܗܘ̇ ܕܝܢ ܒܗ̇،		(...)
		إنّما المسيحُ عيسى ابنُ مريمَ
		رسولُ الله
ܕܡܠܬܗ	ܘܡܠܬܗ	وكلمتُه
	ܫܕܪ [ܗܘ] ܠܘܬ ܡܪܝܡ	ألقاها الى مريمَ
ܘܪܘܚܗ	ܘܪܘܚܐ ܕܡܢܗ.	وروحٌ منه

Timotheos' I. verweist in seiner Argumentation auf bestimmte Stichworte eines Zitats („[...] durch jenes ‚sein *logos*' und ‚sein Geist' [...]" – ܒܗ̇، ܡܠܬܗ ܘܪܘܚܗ), bei dem es sich um den Vers Sure 4,171 handeln muss, des Inhalts, dass Christus Jesus, Sohn der Maria, der Gesandte Gottes sei, sein Logos und Geist aus ihm. Bei Dionysios bar Ṣalībī

24 *om.* Mingana 1928, 14; zu dieser Passage existiert eine griechische Version (Høgel 2010, 86; [Auctores Varii], Griechische Koranfragmente [95 Förstel]), die wie folgt lautet: Ὁ Χριστὸς Ἰησοῦς υἱὸς Μαρίας ἀπόστολος Θεοῦ ἐστι καὶ λόγος αὐτοῦ, ὃν ἔρριψεν πρὸς τὴν Μαρίαν, καὶ πνεῦμα ἐξ αὐτοῦ.

ist der eingeschobene asyndetische Relativsatz des arabischen Originals (ألقاها الى مريمَ) syntaktisch nicht korrekt aufgelöst worden; es hätte entweder – theologisch korrekt – ܕܫܕܪܗ ܠܘܬ ܡܪܝܡ, oder aber – (im Sinne einer sklavischen Wort-für-Wort-Übersetzung aus dem Arabischen) philologisch korrekt – ܕܫܕܪܗ̇ ܠܘܬ ܡܪܝܡ heißen müssen: Bekanntlich wird *mellṯā* (das heißt λόγος) in der ostsyrischen Tradition immer dann als Maskulinum aufgefasst (und auch grammatikalisch so konstruiert), wenn der Gott *logos* gemeint ist, ansonsten als Femininum; in der griechischen Version (*ὃν ἔρριψεν πρὸς τὴν Μαρίαν*) bleibt der Unterschied unerheblich, da sowohl *λόγος* als auch *υἱός masculini generis* sind: Der arabische Konsonantentext zeigt, dass der koranische *logos* Gottes grammatikalisch als Femininum gewertet wird (ألقاها – كلمتُه). Sporadisch ist in den Dionysios bar Ṣalīḇī–Handschriften ܫܕܪ ܗܘ ܠܘܬ ܡܪܝܡ belegt, „er sandte diesen zu Maria" oder „es sandte dieser zu Maria", vielleicht eine erste Stufe der Textverderbnis aus ܕܫܕܪܗ ܠܘܬ ܡܪܝܡ repräsentierend; ansonsten, syntaktisch nun eindeutig anders, nämlich mit dem Nachfolgenden, zu verbinden, ܫܕܪ ܠܘܬ ܡܪܝܡ, „er sandte zu Maria [*sc.* auch den Geist von/aus ihm]".

Die Wendung وروحٌ منه („und Geist von/aus ihm", im Griechischen wörtlich wiedergegeben durch *πνεῦμα ἐξ αὐτοῦ*) hat Dionysios bar Ṣalīḇī getreuer bewahrt (ܘܪܘܚܐ ܕܡܢܗ „und [der] Geist, der von/aus ihm (ist)") als Timotheos I. (ܪܘܚܗ „sein Geist"). Ihre besondere Bedeutung erhält die Stelle ferner aus der Tatsache, dass sich kein Hinweis auf eine Kenntnis dieses Verses im *florilegium* findet – offenbar ein weiterer Beleg dafür, dass Timotheos I. eher in das Umfeld von Dionysios bar Ṣalīḇī's externer Quelle, als den Einzugsbereich des *florilegium* zu gehören scheint.

5. Geschichtstheologische Ausdeutung des (nicht im *florilegium* belegten) Verses Sure 19,16, in welcher die Verkündigung Mariä durch den Engel Gabriel aus dem Osten gelehrt wird:

Timotheos I., Disp. 6,17* (*p. 33 ed.* Heimgartner)	Dionysios bar Ṣalīḇī #21* (*p. 90,6-8 ed.* Amar)	Sura *19,16* [25]
ܘܡܬܠܗܢܐ	ܘܡܠܟ ܒܡܠܟܘܬܗܘܢ	وأَذْكُرْ فى الكتاب مريمَ إذ انتبذتْ من اهلها
ܘܐܦ ܓܒܪܝܠ ܡܠܐܟܐ: ܟܕ ܣܒܪܗ̇ ܠܡܪܝܡ ܒܝܠܕܗ ܕܝܫܘܥ ܡܫܝܚܐ:	ܕ ܓܒܪܝܠ ܡܠܐܟܐ ܟܕ ܐܬܐ ܠܒܬܘܠܬܐ:	
ܡܢ ܡܕܢܚܐ ܐܬܐ ܠܗ̇ ܐܝܟ ܕܡܠܟ ܒܡܠܟܘܬܗܘܢ	ܒܡܕܢܚܐ ܐܬܐ܀	مكانًا شرْقِيًا

25 Mingana 1928, 30 n. 2

Wiederum handelt es sich einen Beleg, der Timotheos I. an Dionysios' „externe Quelle“ heranrückt, auch wenn der Inhalt des Verses Sure 19,16 mehr in eine geschichtstheologische Interpretation gepresst, denn adäquat wiedergegeben wird. Nach dem arabischen Original sondert sich Maria vor ihren Angehörigen (من اهلها) in Richtung eines im Osten gelegenen Platzes (مكانًا شرقيًا) ab, wo, wie in der Folge der nächsten Verse zu hören ist, ein ebenmäßiger Mensch, der Geist Gottes, sich als „Gesandter Gottes“ vorstellend, sie anspricht – und das wird von Timotheos I. dahingehend gedeutet, dass bei der Heimsuchung Mariä (ܟܕ ܣܥܪܗ ܠܡܪܝܡ) der Engel Gabriel ihr vom Osten her erschienen sei (ܡܢ ܡܕܢܚܐ ܐܬܚܙܝ، ܠܗ̇). Bei Dionysios bar Ṣalīḇī, der sich dieser Deutung bis auf Nuancen in der Wortwahl anzuschließen scheint (ܟܕ ܐܬܚܙܝ، ܠܒܬܘܠܬܐ, „als er vor der Jungfrau erschien“), ist der Engel Gabriel „im Osten erschienen“ (ܒܡܕܢܚܐ ܐܬܚܙܝ،). Verständlich wird diese Interpretation vor dem Hintergrund der syrischen Auslegungsgeschichte des ‚Benediktus‘ aus dem Lukas-Evangelium (Lk 1,78–79: ܢܣܥܪܢ ܕܢܚܐ ܡܢ ܪܘܡܐ ܠܡܢܗܪܘ, „besuchen wird uns der Aufgang (= Osten) von der Höhe, um Licht zu spenden“);[26] und auch die Magier, die das Kind anbeten sollten (Mt 2,1–12), waren „aus dem Osten“ (ܡܢ ܡܕܢܚܐ) gekommen:[27] Selbstverständlich für die ostsyrische Kirche sind damit ihre geschichtstheologischen Wurzeln bezeichnet,[28] und zwar solche, die ihre Position im Kalifat der Abbasiden zumindest befestigen konnten.[29] Die angebliche Zugehörigkeit dieses Theologumenons zum Koran wird interessanter Weise von beiden Textzeugen zweifelsfrei festgestellt – bei Timotheos I. am Ende des angeblichen Zitats (ܐܝܟ ܕܟܬܝܒ ܒܟܬܒܟܘܢ, „wie es geschrieben steht in Eurer Schrift“), bei dem Westsyrer Dionysios bar Ṣalīḇī, der darauf ja schwerlich hätte Wert legen müssen, gar an dessen Anfang (ܘܟܬܝܒ ܒܟܬܒܟܘܢ, „und geschrieben steht in Eurer Schrift“). Dergleichen Formeln begegnen bei den genannten Autoren ansonsten im Kontext der Anführung eines wörtlichen Zitats (vergleiche etwa unten Nr. 7), das hier bezeichnender Weise gar nicht vorliegt – ein Umstand, der allerdings schon den ersten Kompilatoren eines handschriftlichen Konvoluts an Notizen nicht mehr bewusst gewesen sein muss. Die Möglichkeit ist deshalb nicht auszuschließen, dass diese Floskel an unserer Stelle vielleicht aus der Aufforderung vom Eingang des

---

26 Vergleiche etwa Schilling 2008a, 161ff.

27 Vergleiche Schilling 2014, rec. Riedel 2015 (ich nutze die hier sich bietende Gelegenheit, mich für den strengen Tadel, der mich in meine fröhliche Pennäler-Zeit zurückversetzt, bei der Rezensentin zu bedanken; der mir peinliche *lapsus calami* auf Seite 36, wo ich – das lateinische Wort *uulgata* im Kopf – irrtümlicher Weise das syrische *pšīṭtā* durch „[allgemein] verbreitete [Bibelübersetzung]“ wiedergegeben habe, sei hiermit richtig gestellt. Soweit ich sehe, hat das Problem dieser Bezeichnung bislang keine allgemein akzeptierte Lösung erfahren: auch mit meiner seit längerer Zeit stillschweigend gehegten, provisorischen Erklärung, wonach es sich um eine Übersetzung in bester Targum-Tradition handelt, bei deren Anfertigung sich die Übersetzer vom „einfachen“ [*pšaṭ*], wörtlichen Schriftsinn haben leiten lassen, kann ich nicht ganz zufrieden sein – A.S.).

28 Vergleiche Schilling 2008b.

29 Zur geopolitischen Situation der christlichen Kirchen zwischen den westlichen und östlichen Großmächten in jener Zeit vergleiche jetzt Kavvadas 2017.

Sinnabschnitts (وٱذْكُرْ فى الكتاب مريمَ, „Und gedenke in der Schrift der Maria, [...]") verballhornt worden sein könnte: Wenn dem so wäre, hätte Dionysios bar Ṣalībī, wo die Floskel an der richtigen Stelle steht, einen ursprünglicheren Wortlaut bewahrt als Timotheos I. – Dass ein solches aus einem Koran-Vers geflossenes Interpretament in griechischer (und das heißt: byzantinisch-melkitischer) Version fehlt, erstaunt vor dem Hintergrund von dessen geschichtstheologischer Bedeutung für die ‚Kirche des Ostens' nicht wirklich.

6. Anspielung auf und Zitat des (nicht im *florilegium* belegten) Verses Sure 19,17, über die Aussendung des Geistes an Maria:

Timotheos I., Disp. 16,52 *(p. 107 ed. Heimgartner)* = **Timotheos I., Disp. 17,25** *(p. 125 ed. Heimgartner)*	**Timotheos I., Disp. 16,90** *(p. 114 ed. Heimgartner)*	**Dionysios bar Ṣalībī #16** *(p. 65,20 ed. Amar)*	**Sura 19,17** [30]
(ܒܡܠܬܐ ܗܝ ܕܠܗܘܢ			
ܐܝܟ ܗܘ	ܘܗܘ		(...)
ܕ[31]) ܫܕܪܢ	ܕܫܕܪ ܚܢܢ	ܘܫܕܪܢ	فأرْسلْنا
[ܠܘܬܗ[32]] ܪܘܚܐ ܕܝܠܢ	ܪܘܚܐ ܕܝܠܢ	ܪܘܚܐ ܕܝܠܢ ܠܘܬ ܡܪܝܡ	اليها روحَنا
	ܘܗܘ		
	ܕ ܐܬܚܙܝ (ܠܗ [33])	ܘ ܐܬܚܙܝ ܠܗ	فتمثّل لها
	ܒܪܢܫܐ ܡܫܠܡܐ	ܒܪܢܫܐ ܡܫܡܠܝܐ	بشرا سَوِيًّا

Der von Timotheos I. dreimal zitierte Auszug aus dem Vers Sure 19,17 schließt sich eng an den Wortlaut, den Dionysios bar Ṣalībī mitteilt, an. Dieser musste offenbar, durch den Kontext bedingt, über den arabischen Standardtext des Koran hinausgehend, in seinem Zitat ausdrücklich mitteilen, wem Gott seinen Geist gesandt hatte – der Maria (ܠܘܬ ܡܪܝܡ gegenüber ܠܘܬܗ, „ihr"). Beide Vorschläge der Herausgeber zur Emendation des Textes (ܠܘܬܗ [Mingana] und ܠܗ [Heimgartner]) sind m.E. in den Text zu setzen. Darüber hinaus wird deutlich, dass die arabische Partikel ف im Syrischen zunächst (wie bei Dionysios bar Ṣalībī in beiden Positionen des Zitats belegt) durch ܘ wiedergegeben worden sein muss[34] – allerdings hat Timotheos den Satz an zwei Stellen für seine Argumentation zurecht gemacht, weshalb dieses ܘ nur noch an einer Stelle ste-

30 Von Mingana 1928, 14, übersehen.

31 Timotheus I., Disp. 17, 25 ܦܘܪܣܐ ܕܝ ܘ

32 Coniecit Mingana pro Timotheus I., Disp. 16, 52 et 17, 25 (consensus codd. ܠܘܬܗ).

33 Coniecit Heimgartner; cod. BV ܒܗ; om. reliqui.

34 Das gesamte Dossier lädt dazu ein, es im Kontext der arabisch-syrischen Übersetzungsliteratur in Bezug auf Syntax, Lexik und Übersetzungstechnik zu untersuchen – ein sicherlich wertvoller Beitrag auch zum Verständnis der griechisch-arabischen Übersetzungsliteratur des 8.–10. Jahrhunderts.

hengeblieben ist (ܣܘܪܬܐ ܕܡ ܘ).[35] Die Varianten ܒܪܢܫܐ ܡܫܡܠܝܐ (bei Timotheos I.) und ܒܪܢܫܐ ܡܫܡܫܠܝܐ (bei Dionysios bar Ṣalībī) für بشرا سَوِيًّا verdanken sich einem Lesefehler, der sich im Verlaufe der handschriftlichen Tradition in die Texte eingeschlichen haben muss.

7. Gleichlautendes Zitat von Sure 19,33 im *florilegium*, bei Timotheos I. und bei Dionysios bar Ṣalībī über Jesu Lobpreisungen der Tage seiner Geburt, seines Todes und seiner Aussendung; der folgende Vers (Sure 19,34) wird lediglich im *florilegium* an den vorangehenden Vers angeschlossen:

Dionysios bar Ṣalībī #22 *(p. 94,9-11 ed. AMAR)*	**Timotheos I., Disp. 9,18** *(p. 54 ed. HEIMGARTNER)*	**Dionysios bar Ṣalībī #29** *(p. 126,10-2 ed. AMAR)*	**Sura 19,33-4 [36]**
ܘܗܐ ܟܬܝܒ ܒܟܬܒܘܗܝ	ܘܗܐ ܟܬܝܒ		
[ܒܣܘܪܬ[37]] ܥܝܣܐ.	ܒܣܘܪܬ ܥܝܣܐ.	ܘܐܡܪ ܥܝܣܐ	
ܕܫܠܡܐ ܥܠܝ	ܕܫܠܡܐ ܥܠܝ	ܕܫܠܡ ܥܠܝ	والسلامُ عليَّ
ܝܘܡܐ ܕܗܘ ܒܡܬܝܠܕ ܐܢܐ	ܝܘܡܐ ܕ[ܗܘ] ܡܬܝܠܕ ܐܢܐ.	ܝܘܡܐ ܕܐܬܝܠܕܬ	يومَ وُلِدتُّ
ܘܝܘܡܐ ܕܗܘ ܡܐܬ ܐܢܐ	ܘܝܘܡܐ ܕܗܘ ܡܐܬ ܐܢܐ.	ܘܝܘܡܐ ܕܡܐܬ ܐܢܐ.	ويومَ أموتُ
ܘܝܘܡܐ ܕܗܘ ܡܫܬܕܪ ܐܢܐ	ܘܝܘܡܐ ܕܡܫܬܕܪ ܐܢܐ	ܘܝܘܡܐ ܕܡܬܢܚܡ ܐܢܐ	ويومَ أُبعَثُ
ܚܝܐ.	ܚܝܐ.	ܚܝܐ.	حيًّا
		ܘܐܡܪ ܐܠܗܐ.	
		ܡܐܡܪܗ ܕܥܝܣܐ	ذلك عيسى بن مريم
		ܡܐܡܪܐ ܗܘ ܕܫܪܪܐ.	قولَ الحقِّ
		ܕܒܠܗܝ ܡܬܚܝܢ.	الذى فيه يَمْتَرُونَ

Sowohl Timotheos I. als auch Dionysios bar Ṣalībī kennen und benutzen den koranischen *terminus technicus* „Sure“ (ܣܘܪܬ, in einer Hs. ist die Variante ܣܘܪܗ, mit ܗ für ܬ belegt [in der Funktion eines *tā’ marbūta*, wie im nachklassischen Arabischen üblich])[38] zur Stellenangabe eines nachfolgenden wörtlichen Zitats (im Verbund mit der im Kommentar zu Nr. 5 konstatierten Formel). Das Zitat selbst stimmt in den drei erhaltenen syrischen Textzeugen (Dionysios bar Ṣalībī, Timotheos I., *florilegium*) bis auf zwei kleinere Abweichungen im *florilegium* wörtlich überein; dort wird die Perfektform ܐܬܝܠܕܬ statt der ansonsten bei dieser Stelle durchgehend benutzten Partizip-Präsens-Konstruktion ܡܬܝܠܕ ܐܢܐ für die Perfektform وُلِدتُّ verwendet, ferner

35 Siehe oben Fußnote 32.

36 Mingana 1928, 14.

37 *B* ܣܘܪܗ

38 Die koranischen Materialien aus Dionysios bar Ṣalībī’s Schrift bringen sehr frühe Belege für die Transkription arabischer Wörter ins Syrische, vergleiche schon Schilling 2018, 177; eine systematische Sammlung und lexikographische Aufarbeitung der entsprechenden Vokabeln würde sicherlich von demjenigen begrüßt werden, der sich mit der Geschichte des Garšūnī beschäftigt, also des in syrischen Lettern geschriebenen Arabischen.

die Vokabel ܡܫܠܚ ܐܢܐ statt ܡܫܕܪ ܐܢܐ für أُبْعَثُ – und dies vermutlich deswegen, weil ܫܕܪ für die Wiedergabe von ارسل reserviert war (zu einem Beleg für diesen Gebrauch siehe oben Nr. 6). Der darauffolgende Halbvers ist nur im *florilegium* belegt. Auffällig ist hier die Verwendung von ܡܐܡܪܐ für قول im Kontext der paulinisch klingenden Formel قول الحق (*λόγος ἀληθείας*): ܡܠܬܐ ist offenbar für كلمة reserviert (für einen Beleg siehe oben Nr. 4). Ferner fällt die Vermeidung einer wörtlichen Übersetzung von ذلك عيسى بن مريم قولَ الحقِّ auf (das wäre Syrisch wohl eher ܗܢܐ ܥܝܣܐ ܒܪ ܡܪܝܡ ܡܐܡܪܐ ܗܘ ܕܫܪܪܐ, statt des belegten ܡܐܡܪܗ ܕܝܫܘܥ ܡܐܡܪܐ ܗܘ ܕܫܪܪܐ, „das Wort Jesu ist das Wort der Wahrheit“). Der Grund für diese Eigentümlichkeit könnte im Verständnis des paulinischen *λόγος ἀληθείας*–Konzepts durch die ‚Kirche des Ostens‘ liegen – doch ist das Sache des Theologen, an den die Beantwortung dieser Frage verweisen werden muss.

8. Zweimal belegtes Zitat aus Sure 21,19,[39] wörtlich übereinstimmend mit dem *florilegium*:

Timotheos I., Disp. 16,53 *(p. 107 ed. Heimgartner)* = **Timotheos I., Disp. 17,25** *(p. 107 ed. Heimgartner)*	**Dionysios bar Ṣalībī #28** *(p. 126,17-8 ed. Amar)*	**Sura 21,91**
	ܘܐܡܪ ܐܠܗܐ.	(...)
	ܕܡܪܝܡ ܢܛܪܬ ܒܬܘܠܘܬܗ	والتى احصنتْ فَرْجَها
ܘܢܦܫܢ [ܒܗ[40]] ܡܢ ܪܘܚܐ ܕܝܠܢ	ܘܢܦܫܢ ܒܗ ܪܘܚܐ ܕܝܠܢ	فنفخنا فيها روحَنا
	ܘܥܒܕܢܗ ܠܗ ܘܠܒܪܗ	وجعلناها وابنها
	ܐܬܐ ܠܥܠܡܐ.	ءاية للعالمين

Timotheos I. bringt den Ausschnitt aus Sure 21,19 in enger Anlehnung an das *florilegium* (dem das ܡܢ zu fehlen scheint); Minganas Konjektur (ܒܗ) wäre dem überlieferten Text (ܠܬܗ) für den unwahrscheinlichen Fall vorzuziehen, dass es (anders als in der Edition punktiert) als griechisch μέν gelesen werden sollte, und nicht als Übersetzung der arabischen Präposition من: gegebenen Falles ist der Ausschnitt auf den Vers Sure 66,12 zu beziehen, der, wie der Kontext zeigt, auch bei Dionysios bar Ṣalībī (#24) belegt werden kann:

39 So Mingana 1928, 14; doch ist zu dieser Stelle auch Sure 66,12 zu vergleichen, die sowohl bei Dionysios bar Ṣalībī (#24), als auch zweimal im *florilegium* (#29 und 30) zu belegen ist, siehe direkt im Anschluss Nr. 8'.

40 Von Mingana für *Disputation* 16, 52 und 17, 25 vorgeschlagen *(consensus codd.* ܠܬܗ*)*.

8’ Alternative Zuordnung der vorangegangenen Stelle, hier zu Sure 66,12:

Dionysios bar Ṣalībī #24 *(p. 101,19-21 ed. AMAR) =* **Dionysios bar Ṣalībī #30** *(p. 132,antep.-ult. ed. AMAR)*	**Timotheos I., Disp. 16,53** *(p. 107 ed. HEIMGARTNER) =* **Timotheos I., Disp. 17,25** *(p. 107 ed. HEIMGARTNER)*	**Dionysios bar Ṣalībī #29** *(p. 126,20-2 ed. AMAR)*	**Sura 66,12**
ܘܒܣܪܬܐ ܕܡܪܝܡ ܐܡܗ			
ܕܡܫܝܚܐ. ܐܡܪ ܗܟܢ.		ܘܐܡܪ ܐܠܗܐ.	
ܕ[ܡܪܝܡ[41] ܒܪܬܗ (ܕܥܡܪܡ[42])		ܡܪܝܡ ܒܪܬܗ ܕܥܡܪܡ	ومريمَ ابْنَتَ عمران
ܗ̇ܝ ܕܫܦܝܪ ܢܛܪܬ		(ܕܢܛܪܬ	احصنتْ
ܗܕܡܐ ܕܒܬܘܠܘܬܗ̇		ܒܬܘܠܘܬܗ̇[43])	فَرْجَها
ܘܢܦܚܢ ܒܗ̇ ܡܢ ܪܘܚܐ ܕܝܠܢ[44]].	ܘܢܦܚܢ [ܒܗ̇[45]] ܡܢ ܪܘܚܐ ܕܝܠܢ	ܘܢܦܚܢ ܒܗ̇ ܪܘܚܐ ܕܝܠܢ.	فنفخْنا (فيه من[46]) روحنا
ܘܐܫܪܬ ܒܟܠ ܡܠܘܗܝ ܘܟܬܒܘܗܝ.		ܘܗܝܡܢܬ ܒܡܠܬܗ ܕܐܠܗܐ ܘܒܟܬܒܘܗܝ:	وصدقتْ بكلمات ربّها وكُتُبِهِ
ܘܗܘܬ ܡܢ ܡܫܬܥܒܕ̈ܬܐ.		ܘܗܘܬ ܡܢ ܡܫܡܫܢܐ.	وكانت من القانِتِينَ

Zu bemerken ist hier zunächst der feine Unterschied im Wortlaut (فنفخْنا فيه من روحنا in Sure 66,12 gegenüber فنفخنا فيها روحَنا in Sure 21,19), der wohl den Variantenreichtum der syrischen Überlieferung provoziert hat: Dionysios bar Ṣalībī (#24) und die zweite Stelle des *florilegium* (#30) lesen ܘܢܦܚܢ ܒܗ̇ ܡܢ ܪܘܚܐ ܕܝܠܢ; bei Timotheos I. hat – wie gesehen – Mingana den überlieferten Text ܘܢܦܚܢ ܠܒܬܗ̇ ܡܢ ܪܘܚܐ ܕܝܠܢ auf dieses Resultat hin korrigiert; das ܡܢ (für من) fehlt jedoch beim ersten Vorkommen des Verses im *florilegium* (#29): ܘܢܦܚܢ ܒܗ̇ ܪܘܚܐ ܕܝܠܢ. Dieser Befund der syrischen Tradition scheint von Relevanz für Geschichte und Kritik des Korantextes zu sein.[47] Unterschiede des Wortlauts innerhalb des *florilegium* weisen auf zwei alternative Übersetzungen der Stelle, die in die Überlieferung Eingang gefunden haben: ܗ̇ܝ ܕܫܦܝܪ ܢܛܪܬ ܗܕܡܐ ܕܒܬܘܠܘܬܗ̇ (#30 mitsamt Dionysios bar Ṣalībī #24) steht gegen ܕܢܛܪܬ ܒܬܘܠܘܬܗ̇ (#29) für احصنتْ فَرْجَها, ܘܐܫܪܬ ܒܟܠ ܡܠܘܗܝ ܘܟܬܒܘܗܝ (#30) gegen ܘܗܝܡܢܬ ܒܡܠܬܗ ܕܐܠܗܐ ܘܒܟܬܒܘܗܝ (#29) für صدقتْ بكلمات ربّها وكُتُبِهِ und schließlich ܡܫܬܥܒܕ̈ܬܐ (#30) gegen ܡܫܡܫܢܐ (#29) für القانِتِينَ. In welchem Verhältnis die wörtlichere Übersetzung (#24 und 30), deren auffälligstes Kennzeichen die – womöglich durch einen Hörfehler (احسنتْ) zu erklärende – Wendung

41 Hier setzt die Stelle Dionysios bar Ṣalībī #30 (132, antep.-ult. Amar) ein.

42 Dionysios bar Ṣalībī #30 (132, antep.-ult. Amar) liest hier ܕܥܡܪܢ.

43 Der Wortlaut entspricht dem aus Nr. 8 (Sure 21,91).

44 Bis hierher reicht die Stelle Dionysios bar Ṣalībī #24 (101, 19–21 Amar).

45 Von Mingana für Timotheus I., Disp. 16, 52 und 17, 25 vorgeschlagen *(consensus codd.* ܠܒܬܗ̇*)*.

46 Sura 21, 91 فيها

47 An dieser Stelle sei daran erinnert, dass die deutsche Koran-Forschung seit der Zwischenkriegszeit des letzten Jahrhunderts einhellig auf die Linie eingeschwenkt ist, die Gotthelf Bergsträsser, der letzte Bearbeiter von Theodor Nöldekes Geschichte des Qoran, mit Theodor Nöldeke selbst abgestimmt hatte (Zitate des einschlägigen Briefwechsels bei Schilling 2018, 156–160): Minganas editio princeps des syrischen Koran-Florilegiums hat, soweit ich sehe, seither keine Rolle mehr gespielt in der Erforschung der Geschichte des Korantexts.

ܕܥܫܝܢܐ ܢܛܪܬ für احصنتْ ist, zur freieren Übersetzung (#29) steht, lässt sich erst nach einer gründlichen grammatikalischen und lexikalischen Analyse des gesamten bei Dionysios bar Ṣalībī bewahrten koranischen Materials bestimmen. Bemerkenswerter Weise bezieht sich diese doppelte Übersetzung auf einen koranischen Vers, der, mit leicht abweichendem Wortlaut, in zwei unterschiedlichen Suren belegt ist (21,19 und 66,12) und, mit der Jungfräulichkeit Mariä, ein zentrales christliches Dogma berührt.

9. Beleg für Timotheos' I. und Dionysios bar Ṣalībī's Abhängigkeit von einer gemeinsamen Quelle: Paraphrase zum Vers Sure 46,9 und deren gekürzter Text über den Parakleten:

Dionysios bar Ṣalībī #21 *(p. 86,9-11 ed. AMAR)*	**Timotheos I., Disp. 7,33*** *(p. 40 ed. HEIMGARTNER)*	**Dionysios bar Ṣalībī #29** *(p. 124,antep.-ult. ed. AMAR)*	**Sura 46,9** [48]
	ܘܦܪܩܠܛܐ ܗܘ ܒܨܐ		
	ܒܥܘܡܩܘܗܝ ܕܐܠܗܐ.[49]		
ܘܡܫܝܚܐ ܐܘܕܝ ܒܟܬܒܗ	ܡܫܝܚܐ ܕܝܢ ܡܘܕܐ:		
ܕܠܐ ܝܕܥ ܡܢܐ ܡܬܥܒܕ ܒܗ:	ܕܠܐ ܝܕܥ ܡܢܐ ܡܬܥܒܕ ܒܗ.		
ܘܐܦܠܐ ܒܐܠܝܢ	ܘܒܐܠܝܢ		
ܕܡܗܝܡܢܝܢ ܒܗ.	ܕܡܗܝܡܢܝܢ ܒܗ.		
ܐܡܪ ܓܝܪ ܗܟܢ		ܐܡܪ ܡܫܝܚܐ	قُلْ
		ܕܐܢܐ [ܠܐ] ܐܡܪܬ ܡܕܡ	ما كُنْتُ بِدْعًا
		ܡܢ ܫܠܝܚܐ.	من الرسلِ
ܕܠܐ ܝܕܥ ܐܢܐ ܡܢܐ ܥܒܕܝܢ		ܘܠܐ ܝܕܥ ܐܢܐ ܡܢܐ ܡܬܥܒܕ	وما أدْرِى ما يُفْعَلُ
ܒܝ ܘܒܟܘܢ		ܒܝ ܘܒܟܘܢ:	بِى ولا بِكُمْ
			إنْ أتّبِعُ إلّا ما يُحَى إليّ
		ܘܐܝܬܝ ܡܙܗܪܢܐ ܘܡܫܘܕܥܢܐ	وما أنا إلا نَذيرٌ مُبِينٌ

Zum Erweis, dass Muḥammad nicht der Paraklet sein kann, zumindest nicht nach christlichem Verständnis, und insbesondere vor dem Hintergrund von 1 Kor 2, 10 (einer Bibelstelle, die allein Timotheos I. im gegebenen Fall, hinführend auf die gegenläufige koranische Position, evoziert), liefern Timotheos I. und Dionysios bar Ṣalībī eine beinahe gleichlautende Paraphrase des Koranverses Sure 46,9, den indessen nur noch Dionysios bar Ṣalībī, an die Paraphrase anschließend, als Zitat kennzeichnet und auszugsweise mitteilt. Damit wird klar, dass beide Autoren, anders als von Mingana konstatiert,[50] zumindest passageweise einen identischen Text vor Augen gehabt haben müssen, wenn auch vermutlich keinen „Korantext" in Gestalt eines Buches, und gar vom Umfang einer Gesamtübersetzung; – einen Text jedenfalls, und das ist das Entscheidende, der für diesen Vers ziemlich ähnlich demjenigen

48 Von Mingana 1928, 14, übersehen.

49 Vergleiche 1 Kor 2, 10.

50 Siehe oben Fußnote 12.

gelautet haben wird, den das *florilegium* mitteilt: Die markante Wendung وما أدرِى ما يُفْعَلُ بِى ولا بِكُمْ aus dem Zitat des Verses lautet im *florilegium* ܘܠܐ ܝܕܥ ܐܢܐ ܡܢܐ ܡܬܥܒܕ ܒܝ ܘܒܟܘܢ; bei Dionysios bar Ṣalībī ist lediglich die Passivkonstruktion umgewandelt (ܡܢܐ ܥܒܕܝܢ, „was [sie tun =] man tut“ statt ܡܢܐ ܡܬܥܒܕ, „was getan wird“ für ما يُفْعَلُ). Inhaltlich muss diese Umformulierung als irrelevant erachtet worden sein, da Dionysios bar Ṣalībī selbst, einige Zeilen weiter oben in der einleitenden Paraphrase, die Passivkonstruktion bewahrt hat (wörtl. „nicht weiß er, was getan wird an ihm und auch nicht an denen, die an ihn glauben“, ܠܐ ܝܕܥ ܡܢܐ ܡܬܥܒܕ ܒܗ ܘܐܦܠܐ ܒܐܝܠܝܢ ܕܗܝܡܢܝܢ ܒܗ [bei Timotheos I. mit identischem Wortlaut überliefert, nur dass das verstärkende ܐܦܠܐ, „auch nicht“, fehlt]). Auch die Einleitung der Paraphrase stimmt bis auf Kleinigkeiten überein (ܘܡܚܡܕ ܐܘܕܝ ܒܟܬܒܗ, „und Muḥammad hat in seinem Buche bekannt“ bei Dionysios bar Ṣalībī gegenüber ܡܚܡܕ ܕܝܢ ܡܘܕܐ, „Muḥammad aber bekennt“ bei Timotheos I.) – Kleinigkeiten, die durchaus im Rahmen solcher Freiheiten liegen, die sich Kopisten orientalischer Texte bisweilen nehmen.

10. Zitat von Auszügen aus den Versen Sure 90,1–4 (Schwur bei einem nicht näher bezeichneten Gebiet, beim Vater und bei dem, den er gezeugt hat) mit erheblichen Abweichungen von Timotheos' I. Version zu den anderen Textzeugen:

Dionysios bar Ṣalībī #24 *(p. 103,15-7 ed. Amar)*	**Timotheos I., Disp. 19,31*** *(p. 151 ed. Heimgartner)*	**Dionysios bar Ṣalībī #30** *(p. 133,9-10 ed. Amar)*	**Sura 90,1-4** [51]
	ܫܡܥܬ ܕܝܢ ܕܐܦ ܟܬܝܒ		
ܟܬܝܒ ܒܩܘܪܐܢ ܐܠܟܠܐ.	ܒܟܬܒܐ ܕܝܠܟܘܢ		
ܠܐ ܝܡܐ ܐܢܐ	ܕܝܡܐ ܐܢܐ	ܠܐ ܝܡܐ ܐܢܐ	لا أُقْسِمُ
ܒܗܢܐ ܐܬܪܐ	ܒܗܢܐ ܦܘܪܐ	ܒܗܢܐ ܐܬܪܐ:	بهذا البَلَدِ
ܘܐܢܬ ܢܣܝܬ ܐܢܬ		ܘܐܢܬ ܢܣܝܬ ܐܢܬ	وأنتَ حِلٌّ
ܒܗܢܐ ܐܬܪܐ.		ܒܗܢܐ ܐܬܪܐ.	بهذا البَلَدِ.
ܘܐܒܐ ܘܗܘ ܕܝܠܕ ܡܢܗ	ܘܝܠܘܕܐ ܘܝܠܕܗ.	ܘܐܒܐ ܘܗܘ ܕܝܠܕ ܡܢܗ	ووالِدٍ وما وَلَدَ
ܫܪ ܒܪܝܢ ܠܒܪܢܫܐ ܒܟܒܕܐ		ܫܪ ܒܪܝܢ ܠܒܪܢܫܐ ܒܟܒܕܐ.	لقد خلقنا الإنسان فى كَبَدٍ

Timotheos I. verlässt sich – seinen eigenen Worten zufolge – auf sein Gehör (ܫܡܥܬ ܕܝܢ ܕܐܦ ܟܬܝܒ ܒܟܬܒܐ ܕܝܠܟܘܢ ܕ, „ich hörte aber, dass in eurem Buch gar geschrieben steht, dass [...]“), wenn er die Koranstelle Sure 90,1-4 aus dem Gedächtnis zitiert. Als „Zitat“ entfernt sich der von ihm mitgeteilte, verkürzte Wortlaut freilich in bislang unerklärlicher Weise von demjenigen, den das *florilegium* und Dionysios bar Ṣalībī, wörtlich übereinstimmend, mitteilen, und den auch die griechische Übersetzung dieses Verses korrekt wiedergibt (*ὀμνύω εἰς ταύτην τὴν χώραν*). Timotheos' I. Variante lautet

51 Mingana 1928, 14; zu dieser Passage existiert eine griechische Version (Høgel 2010, 110; [Auctores Varii], Griechische Koranfragmente [117–118 Förstel]), die wie folgt lautet: Οὐκ, ὀμνύω εἰς ταύτην τὴν χώραν· καὶ σοῦ ὄντος ἐν ταύτῃ τῇ χώρᾳ· καὶ γονεὺς (Förstel: γονέα coniciendum est) καὶ τὰ ἐγέννησε· καὶ γὰρ ἐπλάσαμεν τὸν ἄνθρωπον ἐν ἰσχύϊ (Förstel: conicias: ἐν ἰσχνότητι).

wie folgt: „ich schwöre bei jenem Berg (ܒܗܢܐ ܠܛܘܪܐ, statt ܒܗܢܐ ܐܬܪܐ, für بهذا البَلَدِ, „bei jenem Gebiet [*balad*]“ – wo die Vokabel, welche der Sure „al-Balad“ ihren Namen gegeben hat, erscheint), und dem Erzeuger und seinem (Erzeugnis =) Kinde“: ܘܝܠܘܕܐ ܘܝܠܕܗ verkürzt in ansprechender Weise die Lesart von *florilegium* und Dionysios bar Ṣalīḇī (ܘܐܒܐ ܘܗܘ ܕܝܠܝܕ ܡܢܗ, „und dem Vater und dem von ihm Gezeugten“), wo doch hypothetisches ܘܝܠܘܕܐ ܘܗܘ ܕܝܠܝܕ ܡܢܗ („und dem Erzeuger und dem von ihm Gezeugten“) als wörtliche Übersetzung für ووالِدٍ وما وَلَدَ noch genauer gepasst hätte – zumindest wird die erstrebenswerte Möglichkeit einer solchen Konstruktion durch die griechische Version demonstriert (*καὶ γονεὺς* [Förstel: *γονέα coniciendum est*] καὶ *τὰ ἐγέννησε*). Allein Dionysios bar Ṣalīḇī nennt die Fundstelle des zitierten Textes – die Sure „al-Balad“ (ܟܬܝܒ ܒܣܘܪܬ ܐܠܒܠܕ).

4 Schlussbetrachtung

Die philologische Untersuchung der sowohl bei Timotheos I. als auch bei Dionysios bar Ṣalīḇī belegten Zitate und Allusionen auf Koranverse zeigt zunächst einmal die Schwierigkeit einer genauen Analyse des Materials auf: Die zehn beziehungsweise elf bei den beiden syrischen Autoren mehrfach belegten Koran„verse“ lassen bisweilen nicht deutlich erkennen, auf welche exakte Stellen im Koran sich Zitatfetzen und Anspielungen, die bei den betreffenden Autoren in unterschiedliche diskursive Kontexte eingebettet sind, beziehen: In etlichen Fällen bin ich in dieser Hinsicht zu einer anderen Zuordnung gelangt als Mingana,[52] von dem allerdings nicht bekannt ist, was für ein Koran-Exemplar er seiner Analyse zugrunde gelegt hat; bei einer Stelle muss die Zuweisung nach wie vor unsicher blieben (Nr. 8 und 8’).

Traditionsgeschichtlich kann nun jedenfalls (gegen Minganas Vermutung[53]) festgehalten werden, dass Timotheos I. die wenigen Versatzstücke aus dem Koran, den er im Verlaufe seines Dialogs mit dem Kalifen al-Mahdī zum Teil wörtlich zitiert (Nr. 2, 3, 6, 7, 8, 8’, 10), zum Teil paraphrasiert (Nr. 9), oder auf den er lediglich verwiesen hat (Nr. 1, 4, 5), sehr wohl einer Überlieferung verdankt, die ziemlich eng mit derjenigen übereinstimmt, die einige dreihundertfünzig Jahre später dem Westsyrer Dionysios bar Ṣalīḇī noch bekannt gewesen sein muss: die Möglichkeit ist allerdings nicht von der Hand zu weisen, dass Dionysios bar Ṣalīḇī sie direkt aus Timotheos I. Werken kennen gelernt hat.

Allerdings hat Mingana insofern recht behalten, als sich die deutlichsten der besagten Übereinstimmungen nicht etwa auf solche Koranverse beziehen, welche in der ihm damals zur Verfügung stehenden Untersuchungsgrundlage, dem zweiten Teil von Dionysios bar Ṣalīḇī’s Schrift „Gegen die Nation der Araber“, also dem Koran-Florilegium der Kapitel #25–30, enthalten sind (vergleiche oben Nr. 1, 3, 8, 8’, eventuell

52 Vergleiche oben Anm. 17 und 20, sowie die Diskrepanz Nr. 8 und Nr. 8’.

53 Mingana 1928, 14.

10), sondern eher auf solche Verse, die im ersten, dem Widerlegungsteil von Dionysios bar Ṣalībī's Schrift (#1–24), vorkommen (siehe Nr. 2, 4, 5, 6, 7, 9). Die Frage liegt auf der Hand: Wie ist ein solcher Befund mit dem eingangs entworfenen Bild eines ursprünglich ostsyrischen Koran-Florilegiums aus dem 8. Jahrhundert, das lediglich in westsyrischer Überlieferung aus dem 12. Jahrhundert erhalten sei, in Übereinstimmung zu bringen? Die folgenden beiden Punkte sollten deutlich geworden sein:

1. Ob Timotheos I. auf den Text des *florilegium*, insofern ihn die spätere westsyrische Überlieferung bietet, zugegriffen hat, ist nicht klar zu belegen, sondern lediglich für zwei Stellen zu diskutieren (Nr. 1?, 3?).
2. Timotheos I. verdankt die sicher nachzuweisenden Koran-Zitate seiner Disputation hauptsächlich (einem Vorläufer) der mehrfach erwähnten „externen" Quelle des Dionysios bar Ṣalībī, also einem Bestand von Koranversen, der keinerlei Schnittmenge zu dem überlieferten Koran-Florilegium aufweist (Nr. 4, 5, 6).

Wie ist mit diesen Feststellungen umzugehen? Fassen wir zunächst den Befund etwas klarer: Bei der dunklen Entstehungsgeschichte der hier „externen" Quelle genannten schriftlichen Vorlage von koranischen Materialien, zu der ja keinerlei „interne" Informationen zur Verfügung stehen, verdichtet sich der Eindruck, dass Stegreif-„Übersetzungen", nach Bedarf angefertigt, ihren Weg in solche Notizbücher gefunden haben, die zunächst Timotheos I. bei der Literarisierung seiner Religionsgespräche verwendet hat, und die dann einen Zusammenhang bildeten, der, Jahrhunderte später, als Dionysios bar Ṣalībī's „externe" Quelle zu greifen ist – die Frage muss allerdings noch offen bleiben, ob Dionysios bar Ṣalībī Timotheos' I. Disputation direkt benutzt hat, oder vielmehr dessen Vorlage (siehe Nr. 4–6).

Ferner ist zu bedenken, dass Timotheos I. nur sehr spärlich von der Möglichkeit Gebrauch gemacht hatte, sich auf die Diskussionsebene seines Gesprächspartners direkt einzulassen und den Koran im Wortlaut zu zitieren. Dazu scheint zu passen, dass Hiob von Edessa für die philosophische Argumentation seines „Buches der Schätze" explizit die Unzulässigkeit von Schriftbeweisen aus religiösen Urkunden festgeschrieben hatte,[54] wie ja auch ein zeitgenössischer andalusischer Reisender erstaunt vermerkt hatte, dass bei den multilateralen Religionsgesprächen in Bagdad, deren Augenzeuge er geworden war, die Anführung von Schriftbeweisen als verpönt galt.[55] Der in unserem Zusammenhang bislang nur am Rande erwähnte Abū Nūḥ al-Anbarī würde mithin als aussichtsreichster Kandidat für die Entstehung des Koran-Florilegiums ins unmittelbare Blickfeld rücken.[56]

54 Hiob of Edessa, Buch der Schätze, #6, 8 (458 Z. 8–13 [linke Spalte] syr./278 engl. Mingana) (zitiert bei Schilling 2018, 168).

55 Aḍ-Ḍabbī, Biographiensammlung, Nr. 342 (vol. 1, 199 Abyārī) = nr. 341 Codera; trad. Vernet 1984, 18–19 (zitiert bei Schilling 2018, 168 Anm. 48).

56 Vergleiche oben Anm. 11. Es sei hier noch einmal auf die einschlägige Literatur verwiesen: Swanson 2009–2013, 397–400.

Dionysios bar Ṣalībī jedenfalls steht, in der Mitte des 12. Jahrhunderts, der Zeit der Hochphase der europäischen Kreuzzüge ins Heilige Land, gewissermaßen am vorläufigen Ende einer langen Tradition syrischer Koran-Studien: neben den historiographisch-biographischen Materialien zum Propheten Muḥammad, die er mit Michael dem Syrer teilt,[57] sind von ihm mindestens zwei ostsyrische Quellen mit koranischen Materialien bewahrt worden: zum einen die „externe" Quelle, die ihm für den Widerlegungsteil seiner Schrift „Gegen die Nation der Araber" (#1–24) jene Verse geliefert hat, die Timotheos I. in seiner Disputation zitiert hatte, sowie zum anderen das Koran-Florilegium, das er (als Kapitel #25–30) zur Gänze seinem Widerlegungsteil angehängt hat. Es versteht sich von selbst – und hier dürfte der geeignete Ort sein, noch einmal klar und deutlich darauf hinzuweisen –, dass es sich bei dem soeben entworfenen Bild um ein vorläufiges Szenario handelt – ein Szenario mit so vielen Unbekannten, dass es ausdrücklich eher als „Szenario" verstanden sein will, denn als Versuch einer historischen Rekonstruktion: In gewisser Weise hat uns die Tatsache, dass seit wenigen Jahren die wichtigsten einschlägigen Texte in kritischen Editionen zur Verfügung stehen, einen Neuanfang beschert. Zwar macht sich das Fehlen der allerwichtigsten kritischen Edition – der des arabischen Korantextes – nach wie vor überaus schmerzlich bemerkbar, und würde der Verlust von Abū Nūḥ al-Anbarī's kontroverstheologischem Werk, stellte es sich denn heraus, dass tatsächlich von einem totalen Verlust auszugehen wäre, einen herben Rückschlag für die Möglichkeit künftiger Forschungen bedeuten: Trotz dieser Einschränkungen ist dennoch wohl bereits die Schlüsselrolle sichtbar geworden, die den syrischen Mehrfachbelegen für die Aufarbeitung der Geschichte christlicher Koranstudien zukommt.

Die ostsyrischen Bemühungen des ausgehenden 8. Jahrhunderts um ein adäquates Koran-Verständnis schlagen sich nicht nur in den tradierten Texten nieder – wie gesehen, ist in herausragender Weise hier der Katholikos-Patriarch Timotheos I. zu nennen – sondern es sind durch das Ausgreifen auf die Kontexte nunmehr Vorläufer zu fassen: mehrfachüberlieferte Notizen, die als erste, tastende Verrsuche, sich mit dem Wortlaut des heiligen Buches der Muslime vertraut zu machen, gelten können. Alternative Übersetzungen von Koranversen sind, bislang jedenfalls, lediglich in einem Falle untergekommen (Nr. 8'). Ansonsten überwiegt der Eindruck, als liege konfessionsübergreifend eine sehr homogene syrische Überlieferung von Koran-Zitaten und Allusionen auf Koranverse vor – ein Gleichklang, der sich bisweilen sogar auf das griechischsprachige Dossier an Koran-Versen zu erstrecken scheint. Einer zukünftigen Analyse sämtlicher mehrfachbelegter Koranverse innerhalb von Dionysios bar Ṣalībī's „Disputes gegen die Nation der Araber", im Vergleich mit Manolis Ulbrichts Untersuchung zur griechischen Koranüberlieferung, deren Erscheinen für die nächste Zukunft erwartet wird, muss es vorbehalten bleiben, diesen vorläufigen Eindruck zu bestätigen.

57 Schilling 2018, 178–179 (Anm. 85).

Anhang

Koranverse, die bislang nur bei Dionysios bar Ṣalībī (und nicht bei Timotheos I., Disp., oder dem *florilegium*) zu belegen sind

Dionysios bar Ṣalīḇī #22 *(p. 91,16-9 ed. AMAR)*	**Sura 2,154**
ܘܠܗܕܐ ܦܘܫ ܒܟܬܒܗܘܢ ܕܐܡܪ.	
ܠܐ ܬܐܡܪܘܢ ܐܢܘܢ ܡܝܬܐ:	ولا تقولوا
ܠܐܝܠܝܢ ܕܒܫܒܝܠܐ [ܕܐܠܗܐ]	لِمَنْ يُقْتَلُ فى سبيل الله
ܐܬܩܛܠܘ.	أمْواتٌ
ܐܠܐ ܕܚܝܐ ܐܝܬܝܗܘܢ	بلْ أحْياءٌ
	ولكن لّاَ تَشْعُرُون
ܠܘܬ ܡܪܗܘܢ [ܗܟܢܐ].	
ܕܡܬܝܗܒܐ ܠܗܘܢ	
ܝܗܝܒܬܐ ܐܡܝܢܐܝܬ.	

Dionysios bar Ṣalīḇī #2 *(p. 7,11-5 ed. AMAR)*	**Sura 3,85(-6)**
ܘܐܡܪܝܢ ܒܢܝ ܐܪܥܫܐ	
ܕܐܠܦܘܪܩܢ ܐܡܝܬ ܢܦܫܬܐ.	
ܚܢܢ ܐܝܬܝܢ ܡܫܠܡܢܐ	
ܕܡܪܢܝܢ ܐܠܗܐ ܒܟܬܒܗ:	
ܒܗ̇ ܕܐܡܪ.	
ܕܡܢ ܕܬܒܥ	ومَنْ يَبْتَغِ
ܣܛܪ ܡܢ ܡܫܠܡܢܘܬܐ ܕܝܢܐ:	غَيْرِ الإسلامِ دينًا
ܠܐ ܢܬܩܒܠ ܡܢܗ.	فلنْ يُقْبَلَ منه
ܘܐܝܬܘܗܝ ܒܐܚܪܝܬܗ	وهو فى الأخِرَةِ
ܚܣܝܪܐ ܘܒܝ ܡܪܐ.	مِنَ الخاسِرِين
ܘܡܢ ܕܡܚܠܦ ܕܝܢ :	(كيف يَهْدِى اللهُ قومًا
ܗܘܐ ܠܗ ܒܣܘܪܐ.	كَفَرُوا بَعْدَ إيمانِهم ...)

Dionysios bar Ṣalīḇī #24 *(p. 106,20-3 ed. AMAR)*	**Sura 5,90**
ܘܐܦ ܒܗ̇ ܕܠܡܐ ܚܡܪܐ ܡܪܕܐ	
ܠܗܘܢ ܘܫܬܝܢ ܐܢܬܘܢ܆ ܐܡܝܢ	
ܒܐܡܪ ܒܟܬܒܗܘܢ ܬܘܒ	(...)
ܕܚܡܪܐ [ܠܐ-ܐܡܘܢܬܐ[58] ܗܘ.	إنّما الخَمْرَ (...) رِجْسٌ
ܘܡܢ ܥܒܕܗ ܕܣܛܢܐ	من عَمَلِ الشيطان
ܠܐ ܬܫܬܘܢ܀	(...)

58 *l.* ܠܒܐܘܬܐ

Dionysios bar Ṣalīḇī #3 *(p. 10,21-4 ed. AMAR)*	**Sura 10,90**
ܐܝܟܢܐ ܦܪܥܘܢ	
ܘܗܝܡܢ ܒܐܠܗܐ	
ܕܒܢܝ̈ ܐܝܣܪܐܝܠ:	
ܟܕ ܠܐ ܦܪܫ ܠܒܐ ܕܡܗܝܡܢܘܬܗ:	
ܘܠܐ ܢܦܩ ܠܒܪܐ	
ܐܡܪ ܒܟܬܒܗ.	
ܕܟܦܪ ܐܢܐ ܒܟܠ ܐܠܗܐ	ءامنتُ أنّه لا إله
ܣܛܪ ܡܢ ܗܘ ܕܐܗܝܡܢܘ ܒܗ	إلّا الذى ءامنت به
ܒܢܝ̈ ܐܝܣܪܐܝܠ	بنوا إسرا ءيلَ
Dionysios bar Ṣalīḇī #24 *(p. 103,8-10 ed. AMAR)*	**Sura 23,14**
ܐܡܪ. ܒܣܘܪܬ ܐܠܡܘܡܢܝܢ	
ܐܘܟܠܬ ܡܗܝܡܢܐ.	
ܒܪܝܟ ܗܘ ܐܠܗܐ	فتبارك الله
ܕܫܦܝܪ ܗܘ ܡܢ ܒܪܘܝܐ	أحْسنُ الخالِقين
ܕܐܠܗܝܢ ܫܦܝܪ ܗܘ ܡܢܗܘܢ	
Dionysios bar Ṣalīḇī #17 *(p. 72,12-4 ed. AMAR)*	**Sura 33,56**
ܒܣܘܪܬ ܬܠܬܝܢ ܘܬܠܬ ܗܟܢܐ.	
ܐܠܗܐ ܠܡ ܘܡܠܐܟܘܗܝ	إنّ اللهَ وملائكتُهُ
ܡܨܠܝܢ ܥܠ ܢܒܝܐ	يُصَلُّون على النبىِّ
ܐܘ ܗܢܘܢ ܕܗܝܡܢܘ	يأيّها الذين ءامنوا
ܨܠܘ ܥܠܘܗܝ	صلوا عليه
ܘܫܠܡܐ ܫܠܡܘܗܝ.	وسلّموا تسليمًا

Jens Ole Schmitt

Some Remarks on East Syrian Influences Found in Barhebraeus's Works

1 Barhebraeus

Barhebraeus[1], also known as Gregory Abu 'l-Farağ, Bar ʿEbrāyā, or Ibn al-ʿIbrī, 1225/6–1286[2], was both, especially from 1266 onward as maphrian for the Eastern provinces, a high-ranking official of the Syrian Orthodox Church[3] and, regarding his literary output, doubtlessly a polymath. He also has been trained and acted as a physician.[4] His works cover quite a wide range of topics, dealing with history, both political and ecclesiastical, grammar, medicine, philosophy, astronomy, theological matters, and even literary works. He wrote most of his works, though not all, in Syriac and is, therefore, considered as one of the outstanding figures of the Syriac Renaissance.[5] Despite his efforts for a Syriac literary revival, he incorporated a lot of different, mostly Arabic, sources into his works,[6] especially into the philosophical ones. Some of his Syriac works have even been translated into Arabic.[7]

2 His Relationship with the Church of the East

Barhebraeus had, as has already been well documented, quite an open-minded attitude toward East Syrian Christians.[8] This is, for example, seen directly in two often-cited statements in his *Book of the Dove*, the one regarding his personal dedication to both Eastern and Western mystical texts alike, the other the irrelevance of

1 For his life and works, see Takahashi 2005, 1–104, Takahashi 2011, Teule 2012, and Tubach 2004.

2 See Takahashi 2005, 3, n.12, for the incertainty in the year of his birth.

3 For sake of simplicity, Syrian Orthodox and West Syrian are in most cases used interchangeably, the same applies to the Church of the East, East Syrian, and Nestorian, despite Brock's justified concerns for christological reasons, see Brock 1996a.

4 Takahashi 2005, 17–18, 53–55.

5 A term seemingly used by Baumstark 1922, 285 for the first time that later reappeared in the title of Kawerau 1960. See also Teule 2010b, on that epoch.

6 For his usage of Arabic sources, see, for example, Teule 2012, and Teule 2010a.

7 See Takahashi 2005, 106–109.

8 See Takahashi 2005, 47–53 for an excellent summary, Önder 2010, 100–104, and Teule 2013, 547.

Note: I would like to thank the organizers for their kind invitation to the conference and their editorial efforts, for the latter also Tim Haubenreißer.

https://doi.org/10.1515/9783110668292-009

Christological denominations,[9] which is, for example, also seen in his omission of Nestorians from a list of heretics in his *Nomocanon*[10] as compared with his source, in mentioning their christological opinions in his *Lantern*[11] or their non-acceptance of Fathers,[12] as well as in his personal correspondences and also friendship with officials of the Church of the East, especially with the patriarchs Denḥā I and Yahḇallāhā III.[13] An impartiality toward the two dialectal variants of Syriac – though these only indirectly and partially represent the religious groups – is also directly expressed at the beginning of his grammar *Book of Splendors*,[14] and he mentions them also in his *Metrical Grammar*,[15] even though it should be noted that Barhebraeus attributes a kind of higher rank to the Western system of transmitted pronounciations in the latter.[16] Indirectly, this appears in the extensive inclusion of Nestorians in his *Ecclesiastical Chronicle*,[17] the said treatment itself of the Eastern vowelization system,[18] or, as, for example, noted by Göttsberger, the mentioning of vowelizations and variants of Biblical quotations ascribed to the Eastern tradition in his works.[19]

---

9 See Takahashi 2005, 51; Barhebraeus, Book of the Dove, 60–61 Wensinck.

10 As noticed by Takahashi 2005, 50, with n. 226.

11 Barhebraeus, Lantern, iv (130, 26 Khoury).

12 Barhebraeus, Lantern, iv. (142, 7–9 Khoury).

13 See Kawerau 1960, 80, no. 36, and Takahashi 2005, 48–49; see also Barhebraeus, Chronicle (xi Wilmshurst) for Yahḇallāhā's sympathy toward the Westerners. Denḥā was also addressee of a *Letter* that is preserved (edited in Barhebraeus, Brief an Denḥā, ed. Chabot, and recently again in Barhebraeus, The Sea of Wisdoms, ed. Önder).

14 As "two renown [lines] of transmission", Book of Splendors (2, 17–19 Moberg); see additionally Takahashi 2005, 50, no. 223, and Van Rompay 2000b, 95.

15 Barhebraeus, Metrical Grammar (3–4 Bertheau).

16 *Mārānāyā*, 'principal', see Farina 2015, 114.

17 See Barhebraeus, Chronicle (xx-xxi Wilmshurst).

18 In these instances, the 'Easterners', need not doubtlessly refer to Nestorians, but might indicate the dialect region. Regarding the *Nomocanon*, Nallino 1923, 524, followed by Teule, in: Barhebraeus, Ethicon, 79, no. 38, regarding a parallel passage in the Ethicon (93, 22–25 Teule), and Weltecke 2013, 603, regarding the *Nomocanon*, suggested to read similar instances concerning differences in conducting fasting at the feast of the Apostles and conducting the Eucharist (Nomocanon 4.5 [28 Çiçek]), translated in [Auctores varii], Auswahl aus alten Schriftstellern (vol. 10, 24 Mai) and 5.2 (35 Çiçek = vol. 10, 30 Mai)) as referring to West Syrians living in the Eastern provinces (and, thus, allowing to date the respective passage as composed prior to Barhebraeus's maphrianate). However, it could be asked whether these references could also be understood as intending Nestorians, which would, at least for the fasting, be possible (see the Church of the East's website for 50 days of fasting (URL: https://news.assyrianchurch.org/fasting-and-great-lent/ as accessed September 8, 2019), which is not found in Badger), even though in Barhebraeus's *Prior Analytics*, Avicenna is also referred to as "chief of the Easterners" that is, representing the East of the Islamic realm.

19 As noted by Göttsberger 1900, 154, no. 5 (Psalm 8, 5 is 8, 4 in Çiçek's edition); see also Takahashi 2005, 50, no. 221, for further references and Pratelli 2013, 308-309, for a quantitative analysis. The identity of these citations associated with versions used by the Church oft the East, not by the West Syrian church, is not completely clear; though Barhebraeus used Eastern sources extensively for his Bible commentary, these listed variants ascribed to Nestorians cannot be explained by, for example,

This tolerance might be partly explicable by his assumed, though disputed, Jewish descent,[20] his education under an Eastern teacher,[21] or the fact that he encountered Nestorians on a daily basis in the East.[22] It might have eased his arrangement with the Mongol court later on.[23]

Conversely, a lot of East Syrian manuscripts transmitting his works, many of them from an early age, attest a high-esteem and reception of his texts among Nestorians.[24] The same applies to the famous account of the official mourning after his passing.[25]

However, despite the weakening of the Christological schism during the Syriac Renaissance,[26] and his referral to Eastern authorities in canonical law, he draws a contentual line where necessary.[27]

Given that unprejudiced view toward the Easterners, the question arises whether there is some particular and discernible East Syrian content preserved within his writings, and if so, whether there is a general attitude toward or characteristic way of usage of East Syrian source texts.

However, as the early focus of study in East Syrian academies like Nisibis[28] seems to have been, at least with regard to extant textual witnesses, primarily theological in nature and, regarding philosophy, only to have dealt with Aristotelian logic while the West turned to philosophy in general later on, especially with Sergios of Rešʿaynā at Qennešrē, there is, accordingly, not much direct Eastern philosophical content

---

stemming from his primary Eastern source, Išōʿdāḏ, as they are lacking there; see Diettrich 1902, liv–lv, for assumed Eastern and Western Syro-Lucianic (that is, based on Lucian of Antioch's Septuagint recension) versions and also Weitzman 1999, 142–143, also Takahashi 2005, 50, no. 221, for further references; for citations from the *Syro-Hexapla*, see Assif 1993. With regards to citations of different Bible translations in Išōʿdāḏ, Vosté 1945, 34, assumed an origin in marginal notes. This might also be the case here with Barhebraeus.

20 This is, despite his explicit denial, disputed, see Takahashi 2005, 7–11, for a summary.

21 As suggested by Nöldeke, see Takahashi 2005, 47, no. 211, and, for a similarity with Bar Šakkō, no. 212.

22 Takahashi 2005, 47.

23 Takahashi 2005, 54, credits his medical education for his access to the Mongols. Some Mongols, however, had Nestorian wives or advisers later on, see Wilmshurst 2011, 239–242; see also Lane 1999, and Fiey 1975.

24 See generally Takahashi 2005, 110; for the extant manuscripts of his *Cream of Wisdom* also Joosse 1999, 448–457, and Teule, in: Barhebraeus, Ethicon, xii, for the oldest Eastern manuscript dating from 1292.

25 Takahashi 2005, 53, referring to the posthumous continuation of his Chronicle (471 Wilmshurst).

26 See Teule 2010b, 15–23.

27 See, for example, Takahashi 2005, 50, also no. 222, and Chirathilattu 2004, 110.

28 On Nisibis as foremost representative of these academies see Scher 1905a; Becker 2006b, Fiey 1977, and Vööbus 1965a; on its assumed character also Possekel 2015, for historical documents also Vööbus 1965a, and Becker 2008 (also the Introduction); see also Reinink 1995, and, for the academy at Edessa as a precursor, Hayes 1930, and Segal 2005, 150–152; for the Nestorian medical school tradition, see Reinink 2003.

traceable.[29] Therefore, a focus should also be on the Nestorians' academy culture as a vehicle of transmission, especially by its relation to the translation of those philosophical texts attestedly used by Barhebraeus, and the role East Syrians played in these translations.

3 Direct Usage of Eastern Sources

There are, as suggested by his ecumenical open-mindedness, quite many instances of a direct usage of Eastern sources by Barhebraeus that are, expectedly regarding textual extant witnesses, primarily theological.

As initially found by Wensinck and later corroborated by Colless and Teule, there is a frequent usage of Eastern mystical writers, especially of Isaac of Niniveh, John of Dalyātā, and Joseph Ḥazzāyā, in his *Dove* and *Ethicon*.[30] With regard to the *Ethicon*, Teule suggested that Barhebraeus might have used a monastical compilation already containing several selected passages by Eastern writers.[31] Nonetheless, this usage underlines his claimed indifferentness regarding mystical writers.

In his *Nomocanon*, as already noted by Assemani, Sachau, Kawerau, and Vööbus,[32] he refers twice directly, in one instance even with paragraph numbers, to

29 There is no evidence for a study of other philosophical works besides the logical ones. Nonetheless, Possekel 1999, found many influences of Stoic philosophy already on Ephrem and points to some early translations. The reason for the study of the logical works of Aristotle, be it as a foundation for other sciences, as recently argued for again by King 2013, King 2015 with regard to Galen, or as helping in theological argumentation, as argued for by Wallace-Hadrill 1982, 107, and later by Gutas 1998, especially in the context of the similar situation later in the Arabic realm, is not completely clear.
By focussing on the logical parts of the Aristotelian corpus and their usage in theological texts, the situation looks quite like that in the early Arabic translation movement according to Gutas. Watt 2013, 28–30, however, reminds that Greek works might have been studied by bilingual people in their original version (and sees Sergios not as a translator, but commentator), while Suermann 2004b, 159, assumes that, for example, Bar Kōnī, became also acquainted with Aristotelian philosophy via excerpts in Greek theological works. There are, indeed, some indications for that, see, for example, below on usage of Bar Kōnī.
It should be noted that Barhebraeus himself credits Sergios with being the first to translate Greek philosophical and medical works into Syriac, whereas he says that Greek physicians laid the foundation in Gundišapur for Greek medicine to spread thence (though he does not explicitly mention translations): Chronicle (56–57 Abbeloos, Lamy).

30 Barhebraeus, Book of the Dove (xxi; lxxiii Wensinck) (with regard to the *Ethicon*); for a list of citations in the *Ethicon*, see also Teule, in: Barhebraeus, Ethicon, 152–156 (esp. 154–155), for Ḥazzāyā, see Colless 1988, 162–168. For an introduction to these writers, see also Colless, in: [Auctores varii], The Wisdom of the Pearlers, and Beulay 1987.

31 Teule 2008, 354 see also Colless 1988, 156. However, a random comparison of parts taken from John of Dalyātā in the *Ethicon* with Colless's edition yielded a more or less literal copying even of longer passages.

32 Kawerau 1960, 80, esp. no. 35; Vööbus 1970, B.521.

the legal works of Timothy I and Išōʿ Bar Nūn as Eastern canonical authorities and accepts their opinion.[33]

He might have used Elias bar Šināyā's *Grammar* in at least one case for his *Book of Splendor*, as found by Gottheil.[34]

Barhebraeus's *Storehouse of Mysteries*, his Bible commentary, seems to be one of his works with an extensive usage of Eastern sources, especially Išōʿdāḏ of Merv's Biblical *Commentary*,[35] as initially found by Diettrich generally and recently affirmed by Sauma-Assad with regard to the *Book of Kings*.[36] Expectedly, a random comparison affirmed many similarities of the *Storehouse* with Išōʿdāḏ's *Commentary* on both the Old and New Testament.[37] Barhebraeus seems to have used Išōʿdāḏ also directly, not only via Dionysius Bar Ṣalībī.[38] Regarding the *Kings*, an additional direct usage of Bar

33 He refers to Timothy I and his successor Īšōʿ Bar Nūn in his *Nomocanon* VIII.3 (77b, 12–13 Çiçek), where he himself gives a reference to the paragraphs 23 and 26 in their respective canons. However, Timotheus's text lacks the respective Syriac part in Sachau's edition, who takes recurse to the Arabic version, while that of Īšōʿ Bar Nūn is truncated. At the second mentioning at VIII.4 (82a, 21–22 Çiçek), Barhebraeus does not give a numeral reference, however, Sachau identified it with paragraph 43 in Īšōʿ Bar Nūn. Despite the referral, there is no direct correspondence in Timotheus's canon, except for a very general one, that is, giving an estimated amount only, with paragraph 62, as also suggested by Sachau. The pairing of both Nestorian legal authors by Barhebraeus and the unclear reference to Timotheus's text might also suggest an indirect usage, as, for example, through a compendium, similar to Teule's suggestion regarding the *Ethicon*. There are, indeed, some abridged compendia of council material containing, among others, these two Nestorians, see Selb 1989, i.65–66. However, the direct referral to paragraphs in the first case could suggest the opposite. See for Timotheus's sources also Selb 1989, i.114–115, for Barhebraeus's sources in the *Nomocanon*, especially al-Ġazzālī, also Vööbus 1970, B.535–552; 539, and Weitz 2014 (I am indebted to Adam Becker for this reference).

34 With regard to spirantized consonants and exemplary words, see Elias of Ṣōbhā, Treatise on Syriac Grammar, no. 40, and 33 (9–10, 27 Gottheil); Takahashi 2005, 355.

35 His commentaries on the then differentiated parts of the Bible (such as the so called *Book of Sessions*) will be considered one work here for sake of simplicity.

36 Diettrich 1902, xxxv; Barhebraeus, Commentary on the Book of Kings (98 Assad-Sauma).

37 Similarities, often remotely only, might lie in a similar explanation or a similar formulation or wording, see, for example, on Genesis 1,25; Exodus 34,6; 39,30, Leviticus 5,1; 9,24, Job 4,21; 5,19, Isaiah 1,1; 1,6; 1,21, Nachum 1,1; 1,11; 3,8, Habaquq 1,10; 2,1; 2,15; 3,5; 3,11; Matthew 5,13; 12,33; 12,43; 12,44; 15,13 (this list is not meant to be exhaustive).

38 While Diettrich 1902, xli-xlii, left this open due to lack of clear evidence, Van Rompay 2000a, 575, recently assumed an indirect usage only. There are, indeed, many identical explanations shared between Dionysius and Īšōʿdāḏ. Sauma-Assad, in: Barhebraeus, Commentary on the Book of Kings, 87, however, found some cases of a direct usage (cf. also on 1 Kings 11,40 and 14,13). This is also affirmed by, for example, Qohelet 2,8, where both Barhebraeus and Īšōʿdāḏ offer the same explanation (*zamārē we-zamārāṯā*) that is not found in Bar Ṣalībī's spiritual commentary (or the remnants of his factual one as edited as Syrische Katenen, see Van Rompay 2000a, 573, for that duality), though Barhebraeus's commentary on that verse is longer. These two words are also found in Theodore of Mopsuestia's commentary (ed. Strothmann), which was a source for Īšōʿdāḏ, though with an additional *a(y)ḵ*. Thus, a direct usage of Īšōʿdāḏ by Barhebraeus is very likely. On Qohelet 2,12, both Barhebraeus and Īšōʿdāḏ share similarities by content, though not in wording, which are, again, not found in Bar Ṣalībī.

Kōnī's *Scholia* has been assumed by Sauma-Assad.[39] Textually, however, there is only rarely a complete identity regarding a single verse's explanation, which indicates the possibility of the presence of several sources or Barhebraeus's own additions.[40] One of them clearly seems to be Theodore of Mopsuestia, as already assumed by Renaudot[41] and later confirmed by Lagarde and Baethgen.[42] Barhebraeus used him indirectly through Išōʿdāḏ, but additionally also, according to Baethgen, probably by way of a later reworking for the commentary on the Psalms. This is, for example, especially seen with regard to the introductions, that is, hypotheseis, to some Psalms,[43] and he might, as yielded by random collations, also have used one of the extant direct translations of Theodore additionally to the version of this assumed compendium.[44] Nonetheless, there are additionally some parallels to be found with regard to those introductions to some Psalms already present in the Greek version,[45] even in cases these introductions are not found in Išōʿdāḏ.[46] Thus, he probably used Theodore or a

---

Further, a very superficial random comparison of Barhebraeus's, Īšōʿdāḏ's, and Dionysius bar Ṣalībī's (ed. Vaschalde, and additionally ms. Vat. sir. 156, pt. 1) commentaries on Matthew seemingly affirms a direct usage on Matthew 2,1, as both Īšōʿdāḏ and Barhebraeus share a citation from Genesis 49,10 (scepter of Judah) that is missing in Bar Ṣalībī, and there is more similarity between Barhebraeus and Īšōʿdāḏ on Matthew 1,19 than with Dionysius (27r.).

39 Sauma-Assad, in: Barhebraeus, Commentary on the Book of Kings, 90; some of the listed parallels, however, are better explicable by usage of Īšōʿdāḏ than Bar Kōnī, as, for example, 1 Kings 19,19, 2 Kings 4,4, 2 Kings 6,4 (where Bar Kōnī and Īšōʿdāḏ have a very similar text), and 2 Kings 6,7, while 2 Kings 20,1 seems more to be in line with Bar Kōnī's version. Thus, a further usage for other books is quite likely. Barhebraeus does not adopt the form of exegetical questions and answers from Bar Kōnī or Īšōʿ Bar Nūn, which might have been influenced by Eusebius of Caesarea's *Evangelical Questions*, see Zamagni's Introduction, 33, and 16–18 for the Syriac transmission. For the interdependence of Bar Kōnī, Išōʿ Bar Nūn, and the *Anonymous Commentary*, see Leonhard 2001, 54.

40 See, for example, Borbone 2007, for additions related to the Mongols as possibly observed personally by Barhebraeus.

41 Renaudot assumes this for West Syrians generally, not Barhebraeus in particular, [Auctores varii], Collection of Oriental Liturgies (II, 616 Renaudot), see Diettrich 1902, xxxv, n. 1.

42 Baethgen, in: Theodore of Mopsuestia, Commentary on Psalms, 99–100.

43 On these introductions generally, see also Bloemendaal 1960. Theodore replaced previous introductions with his own ones. There is, for example, a similarity with Theodore of Mopsuestia's extant Syriac commentary on Psalm 118,9 that is not shared with Īšōʿdāḏ's Commentary. See also Hill, in: Theodore of Mopsuestia, Commentary on Psalms, xxvii, for an influence by Diodore (Regarding the introduction to the Galatians, Barhebraeus and Theodore mention the Jews, while Barhebraeus additionally has Titus, who is lacking in both Išōʿdāḏ and Theodore).

44 There is, for example, a similarity as found in Theodore of Mopsuestia, Commentary on Psalms (79 Baethgen), on Psalm 69 regarding the Maccabeans, shared with Barhebraeus, though not with Īšōʿdāḏ. The same applies to the introduction to Psalm 146 as found in the Syriac translation and Barhebraeus's text, which is, again, not found in Īšōʿdāḏ.

45 They are also found frequently in the Latin translation.

46 See, for example, on Psalm 55 [54]. The reverse case, that is, similarity between the Greek and Īšōʿdāḏ not shared by Barhebraeus, is found on Psalm 56 [55].

Syriac reworking additionally to Išōʿdāḏ, at least for the Psalms.[47] However, Barhebraeus, who also used Western sources, as recently also affirmed by Sauma-Assad for the Kings,[48] and among them chiefly Bar Ṣalīḇī, who, in turn, also relies on Išōʿdāḏ, might not necessarily have used the *Anonymous Nestorian Commentary*, nor the substituted part of it as in the Diyarbakir version.[49] According to an initial random glance, Barhebraeus neither seems to have used the anonymous[50] *Gannaṯ Bussāmē*[51] (this also seems to apply to transmitted citations from Mār Aḇā[52]) nor Bar Zoʿbī's *Explanation of the Mysteries*.[53] There are, however, some similarities with those anonymous Nestorian scholia edited by Hoffmann, some of which are also explicable by usage of Īšōʿdāḏ or Bar Ṣalīḇī.[54] Further, there are some similarities with scholia ascribed to Aḥob of Qatar surprisingly not shared with Išōʿdāḏ or Theodore.[55] A clear indication of usage of Išōʿ Bar Nūn's *Questions* could not be found[56] (nonetheless, he picks Timothy, Īšōʿ

47 On Joel 2,20, for example, Barhebraeus, Theodore (as edited by Sachau), and Īšōʿdāḏ have Assyrians and Persians, though Barhebraeus is closer in formulation to Īšōʿdāḏ.

48 Sauma-Assad, in: Bahebraeus, Commentary on the Book of Kings, 88.

49 With regard to the edited parts of the *Anonymous Commentary*, there are minor similarities, for example, on Genesis 1,1 and 1,11 that need not indicate being a source. The text of the substituted part as in the Diyarbakir version (see van Rompay, in: [Anonymus], Commentary on Genesis and Exodus, xiii) and Barhebraeus both have a reference to the 'Evangelion' on Genesis 2,24 that is not in Īšōʿdāḏ, at least not with this word, which might be coincidental, though could not rule out a usage by Barhebraeus. The similarity of the text on Genesis 17,1 between Barhebraeus and the Diyarbakir version, on the other hand, might also stem from Īšōʿdāḏ. If Barhebraeus should have used a version of the *Anonymous Commentary*, which does not seem too likely, he might have used that version which flowed into the lacuna of the Diyarbakir manuscript.

50 See Reinink, in: [Anonymus], Gannat Bussāmē, vii–viii.

51 Similarities in explanation regarding, for example, idols, on Jesaia 42,22, and on 43,27.38, are explicable via Īšōʿdāḏ, who has been used frequently as a source, though mostly without an indication, see Reinink, in: [Anonymus], Gannat Bussāmē, xxix–xxx.

52 According to a random comparison of some passages on Luke 1,57–80 in the *Gannaṯ Bussāmē* that were traced back to Mār Aḇā by Reinink, in: [Anonymus], Gannat Bussāmē, lxiv–lxvi.

53 As yielded by a random collation; Barhebraeus's title might not have necessarily been inspired by Bar Zoʿbī's, as both words of Barhebraeus's title are also found in Ephrem (see Brockelmann ^{2}1928, s.v.)

54 This applies, for example, to the beginnings on Genesis (121), and Exodus (131), which are similar with Barhebraeus, though even more so with Īšōʿdāḏ, while the explanation on Matthew 8,5.142, of the centurion, that is not found in Īšōʿdāḏ, might also be explicable via Dionysius Bar Ṣalīḇī, Commentary on the Gospels (250, 17 Sedlacek, Vaschalde).

55 For example, regarding the *Introductions* to Psalm 8 or 22 in Vandenhoff's edition, while the opening to Psalm 45 is also similarly found in Theodore, though differently in Īšōʿdāḏ. As Aḥob's *Commentary* is also found in transmission with those of Denḥā and Gregory, such a manuscript might well have been used by Barhebraeus, a question that should be dealt with in future research. For an English translation of Aḥob's *Aims of the Psalms* and other works, see now [Auctores Varii], Syriac Anthology, ed. Kozah/Husayr.

56 As yielded by a random collation. An explanation on Genesis 22,13 ascribed to Ephrem is, for example, found in Īšōʿ Bar Nūn (Question XXIX, tr. 32, fol. 15r10–15v3), Barhebraeus, and Īšōʿdāḏ, though there is a higher correspondence between the latter two authors, especially regarding the tree

Bar Nūn, and Bar Zoʿbī, among others, as those eminent Eastern scholars listed for polite comparison with Denḥā in his personal letter[57]).

The other work incorporating Eastern material directly on a large basis is his *Ecclesiastical Chronicle*, as his biographies of Nestorian patriarchs even seem to have Mārī ibn Sulaymān's *Book of the Tower* as their direct base, as apparently found by Wilmshurst,[58] while his worldly chronicle primarily and also the ecclesiastical draw from Michael the Syrian and Islamic sources and might only indirectly or rarely contain East Syrian material.[59] Regarding the *Ecclesiastical Chronicle*, one such instance has been assumed to be a citation referred to a certain Dnāḥīšōʿ, which has been taken from Michael the Syrian under omission of his exact reference, while the person has been identified as Īšōʿdnāḥ of Basra already by Assemani and later by the editors, Abbeloos and Lamy, and also Wright, and assumed to be from his lost ecclesiastical

and the ram, though not a complete matching; see also Ephrem the Syrian, Commentary on Genesis, Mathews (tr.), 147, for tracing this explanation, which is, according to him, 148, lacking in the Armenian version of Ephrem's commentary, back to the Targumin. The explicit ascription to Ephrem is also not present in the respective parts of the edited *Anonymous Commentary* and the Diyarbakir version (see Mathews, in: Ephrem the Syrian, Commentary on Genesis, 108, n. 5, for references). Comparing with Ephrem's Syriac commentary, Īšōʿdāḏ seems to have taken from both Ephrem and Īšōʿ Bar Nūn, while Barhebraeus probably was inspired by Īšōʿdāḏ, though he formulates more freely (or used a different source).

57 Barhebraeus, Letter to Denḥā (77, 28–29 Chabot).

58 See Wilmshurst, in: Barhebraeus, Chronicle, xxxiv-xxxv. The ecclesiastical part of this work is assumed to be transmitted in ʿAmr ibn Mattā's work of the same title, though the original authorship is contested, see Hoyland, 1997, 452–453, no. 73, for further references. However, a random comparison showed a general shortening by Barhebraeus, or one could also ask whether there was a shorter (Syriac or Arabic) version used by Barhebraeus besides the extant Arabic one, and whether the supposed copying of parts of this work and ascription to Ṣlībā later on did affect these Nestorian biographies (Wilmshurst, in: Barhebraeus, Chronicle, xxxiv, assumes a version similar to the extant one). While Wilmshurst, in: Barhebraeus, Chronicle, xxxv, noted that Barhebraeus used another source for Barṣāwmā of Nisibis's biographical sketch for ideological reasons, a further presence of at least another source is also indicated at other places where Barhebraeus offers additional details not found in Mārī, as, for example, regarding Sargis's discussion with a namesake or the place name of ʿAluk, see Wilmshurst, in: Barhebraeus, Chronicle, Wilmshurst (tr.), 372; Mārī ibn Sulaymān, History of the Nestorian Patriarchs (I, 79–81 Gismondi).

In the case of Maruṯā of Maipherkat, for example, Barhebraeus (323 Wilmshurst) is much more concise than Mārī ibn Sulaymān, History of the Nestorian Patriarchs (II, 23–26 Gismondi), but shares more similarities with that text than with the also more concise version found in [Anonymus], Chronicle of Seert, 318 [206] Scher. However, an influence of the latter by shortening cannot be excluded. On the Chronicle of Seert generally, see Wood 2013, on Maruṯa also Lim 1995, 217–229.

59 Most recently affirmed by Scheiner 2010, 427, in a diligent study regarding the report of the conquest of Damascus, see also generally Hoyland 1997. For Michael's main sources, see Brock 1979/80, 16, for Syriac historiographical writing generally, extant East Syrian works, and biographical sketches of patriarchs as their shared characteristic, see Brock 1979/80, Hoyland 1999, 174–215, Debié, Taylor 2012, Debié 2010.

history,[60] though the identification has been indirectly contested recently for chronological reasons.[61] It is, however, astonishing that both Michael and Barhebraeus would get the name wrong unnoticedly.[62] There might be at least one further short passage in Barhebraeus's *Ecclesiastical Chronicle* influenced by Īšōʿdnāḥ or the citation as ascribed to him by Elias bar Šināyā.[63] A usage of Īšōʿdnāḥ's extant so-called *Book of Chastity* could not be affirmed for the *Chronicles*. Regarding other Eastern historical texts, a similar superficial comparison did not yield so far noticeable similarities of his *Chronicles* with the much-disputed[64] *Chronicle of Arbela*, John Bar Penkāyē's *Rēš Mellē*, the *History of Karka de-Beth Slok̲*, Thomas of Margā's *Book of Governors*, or the wondrous reports of Mar Qardagh, Rabban Hormizd, or Bar Idt̲ā. There is, however, at least one very similar formulation regarding Kesru, the son of Hormizd, in the anonymous *Khuzistan* (that is, Guidi's) *Chronicle* that is also found in Barhebraeus's *Syriac Chnonicle*, though this might not be sufficient to be considered a source text.[65] A similar situation is given for Barḥad̲bšabbā *Ecclesiastical Chronicle* and Barhebraeus's with regard to Eunomius.[66] Wilmshurst also assumes additional personal enquiries by Barhebraeus with Eastern patriarchs for his *Ecclesiastical Chronicle*.[67]

60 Barhebraeus, Chronicle (1, 333 Abbeloos, Lamy), named in the edition, also Wilmshurst, in: Barhebraeus, Chronicle, 115, 22, as Nestorian Dnāḥīšōʿ, but see Abbeloos, Lamy in: Barhebraeus, Chronicle, 1, 333 n. 2, and Wright, W. (1894), 195, no. 3, for a referral to Assemani's Bibliotheca Orientalis iii.1,195, note 4 for a manuscript with the expected form; see also Wilmshurst 2011, 181.

61 Fiey 1975/76, 456, argues that, if both the identifications of Īšōʿdnāḥ and Dnāḥīšōʿand of the two persons named Ḥnānya are correct, the latter parts of the *Book of Chastity* will have to be considered later appendixes.

62 Also, the citations in Elias of Nisibis, at least in Brooks's edition, do not always have 'Basra,' which also applies for the citation in Assemani ('Qosra'). This might indicate a misreading, or a confusion.

63 Among those reports in Elias that are ascribed to Īšōʿdnaḥ, a certain similarity is found with regard to the West-Syrian Marut̲ā as first maphrian or patriarch of Tikrit, in: [Auctores Varii], Fragmente, ed. Baethgen, 11, Barhebraeus, Chronicle, ed. Wilmshurst, 345; see also Wilmshurst, in: Barhebraeus, Chronicle, xxxvi, for the anachronism of the title. There is no clear indication that Barhebraeus additionally used Marūt̲ā's biographical *History* ascribed to his disciple Denḥā (ed. Nau). The account is also found, though with less similarity, in Michael the Syrian, Chronicle, III, 29 [XII, 8]. As Elias cites Išōʿdnaḥ by name, the assumed misspelling seems even more astonishing.

64 See the discussion by Kawerau, in: [Anonymus], Chronicle of Arbela, 1–16.

65 [Anonymus], Chronicle of Khuzistan (I, 29, 4–5 Guidi; 85 Budge).

66 An expression by Eunomius regarding God's knowledge as compared to that of humans, which is very remiscent of Islamic debates of God's knowledge of particulars, is found in an extended form in Barḥad̲bšabbā's *Ecclesiastical History* (281 [105], 4–5 Nau), and Barhebraeus's Ecclesiastical Chronicle (37, 26–27 Wilmshurst), though in a probably defective form in Michael the Syrian's Chronicle, VII, 7 (1, 299 Chabot [tr.]), which is traced back by Nau to book IV of Socrates Scholasticus's *Ecclesiastical History* (translation Walford [?], 218). However, given the lack of manuscripts of Michael's *Chronicle*, this might be due to a scribal omission.

67 Wilmshurst, in: Barhebraeus, Chronicle, xxi.

Generally, this confirms that there are no prejudices held by Barhebraeus against using Eastern works as a direct source, provided there are indeed texts available and they fit into the respective context.

Accordingly, the situation looks different regarding his philosophical works, where sources of the Islamic world are focused on by Barhebraeus. In many books of his *Cream of Wisdom*, though using Avicenna and translations of Aristotle, his preference seems to lie on post-Avicennan texts, preeminently those by Faḫr al-Dīn al-Rāzī, – who has also been found recently to have been used by Bar Šakkō,[68] – in the *Physics* even extensively,[69] along with, among others, Naṣīr al-Dīn al-Ṭūsī, especially for his astronomical works and the *Ethics*,[70] Abū l-Barakāt al-Baġdādī, but also al-Abharī for the *Metaphysics*[71] and, possibly, the Jewish author Ibn Kammūna in the *Physics*. Additionally, he also seems to have used late antique texts whose accessibility for him is not always completely clear at the moment. However, there is, with regard to the edited texts, nearly no clear direct excerpt from East Syriac sources in his philosophical works. An exemption might be a minor similarity found in the *Physics* with the philosophical addition to the Urmia version of Bar Kōnī's *Scholia*, assumedly by Silvanus of Qardu. [72]

However, as there are some extant Eastern commentaries on the former books of the *Organon*,[73] one could initially expect a usage of these or other Eastern commentaries by Barhebraeus in these respective books of the *Cream of Wisdom*. Yet this does not seem very likely at the moment, as Barhebraeus clearly sets up a post-Avicennan logical system in his *Prior Analytics* according to Street's and El-Rouayheb's criteria and makes extensive use of the *Mulaḫḫaṣ* by Faḫr al-Dīn al-Rāzī. Also, he distinguishes thirteen modal premises in his *De interpretatione*, as does Faḫr al-Dīn in the *Mulaḫḫaṣ*, where he prefers this number to distinguishing fifteen premises, as is, for example, discussed by al-Katibī.[74] Thus, even though further detailed studies of all

68 Takahashi 2003; Takahashi 2006.

69 See the forthcoming *Physics* edition by the present author.

70 Barhebraeus, Ethics, Economy and Politics (11 Joosse).

71 See below, 4. c).

72 Firstly, the formulation "contrariety by word[s]," Silvanus, no. 35, 75, 1 (62, 1 Hespel [tr.]), mentioned as a fifth alternative among the kinds of contrariety, is also found in Barhebraeus, *Physics*, III 6, 5, regarding the contrariety of fastness and slowness. Silvanus's section seems to be influenced by Aristotle's *Categories*, 10b–12b, and, to a higher degree, similar with Philoponus's commentary on it. The 'words' seem to represent κατάφασις and ἀπόφασις in the Greek. Interestingly, both Greek terms are a variant for 'words' in Barhebraeus's text in the Florentine manuscript. On Silvanus's text, see also Teixidor, J. (2009), who also, 675, assumes a knowledge of a translation of Aristotle's *Physics*.

73 See the lists by Brock 1983, King, in: [Anonymus], Translation of the Categories, 20–21, and Hugonnard-Roche 2004.

74 J. O. Schmitt, Barhebraeus on Propositional and Modal Logic in his Prior Analytics. Some Initial Results, paper presented at the meeting of the German Oriental Society (DOT), Jena, September 21, 2017 (separate publication planned).

the logical books by Barhebraeus have to be awaited,[75] it seems at the moment much more likely to assume post-Avicennan texts as his primary source here as well.

Though initial studies on the *Lantern* yielded so far influences primarily by Islamic texts,[76] besides Mošē bar Kephā,[77] the theological nature of the text and its relative length wouldn't rule out some Eastern influences to be found in future studies. However, a preliminary glance yielded doxographical statements on christological matters preliminary from patristical and Western authorities.[78] Statements that are ascribed to Theodore of Mopsuestia, along with acknowledging his role among the Easterners, seem to be taken from Mošē bar Kephā as well.[79]

4 Indirect Influences

4.1 Translations and Terminology

Further, East Syrian influences might be found in the particular translations used by Barhebraeus that could have a connection, at least an indirect one, to the East Syrian academical tradition, supposed they are identifiable. This also applies to his philosophical works, especially regarding translations of Aristotle's works and late antique commentaries, more so where texts are not completely extant today in Arabic or Greek, as East Syrians played a predominant role in the early translation movement, though not attestedly at East Syrian academies.[80]

Translations of Theodore's commentaries, however, which had an impact on Barhebraeus's *Storehouse*, originated quite early, partially already at the School of Edessa[81] under Ḥibā and possibly during Theodore's lifetime.[82]

75 An edition of both Barhebraeus's *Prior and Posterior Analytics* is in preparation by the present author. A further assumed source text for his section on modal logic is to be sought among post-Avicennan logical texts, not Eastern Aristotelian commentaries. Al-Abharī might be this missing text.

76 See Barhebraeus, Ethicon (595–598 Teule).

77 See, for example, thereferences in Torbey's edition of *Lantern* V.

78 For example coll. 856, 858, and 867, Glane, though he also refers to Evagrius several times, who also was especially revered by early East Syrian mystics, see Beulay 1987, 16.

79 See, for example, I, 566 [78], 6–7 (see 566, n. 5); 596 [108], 5–6 (see 596, n. 3); v. 670 [68], 6–8. The same also applies to the *Book of Rays*, see Séd's addition to his edition of Base XII, 480 [118], 7–9 (see 481, nos. 48 and 51).

80 Wilmshurst 2011, 184, suggests that the Nestorians' predominance in the Arabic translation movement lay in their familiarity with philosophical works due to their large libraries. However, there is not much evidence of early Arabic translations of philosophical works other than logical books that such libraries would lead to expect.

81 That is, the School of the Persians, then at Edessa, as there were also other academies, see Hayes 1930.

82 See Van Rompay 2011d.

By a close comparison of Barhebraeus's Aristotelian quotations in his *Cream of Wisdom* with the extant Arabic translations, some previous editors and scholars have concluded that he must have used another translation in Syriac or Arabic that was closer to the Greek original in wording, though assumedly meanwhile lost: 1) Regarding the *Poetics*, Schrier compared the Aristotelian definition of tragedy as quoted from an otherwise lost Syriac version as transmitted in Bar Šakkō's *Dialogues*,[83] the respective part of the extant Arabic translation by Abu Bišr Mattā, and Avicenna's version with Barhebraeus's definition, concluding that Avicenna used a different Arabic version than that extant one, while Barhebraeus probably intermingled both Avicenna's and the Syriac translation's texts.[84] However, in this particular case, Barhebraeus might also have translated Avicenna's text only.[85] 2) Regarding the physiognomical part of the *Economics*, the late Zonta concluded by textual comparison that Barhebraeus made use of a Syriac version of Polemon's *Physiognomy*.[86] 3) Regarding the *Rhetoric*, however, the situation looks different, as Watt's main reason for concluding that Barhebraeus probably had used a lost Syriac translation, not the extant (pre-Ḥunayn) Arabic one, is a frequent choice of Greek-stemming words by Barhebraeus where there are no loan words in the usual translation.[87] This different translation supposed to have been his source might be either an intermediate Syriac translation in the process of translating from Greek into Arabic, or a different or even older translation. 4) A similar observation can be made in the *Physics*, which initially lead the present author to a similar assumption. Additionally, there is at least one instance in which Barhebraeus uses a pair of words where the extant Arabic translation only has one word, but the Greek text also has two,[88] or there is a variety of employed terms connected with chance and luck that the Arabic translation does not contain, though the Greek does.[89] This initially also led to the same conclusion. However, meanwhile, this conclusion does not seem to be always that clear. For there are instances in the *Physics* where Barhebraeus similarly uses Greek loanwords in incorporatingly rendering later Arabic, especially, post-Avicennan, sources that use a regular Arabic term, for example, in citations from Avicenna, Faḫr al-Dīn al-Rāzī, and Ābū l-Barakat.[90] This

83 Sprengling 1916, 305.
84 Schrier 1997, 273–274.
85 Assuming that *hiya* has been rendered as *iṯēh* and *gmirtā* stands for *al-faḍīla*, even though the latter's being influenced by the Syriac version cannot be ruled out. A comparison of further parts would be needed for a more definite conclusion, as also Schrier 1997, 274, says.
86 Zonta 1992, 45; Joosse 2004, 12, however, assumes the presence of either an Arabic or a Syriac version.
87 Watt 2005b, 8, see also 24—27 for the particular renditions.
88 Barhebraeus, Physics, 21.
89 Barhebraeus, Physics, 32.
90 Such as the Syriacized form for αὐτόματον for *tilqā' nafsihī* or the Syriacized κατηγορία for *mā hiya fīhi*.

has been noted for the logical works generally by Hugonnard-Roche,[91] and several similar instances can be found in the *Analytics*.[92] Unless we assume the usage of a late Syriac translation of those Arabic texts that had a presence of Greek-stemming words, which is definitely not likely, Barhebraeus seems to have made these adaptions by himself. Also, Barhebraeus renders in some instances a single term in an Arabic source with two Syriac words.[93]

Therefore, the presence of loan words generally cannot sufficiently attest usage of a Syriac or a different and supposedly older Arabic translation, unless there are other facts like, for example, similar omissions found in the manuscripts.[94] Quite the contrary, Greek-stemming loan words do not necessarily indicate an early origin of the respective texts.[95] Rather, the presence of loan words looks here more like a kind of fixed scientific vocabulary or a kind of personal writing style.

Correspondingly, a variety of Greek-stemming loan words lacking in the Arabic original is also found in his direct Syriac translation of Avicenna's *Pointers and Reminders*, as already noted by Teule.[96]

Further, it does not seem to be mandatory that those commentaries and translations whose Greek-stemming loan vocabulary might have shaped his scientific terminology are connective with Nestorian academies. There are, indeed, many Greek-stemming logical terms already found in the East Syrian Paul the Persian's treatise *On Aristotle's Logic*.[97] Though this work has usually been assumed to have been originally composed in Greek or Pahlevi and translated into Syriac later by the Syrian Orthodox Severus Sebokht,[98] recent scholarship questioned a similar assumption regarding the Arabic remnants of Paul's *Introduction for Ḫusro* for originally a Syriac composition.[99] A lot of further logical terms are also found in Probā's early commentary,[100] and other loan words are attested quite early.[101]

Some other minor terminological similarities with East Syrian texts might also be explained otherwise.[102]

---

91 Hugonnard-Roche 2008, 140, calls this a Hellenization of his vocabulary.

92 For example, Faḫr al-Dīn al-Rāzī's *šarṭī* is rendered as Syriacized form of ὑποθετικός.

93 Barhebraeus, Physics, 5. On Syriac doublet translations generally, see McCollum 2011, 171–173.

94 Watt 2005b, 25, indeed, lists some such instances not explicable by a choice of words.

95 See Brock 1982, 18, for a development regarding biblical translations. For respective general changes in Syriac, see also Butts 2016.

96 See Teule 2005, 182. Some further translations can be added, such as *prosdiorismāniūṯa*: Ibn Sīnā, Pointers and Reminders (96, 14 Furlani).

97 Edited in vol. IV of [Auctores varii], Selection of Unedited Syriac Texts, ed. Land.

98 See Hugonnard-Roche 2004, 234, for references.

99 Perkams 2019, 76f.

100 See King 2013, 63, for a refutation of his connection with Nisibis.

101 See the lists in Brock 1996b, 260–261, and Butts 2016, 212–222.

102 1) Interestingly, Barhebraeus gives intermediate states of a change in color in his *Physics*, III 3, 1, as greenness and redness. These colors are, together with the whole passage, taken from Faḫr al-Dīn

Christologically, however, the situation looks different, as there seemingly is an instance of terminological borrowing from Nestorian texts, as pointed out by Chirathilattu.[103]

Besides wording and renditions in particular, there is the general division of the *Cream of Wisdom* into *theories*, that is, *te'ōriyās*, the smallest textual part, some of which make up a section. This usage, though reminiscent of a division into *theoria* and *lexis* as found in Alexandrinan commentaries,[104] is not completely clear, as there is no text commented upon. Though the word is also used in Antiochene exegesis and, besides, found, as Molenberg points out, in Išōʿ Bar Nūn and Sylvain of Qardu,[105] they use the term more in the sense of 'contemplation.' However, Origen is assumed to have used the word also as 'observation.'[106] The most likely influence for a philosophical usage, however, might be from Probā[107] who also uses *protheoria* for preliminaries, as does Barhebraeus in several books of the *Cream*. The most similar usage is found in Base V of the *Lantern* on angology, where it is used as an opinion.[108] The Antiochene exegetical usage, however, might have given an indirect influence here as well.

---

al-Rāzī's *Mulaḫḫaṣ*. However, Paul the Persian has the same intermediate states in his Introduction, albeit in a different context, and similar states of a motion are found in Avicenna, while Aristotle does not particularize the intermediates. This might be an indirect influence via Paul and Avicenna, even though possibly founded upon Aristotle's theory of colors, for which see Sorabji 1972. Interestingly, Išōʿdāḏ, elaborating a passage already found in Īšōʿ Bar Nūn, has five internal and five external senses (Leonhard 2001, 83), a scheme usually connected with Avicenna (Hasse 2014, 308), though see Wolfson 1935, 77 for a fivefold separation of the internal senses by the Iḫwān aṣ-ṣafāʾ (I am indebted to Dag Nikolaus Hasse for discussion).
2) Further, a distinction is made by Silvanus regarding place between *aṯrā* and *dukā* (no. 38), and both terms are also used by Barhebraeus in his *Physics*, though the former is Barhebraeus's regular term, the other is found just once and assumedly denotes something like place as a positional coordinate, though without a clear definition. Though, ultimately, Aristotle's distinction between τόπος and χώρα might have played a role here, and both terms are, for example, also identified by Bar Ṣalībī, Commentary on the Gospels, 2,1 (I, 87 Vaschalde, Chabot), Silvanus could have had an influence here, although both terms are also found in Ephrem, see Possekel 1999, 127–128.
3) Also, in his *Physics*, II 1, 2, a usage of the grammatical singular form of 'pyramid' might be influenced by Hiob of Edessa's *Book of Treasures*, though there is no direct correspondence.

103 Chirathilattu 2004, 113–114.

104 Interestingly, Theodoret uses this term more frequently than Theodore does, according to Perhai 2015, 69.

105 Molenberg 1990; Silvanus of Qardu, Appendix to Theodore bar Kōnī (39, 16–17, 78, 22/tr. 33, 35–36, 65, 4–5 Hespel): théorie, contemplation.

106 Leonhard 2001, 69, no. 23, on Origen on Psalm 119.

107 Probā, Commentary on Aristotle's On Interpretation (68, 12 Hoffmann), used as contemplation, see also Hugonnard-Roche 2004, 277.

108 Barhebraeus, Lantern, V,696 [94]-700 [98] (Torbey).

4.2 Motifs

In his *Physics*, Barhebraeus repeatedly uses the motif of pupil, that is, himself, and teacher, that is, Aristotle.[109] Though a source can be given for two of the four of these instances and Avicenna uses similar motifs in his *Physics*,[110] Barhebraeus added at least at two occurrences this motif on his own.[111] It is also found once in the *Dove*[112] and its quasi-appendix, the *Juvenileness of the Mind*,[113] though in both these latter cases probably referring to Barhebraeus's direct personal teachers, in the *Juvenileness* also with an encounter with other disciples on their way to a school.[114] Thus, even though Avicenna might have given the dominating influence, at least for the *Physics*, one might additionally suspect a reminiscence of divine *paideia* that Barhebraeus might have had in mind, which is, though also found in other writers,[115] primarily connected, via Theodore of Mopsuestia, with Eastern tradition.[116]

Also, he makes use of the metaphor of putting on and off with regard to matter and size or a certain species or form twice in the *Physics* and also elsewhere.[117] Though there is at the moment, at least for the *Physics*, no direct correspondence with a source text to be found, there are at least two formulations for "putting on" in Avicenna's *Metaphysics*.[118] As Brock has shown, clothing metaphors have been used frequently by several Syriac writers, chiefly in theological contexts, and both putting on and off are found, for example, with regard to a shape or likeness, in Ephrem's *Hymns on Faith*.[119] However, Theodore of Mopsuestia's usage and its later connection with incarnation and the reaction to it[120] might have also been in Barhebraeus's mind and maybe causative for his assumed borrowing from Ephrem.

Besides these motifs connected with Eastern tradition, a supposed ongoing grammatical controversy between Westerners and Easterners lies, according to Farina's interpretation, at the base of Barhebraeus's *Metrical Grammar*, with Easterners

109 *Physics*, I 1, 3, I 1, 4, I 4, 1, and III 10, 1.

110 See Lammer 2018, 62–81.

111 As the source is Abū l-Barakāt in this case, not Avicenna, one could inquire whether this motif plays a particular role in post-Avicennan texts.

112 Book of the Dove (55 Çiçek; 577, 9 Bedjan; 60 Wensinck [tr.]).

113 Book of the Dove (76–79 Çiçek; 601, 10 Bedjan).

114 Book of the Dove (76 Çiçek); see Takahashi 2005, 16, for assumed identifications.

115 Becker 2004, showed an early occurrence and parallels with Jewish traditions.

116 Becker 2006b, 2240; see also Schwartz 2013, for an assumed connection with conversion. Of those forms listed by Schwartz 2013, 101, *mašlmānūṯā* is also found twice in Barhebraeus's *Physics* I 1, 4 and I 4, 1, with regard to a pupil's reception of knowledge.

117 *Physics* III 4, 1, III 4, 4, also *Dialogues* 79, 5 and *On the Heaven* I 3, 2 (ms. British Museum, or. 4079).

118 Book of the Healing. Metaphysics (I 183, 3; II 435, 10 Anawatī, Zāyid).

119 Hymns on Faith 31, 2, 5; 31, 3, 14 (Beck), translation in [Auctores varii], Select Poems (19–21 Brock, Kiraz), but see also Genesis 3,21, as traced back by Brock 1992, 14.

120 See Brock 1992, 17; 25.

generally being those more opposed to introducing contemporary elements of Arabic grammatical theory into that of the Syriac language.[121] Although she understands Easterners here not only as members of the Church of the East, but also more generally influenced by it, this might be an oversimplification.[122] Barhebraeus, nonetheless, seems to pursue a middle path in this matter.[123]

4.3 The Separation of Metaphysics and Theology

Remarkably, Barhebraeus separates the books on *Metaphysics* and *Theology* of his *Cream of Wisdom* into two subsequent ones, though, according to an initial observation by Joosse, he draws on Avicenna's *Metaphysics* of the *Healing* for both of them,[124] and also, as found recently for the *Theology*, again on Faḫr al-Dīn's *Mulaḫḫaṣ*,[125] for the *Metaphysics* also on al-Abharī.[126] Contrarily to an expectation as suggested by the title, there is no noticeable usage of the pseudo-Aristotelian *Theology*[127] *in his own Theology* of the *Cream*, neither as a source text nor regarding the internal structure.[128] Barhebraeus even clings to this separation despite the fact that Avicenna, indeed, casts doubt on Aristotle's legitimate authorship (or assumes an additional presence of non-authentic material) in the *Theology* in his letter to Kiyā,[129] which Barhebraeus might not have been aware of. However, despite the fact that there have been

121 Farina 2015, 122–123. See also Schall 1960, 8, for conservativism in Nestorian literature.

122 Farina 2017, 159, where she includes the Syrian Orthodox Bar Šakkō, as he was educated by Bar Zoʿbī. However, in Farina 2015, 118, she cites Bar Šakkō as criticizing the East Syrian John of Mosul for "senselessly" introducing Arabic elements into grammar.

123 Farina 2015, 123.

124 Joosse 2004, 435; 439–440; he also assumes, p. 439, Barhebraeus to have used Avicenna's *Throne Epistle* [C.8.0, 434, should probably read "on the principles" C.4.2, 437 "distant mover of the heaven", C.4.7, 438, "order of the existence of the existing things"].

125 Salam Rassi, Between Avicennism and Nicene Orthodoxy: Barhebraeus on Whether God is a Substance, paper presented at the workshop Shared Intellectual Spaces. Muslims and Christians in the Post-Avicennan Islamicate World, AUB, Beirut, June 5, 2017 [unpublished].

126 J. O. Schmitt, On the Essence/Existence Distinction in Barhebraeus's *Metaphysics*, paper presented at the workshop East-Western Transmission of Knowledge. An International Colloquium on Methods of Research, Cordoba, April 3, 2018. The present author acknowledges discussions on al-Abharī with Fedor Benevich and Andreas Lammer. Editions and translations of both *Metaphysics* and *Theology* are planned by Salam Rassi and the present author.

127 See Hansberger 2013 for an overview.

128 According to Joosse 2004, 439, the section title III 3, 0, On the opinions of the people about the Creator and the creation, shares with the *Theology of Aristotle* the dedication of a chapter to these topics (Dieterici 54, 34). However, according to a superficial comparison, the parallelity seems to be limited to the heading only. See also Zimmermann 1986, 151, for an incertainty regarding this particular heading.

129 Translated in Gutas 2014, 54–58, here 58, and Bertolacci 2006, 47. Avicenna, nonetheless, commented upon the *Theology* in his *Fair Judgment* (*Kitāb al-Inṣāf*), a part of which is extant, see Gutas

several works with a similar title by Pseudo-Dionysius, especially his extant *Mystical Theology*,[130] and Barhebraeus even follows him regarding God's substancehood in the *Lantern*,[131] and there also has been a *Theology* by Išōʿ Bar Nūn,[132] Barhebraeus's separation might more likely be influenced contentually by a post-Avicennan shift to separate metaphysics and theology,[133] even though he does not discriminate these realms with regard to causation. The pseudo-Aristotelian *Theology* might just have given an additional impulse, if any, for the separation itself from the *Metaphysics* and the title. This would again underline Barhebraeus's rootedness in post-Avicennan debates current during his lifetime[134] and seems more likely than an explanation of this separation due to a separate transmission of or commentary tradition upon *Metaphysics* Λ[135] or the classification of the sciences as found in Avicenna.[136] Prior to this full separation, he uses theology alongside metaphysics in the third treatise of his *Tractate*,[137] while there is no similar classification regarding this heading in his principal source for this work, which is Ġazzālī's *Maqāṣid*.[138] This might be influenced by some topics dealt with, namely, providence and prophecy. However, the section on Divine Names in Barhebraeus's *Theology*, whose first parts seem to be based on Avicenna, might be inspired by the respective work by Pseudo-Dionysius with regard to the title only, though the title might also have Islamic theological texts as its source, such as a similar work by Faḫr al-Dīn al-Rāzī. A usage of additional source texts has

2014, 426, no. GS 11 (b1). Zimmermann 1986, 184, however, does not relate Avicenna's remark with necessity to that ascription, but to contentual objections.

130 Pseudo-Dionysius also refers, for example, in chapter 3 of his *Mystical Theology*, to some *Outlines of Theology* and a *Symbolical Theology*, which are not extant, though Jones, in: Dionysius Aeropagita (Pseudo-), Works, 16; 18, even doubts whether they have existed at all. The rendition by Sergios in the extant Syriac translation of θεολογία by paraphrasis as "divine discourse" (*mam(l)lā alāhāyā*), see, for example, Fiori 2014a (CSCO Syr. 252), 106, and the index, 153, does not rule out an influence by this work, as Barhebraeus, as seen above, tends to use Greek-stemming loanwords. Similar paraphrastic forms are also found with regard to the mentioning of his said lost theologies.

131 As noticed in Lantern, Nau, iv.122, and recently corroborated by Rassi, as above.

132 See Clarke 1962, 2–3, for reference to Assemani and Baumstark's assumed identification of this work.

133 Eichner 2009, 38. I am indebted to Andreas Lammer for this information.

134 This is for example seen in his *Physics* and in his treatment of the essence/existence distinction.

135 This was suggested to me by Katrin Fischer. For translations and transmission, see, for example, Bertolacci 2006, 89, and Di Giovanni, Primavesi 2016, 60. The translator Abū Bišr Mattā b. Yūnus has at least been educated at a Nestorian monastery.

136 As proposed recently by Doru 2017, 924, who sees the separation by Barhebraeus motivated by the classification of the sciences as found in Avicenna's The Easterners. Logics (27 Naǧǧār). However, Avicenna, besides separating the science of universals from metaphysics, 28, discusses the Prophet as the best ruler. This, however, does not seem to fully account for the separation as found in Barhebraeus.

137 Takahashi 2002, 155.

138 Takahashi 2002, 155f.

also to be assumed.[139] A minor East Syrian influence might, thus, only be seen in the person of Ibn Naʾīma al-Ḥimsī,[140] the supposed translator and reviser of those parts of Plotin's *Enneads* IV to VI that have flown into the pseudo-Aristotelian Theology.

5 Conclusion

To sum up, Barhebraeus, who was very open-minded toward the Church of the East, seemingly did not make extensive use of source texts in his philosophical works that are directly connected with East Syrian academies, though he did so at least for Eastern authors, in his historical, canonical, and theological works. He is similar in this with other West Syrian authors. Especially in his *Nomocanon* and the *Ethicon*, he seems to be more inclined to unveil his Eastern sources. However, this philosophical non-usage is probably not to be seen as a kind of bias, but due to a lack of matching philosophical texts and a reception of current post-Avicennan philosophical works, where his focus lays on Islamic and Jewish authors of the East, such as Faḫr al-Dīn al-Rāzī. Dependence on East Syrian education is primarily seen indirectly in using, probably Arabic, translations of Greek works connected with Nestorians, though probably not directly with Eastern academies, except for the translators' respective education, but with Baghdad.

Appendix: Addai Scher and Barhebraeus

As Addai Scher,[141] who is to be remembered with this volume, which goes back to a congress at the occasion of the centennial of his murdering, dedicated his interest chiefly toward East Syrian texts, there are only two minor connections with Barhebraeus, namely his description of some manuscripts when catalogizing manuscripts in Alqosh, at Notre-Dame-des-Semences (later transferred to Mār Antonius, Baghdad), in Diyarbakir (later transferred to Mardin), Mardin itself (later partially transferred to

139 There are, for example, two doxographical statements in the *Theology* that have to be identified, the one is Themistius citing an opinion of Aristotle on corruptibility below the sphere of the moon as being a reason for differences in heavenly motions (IV 3, 4), the other Alexander on the perishing of the simple soul together with the body (V 6, 3). Though Alexander indeed holds the soul's perishing in his On the Soul, 21, 234, translation Caston, 48, a convincing direct source regarding a "simple soul" could not yet be found, especially not in the extant parts of Alexander's *On the Soul* or the *Mantissa*.

140 Zimmermann 1986, 115, assumes him generally to be a Syriac Christian, a similar assumption makes Adamson 2002, 19, by his name, while Meri 2006, II 610, additionally identifies him as a member of the Church of the East, though without further evidence. This might be an assumption based on Nestorian preeminence as translators in Bagdad at that time.

141 See Fiey 1965 and Assad-Sauma 1995–1996, on him.

the Vatican), Mosul (partially transferred to Baghdad), Seert, and the Vatican itself.[142] Further, he prepared the first editon of Bar Kōnī's *Scholia*,[143] one of those Eastern texts that probably found their way into Barhebraeus directly.[144] However, the copist of one manuscript of Barhebraeus's *Cream*, given as Elijah and assumed to be Elijah Scher of Šaqlāwa,[145] who is also among those East Syrians who habitually continued a poem by Barhebraeus,[146] does not seem to be a direct relative of Addai Scher, who, though from Šaqlāwa, accepted this name later when assuming a theological office.[147]

142 See the respective entries in the Manuscript Collections section in Takahashi 2005, 412, no. C4bis, 413–414, no. C8/3., 434, no. C30/1., 447, no. C61/1., 449, no. C65/1., 458–459, no. C85, and 465–466, no. C99/2., and Addai Scher's cataloging works, here, Scher 1905b, 1906b, 1906c, 1907a, 1907b, 1908, 1909. Surprisingly many of these manuscripts contain the *Poems*, while the *Ecclesiastic Chronicle* is rarely found, the *Syriac Chronicle* not at all.

143 That is, of the version of Seert.

144 Besides, he also edited the *Chronicle of Seert* that might have been used by Barhebraeus.

145 Namely, of Baghdad, MA 178, see Takahashi 2005, 248.

146 Takahashi 2005, 111, n. 426.

147 On Elijah and the village, see Wilmshurst 2000, 171; for Addai Scher's name, see Fiey 1965, 121–124.

Literaturverzeichnis/Bibliography

1 Quellen

Das Quellenverzeichnis ist alphabetisch geordnet nach den Autoren in deutscher (ggf. latinisierter) Sprache. Hierauf folgt, zur leichteren Zuordnung, ein Titel bzw. eine Umschreibung des Inhalts in deutscher und englischer Sprache, zu der, wo nötig, in eckigen Klammern weitere geläufige Bezeichnungen gegeben werden. Erst nach einem Doppelpunkt folgt die eigentliche bibliographische Angabe. Wir hoffen so, die Orientierung in der teils unübersichtlichen syrischen Literatur zu erleichtern.

ʿAḇdīšōʿ bar Brīḵā, Katalog, Catalogue: Catalogue, ed. with Latin transl. J. S. Assemani, Rom 1725, 3–362 (Bibliotheca Orientalis Clementino-Vaticana 3.1).

Abraham bar Dāšandāḏ, Ausgewählte Werke, Selected Works: Abramo bar Dashandad, Custodisci te stesso. Lettera a Giovanni. Ammonizioni. Introduzione, traduzione dal siriaco e note a cura di V. Berti, Bose 2006 (Testi dei padri della chiesa 84).

Alexander von Aphrodisias, Über die Seele und Mantissa, On the Soul and Mantissa: Praeter commentaria scripta minora. De Anima liber cum Mantissa, ed. I. Bruns, Blin 1887 (Supplementum Aristotelicum 2.1).

Alexander von Aphrodisias, Mantissa: Supplement to On the Soul, transl. by R. W. Sharples, London 2004, repr. 2014 (Ancient Commentators on Aristotle).

Alexander von Aphrodisias, Über die Seele, On the Soul: On the Soul. Part 1, transl. by V. Caston, London, 2012, repr. 2014 (Ancient Commentators on Aristotle).

ʿAmr: siehe unten unter Mārī.

[Anonymus], Auswahl zur Genesis, Selection on Genesis: The Early Syrian Fathers on Genesis. From a Syriac ms. on the Pentateuch in the Mingana Collection. The First Eighteen Chapters of the ms. Edited with Introduction, Translation and Notes by A. Levene, London 1951.

[Anonymus], Chronik von Arbela, Chronicle of Arbela: herausgegeben und übersetzt von P. Kawerau, Löwen 1985 (CSCO 467–468, Syr. 199–200).

[Anonymus], Chronik von Huzistan, Chronicle of Khuzistan: Chronicle of Khuzistan. Chronica Minora I, ed. with Latin transl. I. Guidi, Löwen 1902 (CSCO 1–2, Scriptores Syri 1–2).

[Anonymus], Chronik von Huzistan, Chronicle of Khuzistan: Die von Guidi herausgegebene syrische Chronik, übers. und komm. von Th. Nöldeke, Sitzungsberichte der philosophisch-historischen Classe der kaiserlichen Akademie der Wissenschaften 128 (1893), IX, 1–48.

[Anonymus], Chronik von Seert, Chronicle of Seert: Histoire nestorienne inédite (Chronique de Séert) I, publié [et traduit] par A. Scher, Paris 1907 (Patrologia Orientalis 4.3).

[Anonymus], Chronik von Seert, Chronicle of Seert: Histoire nestorienne (Chronique de Séert) II, publié [et traduit] par A. Scher, Paris 1910 (Patrologia Orientalis 5.2).

[Anonymus], Chronik von Seert, Chronicle of Seert: Histoire nestorienne (Chronique de Séert) II.1, publié [et traduit] par A. Scher, Paris 1909 (Patrologia Orientalis 7.2).

[Anonymus], Chronik von Seert, Chronicle of Seert: Histoire nestorienne (Chronique de Séert) II.2, publié [et traduit] par A. Scher, Paris 1918 (Patrologia Orientalis 13.4).

[Anonymus], Gannaṯ Bussāmē (Wonnegarten, Garden of Pleasure): Gannat Bussame. I. Die Adventssonntage. Herausgegeben und übersetzt von G. J. Reinink, Löwen 1988 (CSCO 501–502, Syr. 211–212).

https://doi.org/10.1515/9783110668292-010

[Anonymus], Geschichte von Karkā d̲-Bet̲ Slok̲, History of Karkā d̲-Bet̲ Slok̲: History of Karka d-Bēt̲ Slok̲, ed. P. Bedjan, Acta Martyrum et Sanctorum, 7 vols., London 1890–1897 (Reprint Piscataway, NJ, 2008 as Acts of Martyrs and Saints, vol. 2).

[Anonymus], Geschichte von Rabban Hôrmîzd, Story of Rabban Hôrmîzd: The Histories of Rabban Hôrmîzd the Persian and Rabban Bat-'Idtâ, edited and translated E. A. Wallis Budge, 2 vols., London 1902, repr. Piscataway 2003, vol. 1, The Syriac Texts, vol. 2, Englisch Translation.

[Anonymus], Kategorienübersetzung, Translation of the Categories: The Earliest Syriac Translation of Aristotle's Categories. Text, Translation, and Commentary, ed. D. King, Leiden 2010.

[Anonymus], Kommentar zu Genesis und Exodus, Commentary on Genesis and Exodus: Le commentaire sur Genèse-Exode 9, 32 du manuscrit (olim) Diyarbakır 22, édité et traduit par L. Van Rompay, Löwen 1986 (CSCO 483–484, Syr. 205–206).

[Anonymus], Leben des Aḥud̲emmeh, Life of Aḥud̲emmeh: Histoires d'Ahoudemmeh et de Marouta, métropolitains jacobites de Tagrit et de l'Orient (VIe et VIIe siècles), suivies du traité d'Ahoudemmeh sur l'homme, ed. F. Nau, Paris 1905 (Patrologia Orientalis 3.1).

[Anonymus], Leben des Mār Ab̲ā, Life of Mār Ab̲ā: Histoire de Mar-Jabalaha, de trois autres patriarches, d'un prêtre et de deux laïques, nestoriens, ed. P. Bedjan, Paris 1895, 206–274.

[Anonymus], Leben des Mār Ab̲ā, Life of Mār Ab̲ā: Histoire de Mār Abba, catholicos de l'Orient. Martyres de Mār Grigor, général en chef du roi Khusro Ier et de Mār Yazd-panāh, juge et gouverneur, edité et traduit par. F. Jullien, Löwen 2015 (CSCO 658–659, Syr. 254–255).

[Anonymus], Legende von Mār Qardagh, Legend of Mār Qardagh: The Legend of Mar Qardagh. Narrative and Christian Heroism in Late Antique Iraq, ed. J. T. Walker, Berkeley, CA, 2006 (The Transformation of the Classical Heritage 40).

Aristophanes, Wolken, Clouds: Aristophanes, Fabulae, ed. N.G. Wilson, Oxford 2007.

Aristoteles, Analytiken, Analytics: Aristoteles, Analytica Priora et Posteriora, recensuit brevique adnotatione critica instruxit W. D. Ross, Oxford 1964.

Aristoteles, Metaphysik, Metaphysics: Aristoteles, Metaphysica, recognovit brevique adnotatione critica instruxit W. Jaeger, Oxford 1957.

Aristoteles, Topik, Topics: Aristoteles, Topica et Sophistici Elenchii, recensuit brevique adnotatione critica instruxit W. D. Ross, Oxford 1958.

Aristoteles, Über Werden und Vergehen, On Generation and Corruption: Aristote, De la génération et la corruption. Texte établi et traduit par M. Rashed, Paris 2005.

Aristoteles (Pseudo-), Theologie, Theology: Die sogenannte Theologie des Aristoteles. Aus arabischen Handschriften zum ersten Mal herausgegeben von F. Dieterici, Leipzig 1882, Nachdruck/Reprint Amsterdam 1965.

Athanasius von Balad, Logik-Handbuch, Logical Compendium: Furlani, G., Una introduzione alla logica aristotelica di Atanasio di Balad, in: Rendiconti della Reale Accademia dei Lincei, classe di scienze morali, storiche e filologiche 5.25 (1916), 717–778.

Athanasius von Balad, Logik-Handbuch, Logical Compendium: Furlani, G., L'introduzione di Atanasio di Bâlâdh alla logica e sillogistica aristotelica, tradotta dal siriaco, in: Atti del Reale Istituto Veneto di Scienze, Lettere ed Arti 85.2 (1925–26), 319–344.

[Auctores Varii], Akten der ökumenischen Konzilien, Acts of the Oecumenic Councils: Acta Conciliorum Oecumenicorum I.1.1., ed. E. Schwartz, Berlin 1927.

[Auctores Varii], Aristotelica auf Syrisch, Aristotelian Texts in Syriac: A. Baumstark, Aristoteles bei den Syrern vom V.-VIII. Jahrhundert. Syrische Texte, Leipzig 1900.

[Auctores Varii], Ausgewählte syrische Gedichte, Select Syriac Poems: Select Poems, Vocalized Syriac text with English translation, introduction, and notes [by] S. Brock, G. Kiraz, Provo, UT, 2006 (Eastern Christian Texts).

[Auctores Varii], Auswahl aus alten Schriftstellern, Collection from Ancient Writers: Scriptorum veterum nova collectio e Vaticanis codicibus edita, tr. A. Mai, vol. 10, Rome 1838 (Reprint Charleston, SC, 2017).

[Auctores varii], Auswahl unedierter syrischer Texte, Selection of unedited Syriac Texts: Anecdota Syriaca IV. Otia Syriaca, ed./tr. J. Land, Leiden 1875.

[Auctores Varii], Brosamenbuch, Book of Crumbs: Book of Crumbs. An anthology of Syriac literature, comp. by D. Jenks, Urmia, Iran 1898.

[Auctores Varii], Christlich-arabische Chrestomathie, Selected Texts in Christian Arabic: Christlich-arabische Chrestomathie aus historischen Schriftstellern des Mittelalters. 2. Band. Übersetzung mit philologischem Kommentar [von] P. Kawerau, Löwen 1977 (CSCO 385, Subsidia 53).

[Auctores Varii], Dokumentensammlung zu Edessa, Collection of Documents relative to Edessa: Ancient Syriac Documents Relative to the Earliest Establishment of Christianity in Edessa and the Neighbouring Countries, from the Year after Our Lord's Ascension to the Beginning of the Fourth Century, edited by W. Cureton, London 1864.

[Auctores Varii], Fragmente syrischer und arabischer Historiker, herausgegeben und übersetzt von Friedrich Baethgen, Abhandlungen für die Kunde des Morgenlandes 8,3 (1884) [reprint, Charleston, SC, 2018].

[Auctores Varii], Griechische Koranfragmente, Greek Qur'an Fragments: Fragmenta Coranica Graeca, ed. K. Förstel, in: ders., Schriften zum Islam von Arethas und Euthymios Zigabenos und Fragmente der griechischen Koranübersetzung (Corpus Islamo-Christianum. Series graeca 7), Wiesbaden 2009, 86–122.

[Auctores Varii], Kleine ostsyrische Schriften, Small East Syriac Works: Opuscula Nestoriana, ed. G. Hoffmann, Kiel 1880 (Reprint Charleston, SC, 2018).

[Auctores Varii], Orientalisches Synodicon, Oriental Synodicon: Synodicon orientale ou Recueil de synodes nestoriens, ed. et tr. J.-B. Chabot, Paris 1902.

[Auctores Varii], Ostsyrische christologische Texte, East Syriac Christological Texts: A Nestorian Collection of Christological Texts. Cambridge University Library Ms. Oriental 1319, ed. and tr. L. Abramowski and A. E. Goodman, vol. 1: Syriac text, vol. 2: Introduction, Translations, Indexes, Cambridge 1972.

[Auctores Varii], Syrische Rechtsbücher, Syriac Law Books: Syrische Rechtsbücher. Zweiter Band. Richterliche Urteile des Patriarchen Chenânîschô, Gesetzbuch des Patriarchen Timotheos, Gesetzbuch des Patriarchen Jesubarnun. Aus der römischen Handschrift hg. und übers. von E. Sachau, Berlin 1908 (Reprint Charleston, SC, 2010).

[Auctores Varii], Psalmenkommentar, Commentary on Psalms: Exegesis Psalmorum, imprimis messianicorum, apud Syros Nestorianos, edidit et interpretatus est B. Vandenhoff, Rheine 1899 (Reprint Whitefish, MT, 2018).

[Auctores Varii], Regelungen zum syrischen Asketismus, Legislation on Syriac Asceticism: Syriac and Arabic Documents Regarding Legislation Relative to Syrian Asceticism, ed. and tr. A. Vööbus, Stockholm 1960.

[Auctores Varii], Sammlung orientalischer Liturgien, Collection of Oriental Liturgies: Liturgiarum Orientalium collectio, ed. E. Renaudot, 2 vols., Paris 1715–16, 2nd ed., Frankfurt am Main 1847, (Reprint Charleston, SC, 2018).

[Auctores Varii], Sammlung von Texten zur Mystik, Collection of Texts on Mysticism: Woodbrooke Studies. Christian Documents in Syriac, Arabic and Garshuni. vol. 7. Early Christian Mystics, ed. and transl. with a Critical Apparatus A. Mingana, Cambridge 1934.

[Auctores Varii], Sammlung westsyrischer kirchenrechtlicher Dokumente, Collection of Western Syriac Ecclesiastical Documents: Syrische Kanonessammlungen. Ein Beitrag zur Quellenkunde, I. Westsyrische Originalurkunden 1, B, ed. A. Vööbus, Löwen 1970 (CSCO 317, Subsidia 38).

[Auctores Varii], Statuten der Schule von Nisibis, Statutes of the School of Nisibis: Gli statuti della scuola di Nisibi, ed. I. Guidi, in: Giornale della Società Asiatica Italiana 4 (1890), 165–195.

[Auctores Varii], Statuten der Schule von Nisibis, Statutes of the School of Nisibis: Die Statuten der Schule von Nisibis aus den Jahren 496 und 590 nach dem von I. Guidi herausgegebenen syrischen Text übersetzt von E. Nestle, in: Zeitschrift für Kirchengeschichte 18 (1898), 211–229.

[Auctores Varii], Statuten der Schule von Nisibis, Statutes of the School of Nisibis: The Statutes of the School of Nisibis, ed., transl. and furnished with a commentary by A. Vööbus, Stockholm 1961.

[Auctores Varii], Syrische Anthologie, Syriac Anthology: An Anthology of Syriac Writers from Qatar in the Seventh Century, ed. M. Kozah, A. Abu Husayn, S. S. al-Murikhi, H. al-Thani, Piscataway, NJ, 2015 (Gorgias Eastern Christian Writers 39).

[Auctores Varii], Weisheit der Perlentaucher, Wisdom of the Pearlers: The Wisdom Of The Pearlers. An Anthology of Syriac Christian Mysticism, transl. with an intr. B. E. Colless, Kalamazoo, MI, 2008 (Cistercian Studies 216).

Augustinus, Über die Trinität, On Trinity [De trinitate]: Sancti Aurelii Augustini De trinitate libri XV, cura et studio J. Mountain, 2 vol., Turnhout 1968 (Corpus Christianorum Series Latina 50 et 50.A).

Babai der Große, Kommentar zu Evagrius' Ponticus Kephalaia Gnostika, Commentary on Evagrius' Ponticus Kephalaia Gnostika: Euagrius Ponticus, ed. und übers. W. Frankenberg, Berlin 1912 (Abhandlungen der königlichen Gesellschaft der Wissenschaften zu Göttingen. Phil.-Hist. Klasse, Neue Folge 13.2).

Barḥaḏbšabbā, Ursache/Erklärung der Gründung der Schulen, Cause/Explanation of the Foundation of Schools [Causa fundationis scholarum]: Mar Barḥaḏbšabbā Arbaia, Éveque de Ḥalwan (VIe siècle), Cause de la fondation des écoles, ed. et trad. A. Scher, Paris 1908 (Patrologia Orientalis 4.4).

Barḥaḏbšabbā, Ursache/Erklärung der Gründung der Schulen, Cause/Explanation of the Foundation of Schools [Causa fundationis scholarum]: Barhadbeshabba di Halwan, Causa della fondazione delle scuole, Traduzione e note essenziale [a cura di] I. Ramelli, in: Ilu. Revista de Ciencias de las Religiones 10 (2005), 127–170.

Barḥaḏbšabbā, Ursache/Erklärung der Gründung der Schulen, Cause/Explanation of the Foundation of Schools [Causa fundationis scholarum]: Barhadbeshabba, Cause of the Foundation of Schools, intr., tr. and notes [by] A. Becker, in: ders., Sources for the History of the School of Nisibis, Liverpool 2008, 86–160.

Barḥaḏbšabbā, Kirchengeschichte, Ecclesiastical History: La seconde partie de l'Histoire de Barḥadbeshabba ʿArbaïa et Controverse de Théodore de Mopsueste avec les Macédoniens. Texte syriaque, ed. et trad. par F. Nau, Paris 1913 (Patrologia Orientalis 9.5), 493–631.

Barḥaḏbšabbā, Kirchengeschichte, Ecclesiastical History: Barhadesabba ʿArbaya. Histoire ecclésiastique. La première partie de l'histoire, ed. et trad. par F. Nau, Paris 1932 (Patrologia Orientalis 23.2), 177–343.

Barḥaḏbšabbā, Kirchengeschichte, Ecclesiastical History: Barhadbeshabba, Ecclesiastical History, intr., tr. and notes [by] A. Becker, in: ders., Sources for the History of the School of Nisibis, Liverpool 2008, 40–85.

Barhebraeus, Brief an Denḥā, Letter to Denḥā: Chabot, J.-B., Lettre de Bar Hébréus au Catholicos Denḥa Ier, in: Journal Asiatique 9.11 (1898), 75–128.

Barhebraeus, Buch der Herrlichkeiten, Book of Splendors: Le livre des splendeurs. La grande grammaire de Grégoire Barhebraeus. Texte syriaque édité d'après les manuscrits avec une introduction et des notes, ed. A. Moberg , Lund 1922, repr. Piscataway 2010 (Syriac Studies Library 28).

Barhebraeus, Buch des Lagerhauses, Book of the Storehouse [K.d-Awṣar rāzē]: Book of the Storehouse, ed. Y. Çiçek, Glane 2003.

Barhebraeus, Buch der Taube, Book of the Dove [K. d-yawnā]: Bar Hebraeus' Book of the Dove, Together with Some Chapters from His Ethikon, transl. by A. J. Wensinck, Leiden 1919 (Reprint Lavergne, TN, 2017).

Barhebraeus, Buch der Taube, Book of the Dove [K. d-yawnā]: Book of the Dove, ed. Y. Çiçek, Glane 1983.

Barhebraeus, Chronik, Chronicle: Gregorii Barhebraei Chronicon ecclesiasticum, ed. J. B. Abbeloos et T. J. Lamy, tomus III, Löwen 1877.

Barhebraeus, Chronik, Chronicle: Bar Hebraeus The Ecclesiastical Chronicle, an English transl. by David Wilmshurst, Piscataway 2016 (Gorgias Eastern Christian Studies 40).

Barhebraeus, Ethik, Ökonomie und Politik, Ethics, Economy, and Politics: A Syriac Encyclopaedia of Aristotelian Philosophy. Barhebraeus (13th c.). Butyrum sapientiae. Books of Ethics, Economy and Politics, critical ed. with intr., transl., comm. and glossaries N. Peter Joosse, Leiden 2004.

Barhebraeus, Ethikon, Ethicon: Barhebraeus, Ethicon (Mēmrā I), ed. and transl. H. G. B. Teule, Löwen 1993 (CSCO 534–535, Syr. 218–219).

Barhebraeus, Laterne, Lantern [K. d-Mnāraṯ qudšē]: Le Candélabre des sanctuaires. De Grégoire Aboulafaradj dit Barhebraeus. Édité et traduit en français J. Bakoš, Paris 1930 (Patrologia Orientalis 22), 489–628; suite, Paris 1933 (Patrologia Orientalis 24), 295–439.

Barhebraeus, Laterne, Lantern [K. d-Mnāraṯ qudšē]: Le Candélabre des sanctuaires. Quatrième base. De l'Incarnation. De Grégoire Abou'lfaradj dit Barhebraeus. Texte syriaque édité pour la première fois avec traduction français [par] J. Khoury, Paris 1965 (Patrologia Orientalis 31), 1–268.

Barhebraeus, Laterne, Lantern [K. d-Mnāraṯ qudšē]: Le Candélabre des sanctuaires. Cinquiéme base. Des anges. De Grégoire Abou'lfaradj dit Barhebraeus. Texte syriaque édité pour la première fois avec traduction français A. Torbey, Paris 1963 (Patrologia Orientalis 30), 603–720.

Barhebraeus, Laterne, Lantern [K. d-Mnāraṯ qudšē]: Le Candélabre des sanctuaires. Douzième base. Du Paradis, suivi du Livre des rayons. Traité X. De Grégoire Abou'lfaradj dit Barhebraeus. Texte syriaque édité pour la première fois avec traduction français N. Séd, Turnhout 1981 (Patrologia Orientalis 40), 363–518.

Barhebraeus, Laterne, Lantern [K. d-Mnāraṯ qudšē]: Book of the Lantern, ed. Y. Çiçek, Glane 1997.

Barhebraeus, Kommentar zum Buch der Könige, Commentary on the Books of Kings: Gregory Bar-Hebraeus's Commentary on the Book of Kings from His Storehouse of Mysteries, critical ed. with English transl., intr. and notes A. Assad-Sauma, Uppsala 2003 (Studia Semitica Upsalensia 20).

Barhebraeus, Meer der Weisheiten, Sea of Wisdoms: Das Meer der Weisheiten. Ein Briefwechsel zwischen dem Jakobitischen Maphrian des Ostens Mār Gregorios Yūḥanān Bar ʿEbrāyā und Mār Denḥā I., Katholikos der Nestorianer, in der Blütezeit des 13. Jahrhunderts, ed. J. Önder, Glane, 2009 (Ph.D. thesis, Tübingen).

Barhebraeus, Metrische Grammatik, Metrical Grammar: Gregorii Bar Hebraei Grammatica linguae syriacae in metro Ephraemeo, ed. E. Bertheau, Göttingen 1843, repr. Piscataway, 2009 as: The Metrical Grammar of Gregory Bar Hebraeus (Gorgias Historical Grammars 8).

Barhebraeus, Nomokanon, Nomocanon [K. d-Huddāyē]: Nomocanon of Bar Hebraeus, ed. Y. Çiçek, Glane 1986.

Barhebraeus, Rhetorik, Rhetorics: Aristotelian Rhetoric in Syriac. Barhebraeus, Butyrum Sapientiae. Book of Rhetoric, ed. and transl. J. W. Watt, Leiden 2005.

Barhebraeus, Scholien zum Alten Testament, Scholia on the Old Testament: Barhebraeus' Scholia on the Old Testament. Part 1. Genesis – 2 Samuel, eds. [facsimile], trs. M. Sprengling, W. C. Graham, Chicago 1931 (Reprint Whitefish, MT, 2018).

Barhebraeus, Syrische Chronik, Syriac Chronicle: The Chronography of Gregory Abû'l-Faraj, the Son of Aaron, the Hebrew Physician, Commonly Known as Bar Hebraeus, Being the First Part of his Political History of the World, ed. [facsim.]/tr. E. A. Wallis Budge, 2 vols., London 1932 (Reprint Piscataway, NJ, 2003 (Gorgias Historical Texts 6)).

Basilius von Caesarea, Über den Heiligen Geist, On the Holy Spirit: De Spiritu Sancto, ed. B. Pruche, Paris 1968 (Sources Chrétiennes 17).

Basilius von Caesarea, An die Jugend, Adress to Young Men [Ad adolescentes]: Saint Basil about the Value of Greek Literature, ed. by N. G. Wilson. London 1975.

Bonifatius, Briefe, Letters: Willibalds Leben des Bonifatius nebst einigen zeitgenössischen Dokumenten, übers. v. M. Tangl u. Ph. H. Külb, bearb. v. R. Rau., bibliographisch aktualisierte Auflage, Darmstadt 2011 (Ausgewählte Quellen zur deutschen Geschichte des Mittelalters 4b).

Cassiodor, Unterweisungen, Institutions: Institutiones, ed. R. A. B. Mynors, Oxford 1937.

Cosmas Indikopleustes, Christliche Kosmographie, Christian Cosmography: Cosmas Indicopleustès, Topographie chrétienne. Introduction, texte critique, illustration, traduction et notes par W. Wolska-Conus, 3 vol., Paris 1968–1973 (Sources chrétiennes 141, 159, 197).

Cyrus von Edessa, Ursache/Erklärung der Auferstehung, des Fastens sowie der Himmelfahrt, Cause/Explanation of the Resurrection, of the Fast, as well as of the Ascension: Six Explanations of the Liturgical Feasts by Cyrus of Edessa. An East Syrian Theologian of the Mid Sixth Century, ed. W. F. Macomber, Löwen 1974 (CSCO 355–356, Syr. 155–156).

aḍ-Ḍabbī, Abū Ǧaʿfar, Biographiensammlung, Collection of Biographies: aḍ-Ḍabbī, Buġyat al-multamis fī taʾrīḫ riǧāl ahl al-Andalus, ed. I. al-Abyārī, Beirut/Kairo 1989 (al-Maktabat al-Andalusīya 14–15).

aḍ-Ḍabbī, Abū Ǧaʿfar, Biographiensammlung, Collection of Biographies: aḍ-Ḍabbī, Buġyat al-multamis fī taʾrīḫ riǧāl ahl al-Andalus, ed. F. Codera, Madrid 1885.

Dāḏīšōʿ Qaṭrāyā, Jesaja-Kommentar, Commentary on Isaiah: Commentaire du livre d'Abba Isaïe par Dadiso Qatraya (VIIe siècle), ed. R. Draguet, Löwen 1972 (CSCO 326–327, Syr. 144–145).

Damascius, Leben des Isidor, Life of Isidore: Damascius, The Philosophical History. Text with Translation and Notes by P. Athanassiadi, Athens 1999.

David, Prolegomena und Eisagoge-Kommentar, Prolegomena and Commentary on the Eisagoge: Davidis Prolegomena et in Porphyrii Isagogen Commentarium, ed. A. Busse, Berlin 1904 (Commentaria in Aristotelem Graeca 18.2).

Denḥā, Leben des Maruṯā von Maiperkat, Life of Maruṯā of Maiperkat: Histoires d'Ahoudemmeh et de Maroutha, ed. F. Nau, Paris 1905 (Patrologia Orientalis 3), 7–51.

Descartes, René, Meditationen, Meditations: R. Descartes, Meditationes de prima philosophia, ed. C. Wohlers, Hamburg 2008.

Dionysius Areopagita (Pseudo-), Werke, Works 1: Corpus Dionysiacum I, ed. B. R. Suchla, Berlin 1990 (Patristische Texte und Studien 33).

Dionysius Areopagita (Pseudo-), Werke, Works 2: Corpus Dionysiacum II, ed. G. Heil, A. M. Ritter, Berlin 1991, 2012 (Patristische Texte und Studien 36).

Dionysius Aeropagita (Pseudo-), Werke, Works: The Divine Names and the Mystical Theology, transl. from the Greek with an intr. study [by] J. D. Jones, Milwaukee, WI, 2011 (Mediaeval Philosophical Texts in Translation).

Dionysius Areopagita (Pseudo-), Werke, Works: Nomi Divini, Teologia Mistica, Epistole. La versione siriaca di Sergio di Rēšʿaynā (VI secolo), edito e tradotto da E. Fiori, Löwen 2014 (CSCO 656–657, Syr. 252–253).

Dionysius bar Ṣalībī, Antwort an die Araber, Response to the Arabs: A Response to the Arabs, ed./tr. J. P. Amar, Löwen 2005 (CSCO 614–615, Syr. 238–239).

Dionysius bar Ṣalīḇī, Kommentar zu Kohelet, Commentary on Ecclesiastes: Kohelet-Kommentar des Dionysius Bar Salībī. Auslegung des Septuaginta-Textes, ed. Werner Strothmann, Wiesbaden 1988 (Göttinger Orientforschungen. Syriaca 31).

Dionysius bar Ṣalīḇī, Kommentar zu den Evangelien, Commentary on the Gospels: Dionysius Bar Ṣalībī, Commentarii in Evangelia. I (2), ed. J. Sedlacek, J.-B. Chabot, Paris 1915 (CSCO 77, Syr. 33).

Dionysius bar Ṣalīḇī, Kommentar zu den Evangelien, Commentary on the Gospels: Dionysius bar Ṣalībī Commentarii in Evangelia. II (2), ed. A. Vaschalde, Löwen 1939 (CSCO 113, Syr. 60).

Dionysius bar Ṣalīḇī, Kommentar zu den Evangelien, Commentary on the Gospels: Commentarii in Evangelia. II(1), ed. A. Vaschelde, J.-B. Chabot, Reprint Löwen 1953 (CSCO 95, Syr. 47).

Dionysius bar Ṣalībī, Kommentare zur Offenbarung, zur Apostelgeschichte und zu den Katholischen Briefen, Commentary on the Revelation, on Acts and the Catholic Epistles: Dionysius bar Ṣalībī, In Apocalypsim, Actus et Epistulas Catholicas, ed. I. Sedlacek, Paris 1909 (CSCO 53, Syr. 18).

Elias von Nisibis, Chronik, Chronicle: Eliae Metropolitae Nisibeni Opus Chronologicum, ed. E. W. Brooks, pars prior, Paris 1910 (CSCO 3, 7, Syr. 21, Textus).

Elias von Nisibis, Chronik, Chronicle: Eliae Metropolitae Nisibeni Opus Chronologicum, interpr. E. W. Brooks, Paris 1910 (CSCO 3, 7, Syr. 23, Versio).

Elias von Ṣōbhā, Abhandlung über Syrische Grammatik, Treatise on Syriac Grammar: A Treatise on Syriac Grammar by Mār(i) Eliā of Ṣôbhā. Edited and Translated from the Manuscripts in the Berlin Royal Library R. Gottheil, Berlin 1887 (Reprint Piscataway, NJ, 2003).

Ephrem der Syrer, Kommentar zum Buch Genesis, Commentary on Genesis: The Armenian Commentary on Genesis Attributed to Ephrem the Syrian, tr. E. G. Mathews Jr., Löwen 1998 (CSCO 573, Scriptores Armeniaci 24).

Ephrem der Syrer, Hymnen über den Glauben, Hymns On Faith: Des heiligen Ephraem des Syrers Hymnen de Fide, ed. u. übers. E. Beck, Löwen 1955 (CSCO 154–155, Syr. 73–74).

Ephrem der Syrer, Prosa-Refutationen, Prose Refutations: S. Ephraim's Prose Refutations of Mani, Marcion, and Bardaisan, ed. C.W. Mitchell, A.A. Bevan, F.C. Burkitt, Vol. 2, London 1921.

Eusebius von Caesarea, Fragen zu den Evangelien, Evangelical Questions: Questions évangeliques, ed. C. Zamagni, Paris 2008 (Sources chrétiennes 523).

Eusebius von Caesarea, Theophaneia, Theophany: Ketābā de-al denḥa Allāhā. Eusebius Episcopus Caesariensis. On the theophania or divine manifestation. A syriac version, ed. S. Lee, London 1842 .

Eusebius von Caesarea, Theophaneia, Theophany: Eusebius, Werke. Dritter Band. Zweiter Teil. Die Theophanie. Die griechischen Bruchstücke und Übersetzung der syrischen Überlieferung, ed. H. Gressmann, Berlin 1992.

Eusebius von Caesarea, Vorbereitung auf das Evangelium, Preparation of the Gospel [Praeparatio evangelica]: Eusebius, Werke. Achter Band. Die Praeparatio Evangelica, ed. K. Mras, Bd. 1–2, Berlin 1954–1956.

Evagrius Ponticus, Gnostica, Gnostic Chapters: Les six centuries des 'Képhalaïa gnostica' d'Évagre le Pontique, versions syriaques et trad. par A. Guillaumont, Paris 1985 (Patrologia Orientalis 28.1).

Evagrius Ponticus, Briefe, Epistles: Euagrius Ponticus, ed. und übers. W. Frankenberg, Berlin 1912 (Abhandlungen der königlichen Gesellschaft der Wissenschaften zu Göttingen. Phil.-Hist. Klasse, Neue Folge 13.2).

Evagrius Ponticus, Practicus, Practicus : Traité Pratique ou le Moine, par A. et C. Guillaumont, 2 vol., Paris 1971 (Sources Chrétiennes 170–171).

Evagrius Ponticus, Gnosticus, Gnosticus : Le Gnostique ou à celui qui est devenu digne de la science, par A. et C. Guillaumont, Paris 1989 (Sources Chrétiennes 356).

Evagrius Ponticus, Über die Selbsterkenntnis, On Self-Cognition: Evagrius Ponticus, Per conoscere lui, intr., trad. e note a cura di P. Bettiolo, Bose 1996.

Evagrius Ponticus, Asketische Werke, Ascetic Works: Evagrius Ponticus, The Greek Ascetical Corpus, transl., intr. and comm. by R. E. Sinkewicz, Oxford 2003.

al-Fārābī, Abū Naṣr: Buch der Buchstaben, Book of Letters: Kitab al-ḥurūf, ed. M. Mahdi, Beirut 1970.

Facundus von Hermiane, Sämtliche Werke, Complete Works: Facundi Episcopi Ecclesiae Hermianensis Opera omnia, ed. J.-M. Clément, R. Vander Plaetse, Turnhout 1974 (Corpus Christianorum Series Latina 90.A).

Galenus, Claudius, Über den Nutzen der Glieder, On the Usefulness of Body Parts: Galeni de usu partium libri XVII, ad codicum fidem recensuit G. Helmreich, 2 vols., Leipzig 1907.

Georg der Araberbischof, Gedichte und Briefe, Poems and Letters: Gedichte und Briefe, übers. v. V. Ryssel, Leipzig 1891.

Gregor von Nazianz, Reden, Homilies 24–26: Grégoire de Nazianze, Discours 24–26. Introduction, texte critique, traduction et notes par J. Mossay, Paris 1981 (Sources chrétiennes 284).

Gregor von Nazianz, Reden, Homilies 4–5: Discours 4–5: Grégoire de Nazianze Discours 1–3. Introduction, texte critique, traduction et notes par J. Bernardi, Paris 1983 (Sources chrétiennes 309).

Gregor von Nazianz, Reden, Homilies 32–37: Grégoire de Nazianze, Discours 32–37. Introduction, texte critique et notes par C. Moreschini. Traduction par P. Gallay, Paris 1985 (Sources chrétiennes 318).

Gregor von Nyssa, Über die Situation des Menschen, On the Condition of Man: Apologia in hexaemeron. De conditione hominis, ed. G. H. Forbesius, Burntisland 1855.

Gregor von Nyssa, Hohelied-Kommentar, Commentary on the Cancticle of Canticles: In canticum canticorum homilia, ed. H. Langerbeck, Leiden 1960.

Hiob von Edessa, Buch der Schätze, Book of Treasures: Encyclopædia of Philosophical and Natural Sciences as Taught in Baghdad about A.D. 817 or Book of Treasures by Job of Edessa. Syriac Text Edited and Translated with a Critical Apparatus by A. Mingana, Birmingham 1935 (Woodbrooke Scientific Publications 1).

Ḥnānā von Adiabene, Ursache/Erklärung des Goldenen Freitags, Cause/Explanation of the Golden Friday: Traités d'Išaï le Docteur et de Ḥnana d'Adiabène sur les Martyrs, le Vendredi d'Or et les Rogations, suivis de la Confession de foi à réciter par les éveques avant l'ordination. Textes syriaques publiés et traduits par A. Scher, Paris 1911 (Patrologia Orientalis 7.1).

Ḥunayn ibn Isḥāq, Einleitung zu seinen Galen-Übersetzungen, Introduction to his Translations of Galenus: Ḥunayn ibn Isḥāq, Introduction to the Galen Translations, ed. and transl. J. C. Lamoreaux, Provo (Utah) 2016.

Ḥunayn ibn Isḥāq, Einleitung zu seinen Galen-Übersetzungen, Introduction to his Translations of Galenus: Hunain ibn Ishāq über die syrischen und arabischen Galenübersetzungen, ed. und übers. G. Bergsträsser, Leipzig 1925 (Abhandlungen für die Kunde des Morgenlandes 17.2).

Ibn Abī ʿUṣaibiʾa, Medizingeschichte, History of Medicine: Ibn Abī ʿUṣaibiʾa, ʿUyūn al-anbāʾ fī tabaqāt al-aṭibbā, ed. A. Müller, 2 vol., Königsberg/Kairo 1882–84.

Ibn aṭ-Ṭayyib, Das christliche Recht, The Christian Law: Fiqh an-Naṣrānīya. Das Recht der Christenheit, II. Teil, ed. u. übers. v. W. Hoenerbach u. O. Spies, Löwen 1957 (CSCO 167–168, Scriptores Arabici 18–19).

Ibn Muqaffaʿ, Logisches Kompendium, Compendium on Logics: Al-Manṭiq (Logic) by Ibn Muqaffaʿ, Ḥudūd al-Manṭiq (Definitions of Logic) by Ibn Bihriz, ed. M. T. Dānēshpazhūh, Teheran 1978.

Ibn Sīnā (Avicenna), Hinweise und Erinnerungen, Pointers and Reminders: La versione siriaca del Kitāb al-Išārāt wat-Tanbīhāt di Avicenna, ed. G. Furlani, in: Rivista degli studi orientali 21 (1946) 89–101.

Ibn Sīnā (Avicenna), Die Östlichen. Logik, The Easterners. Logics: Manṭiq al-Mashriqīna, ed. Š. an-Naǧǧār (Silsila fī l-turāṯ al-ʿarabī), Beirut 1982.

Ibn Sīnā (Avicenna), Buch der Genesung. Metaphysik, Book of the Healing. Metaphysics: Avicenna, The Metaphysics of the Healing. A Parallel English-Arabic Text translated, introduced, and annotated by M. E. Marmura, Provo (Utah) 2005.

Ibn Sīnā (Avicenna), Buch der Genesung. Metaphysik, Book of the Healing. Metaphysics: ed. George C. Anawati und Muḥammad Yūsuf Mūsā u.a.. Kairo 1960.

Irenaeus von Lyon, Gegen die Häresien, Against the Heresies: Adversus haereses, ed. N. Brox, vol. 4, Freiburg im Breisgau 1997 (Fontes Christiani 8.4).

Isaak von Ninive, Über die religiöse Vollendung, On religious perfection: De perfectione religiosa, ed. P. Bedjan, Paris 1909.

Isaak von Ninive, Zweiter Teil der Homilien, Second Part of the Homilies (vollständiger Text, complete text): ms. Oxford, Bodleian Library, ms. syr. e. 7.

Isaak von Ninive, Zweiter Teil der Homilien, Second Part of the Homilies: The Second Part, Chapters IV–XLI, ed. and transl. by S. Brock, Löwen 1995 (CSCO 554–555, Syr. 224–225).
Isaak von Ninive, Asketische Homilien, Ascetic Homilies: Discorsi ascetici. vol. 1. L'ebbrezza della fede, intr., trad. e note a cura di M. Gallo e P. Bettiolo, Rom 1984 (Testi patristici 44).
Isaak von Ninive, Dritter Teil der Homilien, Third Part of the Homilies: Terza Collezione, ed. e trad. da S. Chialà, Löwen 2011 (CSCO 637–638, Syr. 246–247).
Isaak von Ninive, Geistliche Homilien, Spiritual Homilies: Discorsi spirituali. Capitoli sulla conoscenza, preghiere, contemplazione sull'arrgomento della gehenna, altri opuscoli; introduzione, traduzione e note a cura di P. Bettiolo, Magnano [2]1990.
Isaak von Ninive, Mystische Abhandlungen, Mystic Treatises: Wensinck, A. J., Mystic Treatises by Isaac of Nineveh, Amsterdam 1923.
Īšōʿdāḏ von Merw, Kommentare, Commentaries: The Commentaries of Ishoʿdad of Merv, Bishop of Hadatha (ca. 850 A.D.) in Syriac and English, ed. and tr. M. Dunlop Gibson, 5 vols., London 1911–16 (Reprint as Commentaries on the New Testament Piscataway, NJ, 2011).
Īšōʿdāḏ von Merw, Kommentar zum Buch Genesis, Commentary on Genesis: Commentaire de Išoʿdad de Merv sur l'Ancien Testament, I. Genèse, ed. J.-M. Vosté, Löwen 1950 (CSCO 126, Syr. 67).
Īšōʿdāḏ von Merw, Kommentar zum Buch Genesis, Commentary on Genesis: Commentaire de Išoʿdad de Merv sur l'Ancien Testament, I. Genèse, tr. C. van den Eynde, Löwen 1955 (CSCO 156, Syr. 75).
Īšōʿdāḏ von Merw, Kommentar zum Buch Exodus und Deuternonomium: Commentaire de Išoʿdad de Merv sur l'Ancien Testament, II. Exode-Deutéronome, ed./tr. C. van den Eynde, Löwen 1958 (CSCO 176 et 179, Syr. 80–81)
Īšōʿdāḏ von Merw, Kommentar zu den „Büchern der Sitzungen", Commentary on the „Books of Sessions": Commentaire de Išoʿdad de Merv sur l'Ancien Testament, III. Livres des sessions, ed./tr. C. van den Eynde, Löwen 1962 (CSCO 229–230, Syr. 96–97).
Īšōʿdāḏ von Merw, Kommentar zu Jesaja und zum Zwölfprophetenbuch, Commentary on Isaiah and the Twelve Prophets: Commentaire de Išoʿdad de Merv sur l'Ancien Testament, IV. Isaie et les Douze, ed./tr. C. van den Eynde, Löwen 1969 (CSCO 303–304, Syr. 128–129).
Īšōʿdāḏ von Merw, Kommentar zu Jeremia, Ezechiel und Daniel, Commentary on Jeremy, Ezekiel and Daniel: Commentaire de Išoʿdad de Merv sur l'Ancien Testament, V. Jérémie, Ézéchiel, Daniel, ed./tr. C. van den Eynde, Löwen 1972 (CSCO 328–329, Syr. 146–147).
Īšōʿdāḏ von Merw, Kommentar zu den Psalmen, Commentary on Psalms: Commentaire de Išoʿdad de Merv sur l'Ancien Testament, VI. Psaumes, ed./tr. C. van den Eynde, Löwen, 1981 (CSCO 433–434, Syr. 185–186).
Īšōʿdnaḥ von Basra, Buch der Keuschheit, Book of Chastity [Liber castitatis]: Livre de la Chasteté. composé par Jésusdenah, Évêque de Baçrah, ed. avec traduction française par J.-B. Chabot, in: Mélanges d'archéologie et d'histoire 16 (1896), 1–79, 225–291.
Īšōʿyahḇ III., Brief 23, Letter 23: Iso'yahb patriarchae III., Liber epistularum, ed. et trad. R. Duval, Löwen 1904 (CSCO 2, 64, Syr. 11–12).
Īšōʿyahḇ von Ārzōn, Über das Trishagion, On the Trishagion: ed. G. Furlani, Il trattato di Yešō'yabh d'Ārzōn sul TPIΣAΓION, in: Rivista degli Studi Orientali 7.3 (1916–1918), 687–715.
Iunillus Africanus, Instituta regularia, Regular Institutions: Instituta regularia, ed. with Engl. transl. M. Maas, in: ders., Exegesis and Empire in the Early Byzantine Mediterranean. Junillus Africanus and the Instituta regularia divinae legis, Tübingen 2003 (Studies and Texts in Antiquity and Christianity 17).
Johannes bar Penkāyē, Buch der Hauptpunkte der Geschichte der Zeit, Book of the Main Points of History: Ktābā d-rēš mellē, ed. A. Mingana, Sources syriaques, Leipzig 1908.
Johannes bar Zoʿbī, Ursache/Erklärung der Mysterien, Cause/Explanation of the Mysteries: Yohannan bar Zoʿbi and his "Explanation of the Mysteries", critical text, Russian transl. from Syriac, and investigation, 2nd ed. N. N. Seleznyov, Moskau 2017.

Johannes Duns Scotus, Lectura (Auszüge, Excerpts): Die Univozität des Seienden. Texte zur Metaphysik, ed. und übers. T. Hoffmann, Göttingen 2002.

Johannes Philoponus, Kommentar zu Aristoteles Über die Seele, Commentary on Aristotle On the Soul: Ioannis Philoponi In Aristotelis De anima libros commentaria, ed. M. Hayduck, Berlin 1897, 1–445 (Commentaria in Aristotelem Graeca 15).

Johannes Philoponus, Kommentar zu Aristoteles Über die Seele (Auszüge), Commentary on Aristotle On the Soul (Excerpts): Schramm, M., Johannes Philoponos, Kommentar zu De anima (Einleitung und III 4–7), in: Busche, H., Perkams, M. (eds.), Antike Interpretationen zur aristotelischen Lehre vom Geist, Griechisch/Lateinisch-Deutsch, Hamburg 2018, 351–487.

Johannes von Apameia, Kommentar zu Kohelet, Commentary on Ecclesiastes: Johannes von Apamea, Kohelet-Kommentar, ed. W. Strothmann, Wiesbaden 1988.

Johannes von Dalyātā, Mystische Abhandlungen, Mystical Discourses: The Mysticism of John Saba. I. The Mystical Discourses of John Saba, ed. and tr. B. E. Colless, Melbourne 1969.

Joseph Ḥazzāyā, Buch der Fragen und Antworten, Book of Questions and Answers: ms. Baghdad, Chaldean Patriarchate 131 = *(olim)* Diyarbakır, Chaldean Archbishopric 100.

Mārī Ibn Sulaymān, Nachrichten über die Patriarchen der Nestorianer, History of the Nestorian Patriarchs: Maris Amri et Slibae de Patriarchis Nestorianorum Commentaria, ex codicibus Vaticanis edidit ac latine reddit Henricus Gismondi, pars prior. Maris textus, Rom 1899 (Reprint Charleston, SC, 2018).

Marinos von Neapolis, Leben des Proklos, Life of Proclus [Vita Procli]: Marinus, Proclus ou sur le bonheur, ed. avec traduction française par H. D. Saffrey et A.-Ph. Segonds, Paris 2001.

Marinos von Neapolis, Leben des Proklos, Life of Proclus [Vita Procli]: Edwards, M., Neoplatonic Saints. The Lives of Plotinus and Proclus by their Students, Liverpool 2000 (Translated Texts for Historians 35).

al-Masʿudi, Abu ʾl-Ḥasan, Buch der Goldwäschen, Book of Gold Washing: al-Masʿūdī, Les prairies d'or, vol. 5, traduction par C. Barbier de Meynard, rev. et corr. par Ch. Pellat, Paris 1987.

Michael Bāḏōqā, Der Mensch als Mikrokosmos, Man as Microscosm: Mss. Brit. Libr. Oriental 4071; India Office 9.

Michael der Syrer, Chronik, Chronicle: Michael the Syrian. Le chronique de Michel le syrien, patriarche jacobite d'Antioche (1166–1199), ed.[facsim.]/tr. J.-B. Chabot, 4 vols., Paris 1899–1910, vol. 1 (Reprint London 2018).

Narsai, Homilien und Gedichte, Homilies and Poems: Homiliae et carmina, vols. I–II, ed. A. Mingana, Mossul 1905.

Narsai, Metrische Homilien, Metrical Homilies: Narsai, Metrical Homilies on the Nativity, Epiphany, Passion, Resurrection and Ascension. Critical Edition of Syriac Text, ed. F. G. McLeod, Turnhout 1979 (Patrologia Orientalis 40.1).

Philon von Alexandrien, Über die Herstellung der Welt, On the Construction of the World: Philonis Alexandrini Opera quae supersunt 1, ed. L. Cohn, Berlin 1896, 1–60.

Philoxenus von Mabbug, Brief an die Mönche von Snūn, Letter on the Monks of Snun: Lettre aux moines de Senoun, edité et traduit A. de Halleux, Löwen 1963 (CSCO 231–232, Syr. 98–99).

Plato, Werke, Works: Opera, ed. J. Burnet, vol. 1, Oxford 1900.

Plotin, Enneaden, Enneades: Plotini Opera, ed. P. Henry et H.-R. Schwyzer, vol. 1–3, Oxford 1964–1983.

Porphyrius, Eisagoge und Kommentar zu den Kategorien, Introduction and Commentary on the Categories: Porphyrii Isagoge et in Aristotelis Categorias Commentarium, ed. A. Busse, Berlin 1887 (Commentaria in Aristotelem Graeca 4.1).

Porphyrius, Eisagoge (frühe syrische Übersetzung), Introduction (early Syriac Translation): ed. S. Brock, in: Journal of the Iraq Academy. Syriac Corporation, 12, Bagdad 1988, 315–322.

Probā, Kommentar zu Aristoteles' Hermeneutik, Commentary on Aristotle, On Interpretation: De Hermeneuticis apud Syros Aristoteleis, ed. J. Hoffmann, Leipzig 1873.

Probus, Anfragen an die Jakobiten, Questions to the Jacobites: Ἐπαπορήματα πρὸς Ἰακωβίτας, ed. J.H. Declerck in: ders., Probus, l'ex-Jacobite et ses Epaporemata pros Iakobitas, in: Byzantion 53 (1983), 213–32.

Proclus, Kommentare zu Platons Timaios, Commentary on Plato's Timaeus: Procli Diadochi in Timaeum commentaria, ed. E. Diehl, vol. 1, Leipzig 1903.

Proclus, Hymnen, Hymns: Proclus, Hymns. Essays, Translations, Commentary, by R. M. Van den Berg, Leiden 2001.

Salomon von Basra, Buch der Biene, The Book of the Bee: Solomon of Basra, The Book of the Bee, ed. with Engl. transl. E. A. Wallis Budge, Oxford 1886.

Sergius von Rēšʿaynā, Kommentar zu den Kategorien an Theodoros, Categories Commentary addressed to Theodoros: ms. Birmingham, Mingana 606; ms. Paris, Bibliothèque nationale de France, syr. 354.

Severus bar Šakko, Poetik, Poetics: Severus bar Shakko. Poetics. Part II, ed. M. Sprengling, in: The American Journal of Semitic Languages 32.4 (1916), 293–308 (Reprint London 2018).

Silvanus von Qardu, Appendix zu Theodor bar Konī, Appendix to Theodore bar Konī: Theodor bar Koni, Scholion, Scholium: Livre des scolies (recension d'Urmiah). Les collections annexées par Sylvain de Qardu, ed. et tr. R. Hespel, Löwen 1984 (CSCO 464–465, Syr. 197–198).

Simon von Taybuṯeh, Buch der Gnade, Book of Grace: Simone di Taibuteh, Violenza e grazia. La coltura del cuore, intr., trad. e note a cura di P. Bettiolo, Rom 1992 (Collana di Testi Patristici 102).

Sokrates Scholasticus, Kirchengeschichte, Ecclesiastical History: Sokrates, Kirchengeschichte. Herausgegeben von G. Ch. Hansen, Berlin 1995 (Die griechischen christlichen Schriftsteller. Neue Folge 1).

Sokrates Scholasticus, Kirchengeschichte, Ecclesiastical History: The Ecclesiastical History of Socrates, surnamed Scholasticus, or the Advocate, comprising a History of the Church in seven books, tr. Valesius [unsicher E. Walford], London 1853, repr. 2018.

Solomon of Basra, Book of the Bee: see under Salomon von Basra, Buch der Biene.

Stephanus von Alexandrien (Pseudo-Philoponus), Kommentar zu Aristoteles Über die Seele III, Commentary on On Aristotle On the Soul III: Ioannis Philoponi In Aristotelis De anima libros commentaria, ed. M. Hayduck, Berlin 1897 (Commentaria in Aristotelem Graeca 15), 446–607.

Stephanus von Alexandrien (Pseudo-Philoponus), Kommentar zu Aristoteles Über die Seele III, Commentary on On Aristotle On the Soul III: Tornau, Christian, Stephanos von Alexandria („Philoponos"), Kommentar zu De anima III 2. 4–6, in: Busche, H., Perkams, M. (eds.), Antike Interpretationen zur aristotelischen Lehre vom Geist, Griechisch/Lateinisch-Deutsch, Hamburg 2018, 677–795.

Theodor Abū Qurra, Traktat über den Schöpfer, Treatise on the Creator: Des Theodor Abû Ḳurra Traktat über den Schöpfer und die wahre Religion, übers. v. G. Graf, Münster 1913 (Beiträge zur Geschichte der Philosophie des Mittelalters, Texte und Untersuchungen 14.1).

Theodor bar Konī, Scholion (Rezension aus Seert), Scholium (Recension from Seert): Theodorus bar Koni, Liber scholiorum. Texte I, ed. A. Scher, Paris, 1910, repr. Löwen 1955 (CSCO 55, Syr. 19).

Theodor bar Konī, Scholion (Rezension aus Seert), Scholium (Recension from Seert): Theodorus bar Koni, Liber scholiorum. Texte II, ed. A. Scher, Paris 1912 (CSCO 69, Syr. 26).

Theodor bar Konī, Scholion (Rezension aus Seert), Scholium (Recension from Seert): Theodore bar Koni, Livre des scolies (recension de Séert), version, I–II, ed. R. Hespel, R. Draguet, Louvain 1981–82 (CSCO 431–432, Syr. 187–188).

Theodor bar Konī, Scholion (Rezension aus Urmia), Scholium (Recension from Urmiah): Theodore bar Koni, Livre des scolies (recension d'Urmiah), ed./tr. R. Hespel, Löwen 1983 (CSCO 447–448, Syr. 193–194).

Theodor von Mopsuestia, Fragmente, Fragments: Theodori Mopsuesteni Fragmenta Syriaca e codicibus musei Britannici Nitriacis edidit atque in Latinum sermonem vertit E. Sachau, Leipzig 1869.

Theodor von Mopsuestia, Fragmente, Fragments: R. Devreesse, Essai sur Théodore de Mopsueste, Città del Vaticano 1948 (Studi e testi 141).

Theodor von Mopsuestia, Fragment des Kohelet-Kommentars, Fragment of the Commentary on Ecclesiastes: Das syrische Fragment des Ecclesiastes-Kommentars von Theodor von Mopsuestia. Syrischer Text mit vollständigem Wörterverzeichnis, ed. W. Strothmann, Wiesbaden 1988 (Göttinger Orientforschungen. Syriaca 28).

Theodor von Mopsuestia, Katechetische Homilien, Catechetical Homilies: Les homélies catéchétiques de Théodore de Mopsueste. Reproduction phototypique du Ms. Mingana Syr. 561. Traduction, introduction, index par R. Tonneau, Vatikanstadt 1949.

Theodor von Mopsuestia, Kommentar zum Johannesevangelium, Commentary on the Gospel of John: Commentarius in Evangelium Iohannis Apostoli, ed./tr. J.-M. Vosté, Löwen 1940 (CSCO 115–116, Syr. 62–63).

Theodor von Mopsuestia, Psalmenkommentar, Commentary on Psalms: Baethgen, F., Der Psalmencommentar des Theodor von Mopsuestia in syrischer Bearbeitung, in: Zeitschrift für die Alttestamentliche Wissenschaft 5 (1885), 53–101, repr. Charleston 2017.

Theodor von Mopsuestia, Psalmenkommentar, Commentary on Psalms: Theodori Mopsuesteni Expositionis in Psalmos Iuliano Aeclanensi interprete in Latinum versae quae supersunt, auxiliante Maria Josepha D'Hont, ed. L. de Coninck, Turnhout 1977 (Corpus Christianorum Series Latina 88.A).

Theodor von Mopsuestia, Psalmenkommentar, Commentary on Psalms: Commentary on Psalms 1–81, tr. R. C. Hill, Atlanta 2006 (Writings from the Greco-Roman world 5).

Theodor von Mopsuestia, Syrische Fragmente des Psalmenkommentars, Syriac Fragments from the Commentary on Psalms: Théodore de Mopsueste. Fragments syriaques du Commentaire des Psaumes (Psaume 118 et Psaumes 138–148), ed./tr. L. van Rompay, Löwen 1982 (CSCO 435–436, Syr. 189–190).

Theodor von Mopsuestia, Kommentar zu den kleineren Paulusbriefen, Commentary on the Minor Pauline Epistles: Commentary on the Minor Pauline Epistles, translated with an Introduction and Notes by R. A. Greer [with Swete's Latin text], Atlanta, GA, 2010 (Writings from the Greco-Roman World 26).

Theodor von Mopsuestia, Syrische Katenen, Syriac Catenas: Syrische Katenen aus dem Ecclesiastes-Kommentar des Theodor von Mopsuestia. Syrischer Text mit vollständigem Wörterverzeichnis, ed. W. Strothmann, Wiesbaden 1988 (Göttinger Orientforschungen. Syriaca 29).

Theodoret von Kyrrhos, Therapie der griechischen Leiden, Therapy of the Greek Affections [Curatio affectionum Graecarum]: Théodoret de Cyr, Thérapeutique des maladies helléniques. Texte critique, introduction, traduction et notes par P. Canivet, 2 vols., Paris 2000–2001 (Sources chrétiennes 57.1–2).

Thomas von Aquin, Summe der Theologie, Theological Summa: Sancti Thomae Aquinatis OP Opera omnia, cura et studio fratrum eiusdem ordinis vol. 4–12, Rom 1888–1906 (Editio Leonina).

Thomas von Edessa, Ursache/Erklärung der Geburt des Herrn, Cause/Explanation of the Nativity [Causa nativitatis]: Thomae Edesseni Tractatus de Nativitate Domini Nostri Christi, ed. mit Lat. Übers. Simon Joseph Carr, Rom 1898.

Thomas von Edessa, Ursache/Erklärung der Geburt und Epiphanie des Herrn, Cause/Explanation of the Birth and Epiphany of our Lord: ed. with English tr. Possekel, U., Coakley, J. F., Thomas of Edessa's Explanations of the Nativity and Epiphany, Oxford 2019, forthcoming (Oxford Early Christian Texts).

Thomas von Margā, Buch der Statthalter, Book of Governors: The Book of Governors. The Historia Monastica of Thomas Bishop of Margâ A.D. 840 edited from Syriac Manuscripts in the British

Museum and other Libraries, ed. E. A. Wallis Budge, vol. 1: Syriac text, Introduction etc., vol 2: English translation, London 1893 (vol. 1: Reprint Charleston, SC, 2018; vol. 2: Reprint London 2012).
Thomas von Margā, Buch der Statthalter, Book of Governors: Liber Superiorum seu Historia monastica auctore Thoma, episcopo Margensi. Liber Fundatorum monasteriorum in regno Persarum et Arabum. Homiliae Mar-Narsetis in Joseph. Documenta Patrum de quibusdam verae fidei dogmatibus, ed. P. Bedjan, Paris 1901.
Timotheus I., Kanonische Definitionen, Canonical Definitions: De Timotheo I Nestorianorum Patriarcha (728–823) et Christianorum orientalium condicione sub Chaliphis Abbasidis. Accedunt XCIX eiusdem Timothei definitiones canonicae e textu syriaco inedito nunc primum latine redditae H. Labourt, Paris 1904.
Timotheus I., Briefe 1 (1–39), Letters 1 (1–39): Timotheus, Epistulae I, edidit et interpratus est O. Braun, Paris 1914/15 (CSCO Syr. 2, 67) [nachgedruckt als/reprint as CSCO 74–75, Syr. 30–31, 1953].
Timotheus I., Briefe 1, Letters 1: Les lettres du patriarche nestorien Timothée I. Étude critique avec en appendice La lettre de Timothée I aux moines du Couvent de Mār Mārōn, traduction latine et texte chaldéen par R. J. Bidawid, Vatikanstadt 1956 (Studi e Testi 187).
Timotheus I., Disputation mit Kalif al-Mahdī, Disputation with Caliph al-Mahdī: Timotheos I., ostsyrischer Patriarch. Disputation mit dem Kalifen al-Mahdī. Textedition, Einleitung und Übersetzung von M. Heimgartner, Löwen 2011 (CSCO 631–632, Syr. 244–245).
Timotheus I., Briefe, Letters 30–39: Die Briefe 30–39 des ostsyrischen Patriarchen Timotheos I. Textedition, Einleitung und Übersetzung von M. Heimgartner, Löwen 2016 (CSCO 661–662, Syr. 256–257).
Timotheus I., Briefe, Letters 42–58: Die Briefe 42–58 des ostsyrischen Patriarchen Timotheos I. Textedition, Einleitung und Übersetzung von M. Heimgartner, Löwen 2012 (CSCO 644–645, Syr. 248–249).
Zacharias Rhetor, Leben des Severos von Antiochien, Life of Severus of Antiochia [Vita Severi]: Vie de Sévère (Zacharie le Scholiastique), ed. M. A. Kugener, Paris 1904 (Patrologia Orientalis 2.1).

2 Forschungsliteratur

Abele, S. (2008), Der politisch-gesellschaftliche Einfluss der nestorianischen Ärzte am Hofe des Abbasidenkalifen von al-Manṣūr bis al-Mutawakkil (Nūr al-ḥikma 3), Hamburg.
Abramowski, L. (1954/55), Das Konzil von Chalkedon in der Homilie des Narses über die drei nestorianischen Lehrer, in: Zeitschrift für Kirchengeschichte 66, 140–143.
Abramowski, L. (1968), Peripatetisches bei späten Antiochenern, in: Zeitschrift für Kirchengeschichte 79, 358–362.
Abramowski, L. (1999), Zu den Schriften des Michael Malpana / Badoqa, in: Reinink, G. J., Klugkist, A. C. (eds.), After Bardaisan. Studies on Continuity and Change in Syriac Christianity in Honour of Professor Han J. W. Drijvers, Löwen, 1–10.
Abramowski, L. (2006), Narsai, Homilie XI Über die Väter, die Lehrer, in: The Harp 20, 333–349.
Adamson, P. (2002), The Arabic Plotinus. A Philosophical Study of the Theology of Aristotle, London (reprint, Piscataway, NJ, 2017).
Albert, M. (1993), Les commentaires syriens sur les Psaumes. Un exemple. Le Psaume 45, in: Le Psautier chez les Pères, Straßburg (Cahiers de Biblia Patristica 4), 255–270.
Andrade, N. (2013), Syrian Identity in the Graeco-Roman World, Cambridge.
Assad-Sauma, A. (1995–1996), Addai Shir 1867–1915, in: The Harp 8–9, 209–220.
Assemani, G. S. (1719–1728), Bibliotheca Orientalis Clementino-Vaticana, in qua manuscriptos codices Syriacos, Arabicos, Persicos [...] ex oriente conquisitos [...] et Bibliothecae Vaticanae addictos, Rom.

Assif, S. (1993), The Syro-Hexaplaric Quotations in Barhebraeus' Ausar Raze, in: Bar-Asher, M., Garsiel, M., Diamant, D., Maori, Y. (eds.), Studies in Bible and Exegesis III. Moshe Goshen-Gottstein. In Memoriam, Ramat Gan, 27–39.

Badger, G. (1852), The Nestorians and their Rituals. With the Narrative of a Mission to Mesopotamia and Coordistan in 1842–1844, 2 vols., London (Reprint Whitefish, MT, 2010).

Barnish, S. J. B. (1989), The Work of Cassiodorus after his Conversion, in: Latomus 48, 157–187.

Baum, W., Winkler, D. W. (2000), Die Apostolische Kirche des Ostens. Geschichte der sogenannten Nestorianer, Klagenfurt.

Baum, W., Winkler, D. W. (2003), The Church of the East (transl. Henry, M.G.), London.

Baumer, C. (2016), The Church of the East. An Illustrated History of Assyrian Christianity, 2nd ed., London.

Baumstark, A. (1900), Aristoteles bei den Syrern vom V.–VIII. Jahrhundert. Syrische Texte, Leipzig.

Baumstark, A. (1901), Die nestorianischen Schriften ‚de causis festorum', in: Oriens Christianus 1, 320–342.

Baumstark, A. (1922), Geschichte der syrischen Literatur. Mit Ausschluß der christlich-palästinensischen Texte, Bonn.

Becker, A. (2004), Bringing the Heavenly Academy Down to Earth. Approaches to the Imagery of Divine Pedagogy in the East Syriac Tradition, in: Boustan, R. S., Reed, A. Y. (eds.), Heavenly Realms and Earthly Realities in Late Antique Religions, Cambridge, 174–191.

Becker, A. (2006a), The Discourse on Priesthood (BL Add. 18295, ff. 137b–140b). An Anti-Jewish Text on the Abrogation of the Israelite Priesthood, in: Journal of Semitic Studies 51, 85–115.

Becker, A. (2006b), Fear of God and the Beginning of Wisdom. The School of Nisibis and Christian Scholastic Culture in Late Antique Mesopotamia, Philadelphia.

Becker, A. (2008), Sources for the History of the School of Nisibis. Translated with an Introduction, Liverpool.

Becker, A. (2010), The Comparative Study of 'Scholasticism' in Late Antique Mesopotamia. Rabbis and East Syrians, in: Association for Jewish Studies Review 34, 91–113.

Becker, A. (2015), Revival and Awakening. American Evangelical Missionaries in Iran and the Origins of Assyrian Nationalism, Chicago.

Becker, A., Childers, J. W. (2011), Barḥadbeshabba ʿArbaya, in: Brock, S. P. et al. (2011), 57–58.

Bergjan, S.-P. (2017), Athanasius von Alexandrien. Aristoteles-Lektüre im Nachgang zu den Synoden von Rimini und Seleukia, in: Heil, U., Ulrich, J. (eds.), Kirche und Kaiser in Antike und Spätantike, Berlin (Arbeiten zur Kirchengeschichte 136), 131–152.

Berti, V. (2006), Cristiani sulle vie dell'Asia tra VIII e IX secolo. Ideologia e politica missionaria di Timoteo I, patriarca siro-orientale (780–823), in: Quaderni di Storia Religiosa 12, 117–156.

Berti, V. (2007), Libri e biblioteche cristiane nell'Iraq dell' VIII secolo. Una testimonianza dell'epistolario del patriarca siro-orientale Timotheo I (727–823), in: D'Ancona, C. (ed.), The Libraries of the Neoplatonists. Proceedings of the Meeting of the European Science Foundation Network "Late Antiquity and Arabic Thought. Patterns in the Constitution of European Culture" held in Strasbourg, March 12–14, 2004, Leiden (Philosophia Antiqua 107), 307–317.

Berti, V. (2008), La scuola di Bāšōš nella storia e nella cultura siro-orientale, in: Righi, D. (ed.), La letteratura arabo-cristiana e le scienze nel periodo Abbasside (750–1250 D.C.). Atti del 2° convegno di studi Arabo-Cristiani, Roma 9–10 Marzo 2007, Torino, 123–140.

Berti, V. (2009), Vita e studi di Timoteo I (†823) patriarca cristiano di Baghdad. Ricerche sull'epistolario e sulle fonti contigue, Paris (Cahiers de Studia Iranica 41).

Berti, V. (2011a), Il ruolo delle scuole nelle comunità cristiane siro-orientali dopo la conquista araba della Mesopotamia. Tre linee di indagine a partire da una ricerca recente, in: Annali di Storia dell'Esegesi 28, 241–50.

Berti, V. (2011b), Le débat sur la vision de Dieu et la condamnation des mystiques par Timothée Ier. La perspective du patriarche, in: Desreumaux, A. (2011), 151–176.

Bertolacci, A. (2006), The Reception of Aristotle's Metaphysics in Avicenna's Kitāb al-Šifāʾ. A Milestone of Western Metaphysical Thought, Leiden (Islamic Philosophy, Theology and Science. Texts and Studies 63).
Bettiolo, P. (1994), Scuola ed economia divina nella catechesi della Chiesa di Persia. Appunti su un testo di Tommaso di Edessa († ca 542), in: Felici, S. (ed.), Esegesi e catechesi nei Padri (secc. IV – VII). Convegno di studi e aggiornamento. Facoltà di lettere cristiane e classiche (Pontificium Institutum altioris latinitatis), Roma 25–27 marzo 1993, Rom, 147–57.
Bettiolo, P. (2000), Letteratura siriaca, in: di Berardino, A., Institutum Patristicum Augustinianum (ed.), Patrologia V. Dal Concilio di Calcedonia (451) a Giovanni Damasceno (†750). I Padri Orientali, Genua, S. 415–493.
Bettiolo, P. (2005), Scuole e ambienti intellettuali nelle chiese di Siria, in: D'Ancona Costa, C. (ed.), Storia della filosofia nell'Islam medieval, vol. 1, Bologna, 48–100.
Bettiolo, P. (2006), Mar Aba. Appunti sulla Chiesa Siro-orientale nel secondo quatro del VI secolo, in: Vergani, E., Chialà, S. (eds.), Storia, cristologia e tradizioni della Chiesa Siro-orientale. Atti del 3° Incontro sull'Oriente Cristiano di tradizione siriaca (Milano, Biblioteca Ambrosiana, 14 maggio 2004), Mailand, 99–111.
Bettiolo, P. (2007), Contrasting Styles of Ecclesiastical Authority and Monastic Life in the Church of the East at the Beginning of the Seventh Century, in: Camplani, A., Firolamo, G. (eds.), Foundations of Power and Conflicts of Authority in Late-Antique Monasticism, Löwen (Orientalia Lovaniensia Analecta 157), 297–331.
Bettiolo, P. (2011), Révélations et visions dans l'oeuvre d'Isaac de Ninive. Le cadre d'école d'un enseignement spirituel, in: Desreumaux, A. (2011), 99–119.
Bettiolo, P. (2013), Le scuole nella Chiesa siro-orientale. Status quaestionis e prospettive della ricerca, in: Noce, C., Pampaloni, M., Tavolieri, C. (eds.), Le vie del sapere in ambito siro-mesopotamico dal III al IX secolo. Atti del convegno internazionale tenuto a Roma nei giorni 12–13 maggio 2011, Rom (Orientalia Christiana Analecta 293), 17–46.
Beulay, R. (1987), La Lumière sans forme. Introduction à l'étude de la mystique chrétienne syro-orientale, Chevetogne.
Beulay, R. (1990), L'enseignement spirituel de Jean de Dalyatha. Mystique syro-oriental du VIIIe siècle, Paris (Théologie historique 83).
Bevan, G. (2016), The New Judas. The Case of Nestorius in Ecclesiastical Politics, 428–451 CE, Löwen (Late Antique History and Religion 13).
Bidawid, R. J. (1956), Les lettres du patriarche nestorien Timothée I. Étude critique avec en appendice La lettre de Timothée I aux moines du Couvent de Mār Mārōn, traduction latine et texte chaldéen, Vatikanstadt (Studi e Testi 187).
Blaudeau, P. (2012), Le Siège de Rome et l'Orient (448–536). Étude géo-ecclésiologique, Rom (Collection de l'École française de Rome 460).
Bloemendaal, W. (1960), The Headings of the Psalms in the East Syrian Church, Leiden.
Blum, G. G. (2009), Die Geschichte der Begegnung christlich-orientalischer Mystik mit der Mystik des Islams, Wiesbaden (Orientalia Biblica et Christiana 17).
Bonatz, D. (2014), Art, in: Niehr, H. (ed.), The Arameans in Ancient Syria, Leiden (Handbuch der Orientalistik I.106), 205–253.
Borbone, P. G. (2007), Etnologia ed esegesi biblica. Barhebraeus e i Mongoli nel „Magazzino dei misteri", in: Egitto e Vicino Oriente 30, 191–202.
Braun, O. (1901), Der Katholikos Timotheos I und seine Briefe., in: Oriens Christianus 1, 138–152.
Breydy, M. (1964), Le concept du sacerdoce à la lumière des textes patristiques des Syro-Maronites, Beirut.
Breydy, M. (1978), Les compilations syriaques sur le Sacerdoce au IXe siècle. Jean de Dara, in: Pontificium Institutum Orientalium Studiorum (ed.), Symposium Syriacum 1976, célébré du 13

au 17 septembre 1976 au Centre Culturel „Les Fontaines“ de Chantilly (France), Rom (Orientalia Christiana Analecta 205), 267–293.

Briquel-Chatonnet, F. (1997), Manuscrits syriaques. De la Bibliothèque nationale de France (nos 356–435 entrés depuis 1911), de la Bibliothèque Méjanes d'Aix-en-Provence, de la Bibliothèque municipale de Lyon et de la Bibliothèque nationale et universitaire de Strasbourg. Catalogue, Paris.

Briquel-Chatonnet, F., Debié, M. (eds.) (2015), Manuscripta Syriaca. Des sources de première main, Paris.

Brock, S. P. (1979/80), Syriac Historical Writing. A Survey of the Main Sources, Journal of the Iraqi Academy (Syriac Corporation) 5, 296–326 (Reprint in Brock, S. P., Studies in Syriac Christianity. History, Literature and Theology, Hampshire, 1992).

Brock, S. P. (1982a), From Antagonism to Assimilation. Syriac Attitudes to Greek Learning, in: Garsoïan, N., Mathews, T., Thompson, R. (eds.), East of Byzantium. Syria and Armenia in the Formative Period, Washington, D. C., 17–34 (Reprint in: S. P. Brock, Syriac Perspectives on Late Antiquity, London 1983, no. V).

Brock, S. P. (1982b), Clothing Metaphors as a Means of Thelogical Expression in Syriac Tradition, in: Schmidt, M. (ed.), Typus, Symbol, Allegorie bei den östlichen Vätern und ihren Parallelen im Mittelalter, Regensburg (Eichstätter Beiträge. Abteilung Philosophie und Theologie 4), 11–38 (Reprint in: Brock, S., Studies in Syriac Christianity. History, Literature and Theology, Hampshire).

Brock, S. P. (1985), The Christology of the Church of the East, in: Dragas, G. D. (ed.), Aksum Thyateira. A Festschrift for Archbishop Methodios of Thyateira and Great Britain, London, 125–142.

Brock, S. P. (1991), The Syriac Background to Ḥunayn's Translation Techniques, in: Aram 3, 139–162.

Brock, S. P. (1993), The Syriac Commentary Tradition, in: Burnett, C. (ed.), Glosses and Commentaries on Aristotelian Logical Texts, London, 3–18.

Brock, S. P. (1995a), Some Uses of theTerm *Theoria* in the Writings of Isaac of Nineveh, in: Parole de l'Orient 20, 407–419.

Brock, S. P. (1995b), The Syriac Background to the World of Theodore of Tarsus, in: Lapidge, M. (ed.), Archbishop Theodore. Commemorative Studies on his Life and Influence, Cambridge, 30–53.

Brock, S. P. (1996), The 'Nestorian' Church. A Lamentable Misnomer, in: Bulletin of the John Rylands Library 78, 23–35.

Brock, S. P. (1999a), From Ephrem to Romanos. Interactions between Syriac and Greek in Late Antiquity, Aldershot (enthält einige der hier genannten Aufsätze).

Brock, S. P. (1999b), Two Letters of the Patriarch Timothy from the Late Eighth Century on Translations from Greek, in: Arabic Science and Philosophy 9, 233–246.

Brock, S. P. (2011a), Aristotle, in: Brock, S. P., et al. (2011), 32–33.

Brock, S. P. (2011b), The Commentator Probus. Problems of Date and Identity, in: Lössl, J., Watt, J. (eds.), Interpreting the Bible and Aristotle in Late Antiquity. The Alexandrian Commentary Tradition between Rome and Baghdad, Aldershot, 195–206

Brock, S. P., Kiraz, G. A. (2011a), Scher, Addai, in: Brock, S. P. et al. (2011), 361–2.

Brock, S. P., Kiraz, G. A. (2011b), Manna, Ya'qob Awgen, in: Brock, S. P. et al. (2011), 262.

Brock, S. P. et al. (eds.) (2011), Gorgias Encyclopedic Dictionary of the Syriac Heritage, Piscataway.

Brockelmann, C. (^{2}1928), Lexicon syriacum, Halle (S.), reprint, Hildesheim, 1995.

Bruns, P. (1995), Den Menschen mit dem Himmel verbinden. Eine Studie zu den Katechetischen Homilien des Theodor von Mopsuestia, Löwen (CSCO 549, Subsidia 89).

Bruns, P., Aba I. (1999), in: Döpp, S., Geerlings, W. (eds.), Lexikon der antiken christlichen Literatur, Freiburg.

Bruns, P. (2003), Aristoteles-Rezeption und Entstehung einer syrischen Scholastik, in: ders. (ed.), Von Athen nach Bagdad. Zur Rezeption griechischer Philosophie von der Spätantike bis zum Islam, Bonn (Hereditas 22), 29–41.

Bumazhnov, D. F. (2016a), Eine exegetische Rechtfertigung des philosophischen Unterrichts an der theologischen Schule von Nisibis? Die Erschaffung der Welt nach Barḥadbšabba ʻArbaya, in: P. Gemeinhardt (ed.), Zwischen Exegese und religiöser Praxis. Heilige Texte von der Spätantike bis zum Klassischen Islam, Tübingen, 177–204.

Bumazhnov, D. F. (2016b), Erkenntnis der Wahrheit als absolutes Ende religiöser Polemik. Irenische Theologie des Dionysios Areopagita bei Isaak von Ninive, in: Winkler, D. W. (ed.), Syrische Studien. Beiträge zum 8. Syrologie-Symposium in Salzburg 2014, Wien (orientalia – patristica – oecumenica 10), 33–40.

Butts, A. M. (2016), Language Change in the Wake of Empire. Syriac in Its Greco-Roman Context, Winona Lake (Linguistic Studies in Ancient West Semitic 11).

Chabot, J. B. (1896), L'école de Nisibe, son histoire, ses statuts, in: Journal asiatique 9.8, 43–93.

Chabot, J. B. (1902), Synodicon orientale ou Recueil de synodes nestoriens, Paris.

Chialà, S. (2002), Dall'ascesi eremitica alla misericordia infinita. Ricerche su Isacco di Ninive e la sua fortuna, Florenz (Biblioteca della Rivista di Storia e Letteratura Religiosa. Studi 12).

Chialà, S. (2005), Abramo di Kashkar e la sua comunità. La rinascita del monachesimo siro-orientale, Magnano.

Chialà, S. (2011), Les mystiques syro-orientaux. Une école ou une époque?, in: Desreumaux, A. (2011), 63–78.

Chiaradonna, R. (2002), Sostanza Movimento Analogia. Plotino critico di Aristotele, Neapel.

Childers, J. W. (2011), Ḥenana, in: Brock, S. P. et al. (2011), 194.

Chirathilattu, B. M. (2004), Prayers and Fasts According to Bar Ebroyo (AD 1225/6–1286). A Study on Prayers and Fasts of the Oriental Churches, Hamburg (Studien zur Orientalischen Kirchengeschichte 27).

Clark, K. (1952), Checklist of Manuscripts in St. Catherine Monastery, Mount Sinai. Microfilmed for the Library of Congress 1950, Washington.

Coakley, J. F. (1985), The Archbishop of Canterbury's Assyrian Mission Press. A Bibliography, in: Journal of Semitic Studies 30.1, 35–73.

Coakley, J. F. (1987), The Explanations of the Feasts of Moše bar Kepha, in: Drijvers, H. J. W., Lavenant, R., Molenberg, C., Reinink, G. J. (eds.), IV. Symposium Syriacum. Literary Genres in Syriac Literature (Groningen – Oosterhesselen 10–12 September 1984, Rom (Orientalia Christiana Analecta 229), 403–410.

Coakley, J. F. (2007), Mushe Bar Kepha and a Lost Treatise of Henana on Palm Sunday, in: Le Muséon 120.3–4, 301–325.

Coakley, J. F. (2008), Taylor, D. G. K., Syriac Books Printed at the Dominican Press, Mosul, in: Kiraz, G. A. (ed.), Malphono w-Rabo d-Malphone. Studies in Honor of Sebastian P. Brock, Piscataway, 71–110.

Cohen, S. (1981), Patriarchs and Scholars, in: Proceedings of the American Academy for Jewish Research 48, 57–85.

Colless, B. E. (1988), The Mysticism of Bar Hebraeus, in: Orientalia Christiana Periodica 54, 153–173.

Contini, R. (1995), Greek Linguistic Thinking and the Syriac Linguistic Tradition, in: Sprawozdania z posiedzen komisji naukowych. Polska Akadema Nauk (Kraków) 40, 45–49

Cribiore, R. (2001), Gymnastics of the Mind. Greek Education in Hellenistic and Roman Egypt, Princeton.

Cribiore, R. (2009), The School of Libanius in Late Antique Antioch, Princeton.

Dal Santo, M. (2012), The Saints' Inactivity post mortem. Soul Sleep and the Cult of Saints East of the Euphrates, in: ders. (ed.), Debating the Saints' Cult in the Age of Gregory the Great, Oxford (Oxford Studies in Byzantium), 237–320.

D'Ancona Costa, C. (2005), La filosofia della tarda antichità e la formazione della falsafa, in: dies. (ed.), Storia della filosofia nell'Islam medievale, vol. 1, Torino, 5–47.

Debié, M. (2010), Writing History as 'Histoires'. The Biographical Dimension of East Syriac Historiography, in: dies., Papaconstantinou, A., Kennedy, H. (eds.), Writing "True Stories". Historians and Hagiographers in the Late Antique and Medieval Near East, Turnhout (Cultural Encounters in Late Antiquity and the Middle Ages 9), 43–75.

Debié, M. (2014), Sciences et savants syriaques: une histoire multiculturelle, in: Villey, É. (ed.), Les sciences en syriaque, Paris (Études syriaques 11), 9–66.

Debié, M. (2015a), L'écriture de l'histoire en syriaque. Transmissions interculturelles et constructions identitaires entre hellénisme et islam, Löwen (Late Antique History and Religion 12).

Debié, M. (2015b), Cataloguing in Many Ways: The Case Study of Charfet and E-Ktobe, in: Briquel-Chatonnet, F., Debié, M. (2015), 125–138.

Debié, M., Taylor, D. (2012), Syriac and Syro-Arabic Historical Writing, c. 500-c. 1400, in: Foot, S., Robinson, C. F. (eds.), The Oxford History of Writing, vol. 2., 400–1400, Oxford, 155–179.

Degen, E. (1968), Daniel bar Maryam. Ein nestorianischer Kirchenhistoriker, in: Oriens Christianus 52, 45–80.

Degen, R. (1981). Galen im Syrischen. Eine Übersicht über die syrische Überlieferung der Werke Galens, in: Nutton, V. (ed.), Galen: Problems and Prospects, London, 131–166.

De Jong, A. (1997), Traditions of the Magi. Zoroastrianism in Greek and Latin Literature, Leiden (Religions in the Graeco-Roman World 133).

Den Biesen, K. (2014), Simple and Bold. Ephrem's Art of Symbolic Thought, Piscataway.

Desreumaux, A. (ed.) (2011), Les mystiques syriaques, Paris (Études syriaques 8).

Diettrich, G. (1902), Išô'dâdh's Stellung in der Auslegungsgeschichte des Alten Testamentes. An Seinem Commentaren Zu Hosea, Joel, Jona, Sacharja 9–14 und einigen angehängten Psalmen veranschaulicht, Gießen (Beihefte zur Zeitschrift für die alttestamentliche Wissenschaft 6).

Di Giovanni, M., Primavesi, O. (2016), Who Wrote Alexander's Commentary on Metaphysics Λ? New Light on the Syro-Arabic Tradition, in: Horn, Christoph (ed.), Aristotle's Metaphysics Lambda. New Essays. Proceedings of the 13th Conference of the Karl and Gertrud Abel Foundation, Bonn, November, 28th–December 1st, 2010, Berlin (Philosophie der Antike 33).

Doru, M. N. (2017), The Influence of Islamic Philosophy on Bar Hebraeus (Abū l-Faraj Ibn al-ʿIbrī), in: Cumhuriyet Theology Journal 21, 913–946.

Drijvers, H. J. W. (1995), The School of Edessa. Greek Learning and Local Culture, in: ders., MacDonald, A. A. (eds.), Centres of Learning. Learning and Location in Pre-Modern Europe and the Near East, Leiden, 49–59.

Duval, R. (1899), La littérature syriaque: des origines jusqu'à la fin de cette littérature après la conquête par les Arabes au XIIIe siècle, Paris (Bibliothèque de l'enseignement de l'histoire ecclésiastique. Anciennes littératures chrétiennes 2).

Eichner, H. (2009), The Post-Avicennian Philosophical Tradition and Islamic Orthodoxy. Philosophical and Theological summae in Context, Halle (unpublished Habilitation thesis).

Eichner, H., Perkams, M., Schäfer, C. (eds.) (2013), Islamische Philosophie im Mittelalter. Ein Handbuch, Darmstadt.

Engelmann, T. (2010), Babai the Great as a Witness for Ḥenana of Adiabene, in: Parole de l'Orient 36, 193–199.

Engelmann, T. (2013), Annahme Christi und Gottesschau. Die Theologie Babais des Grossen, Wiesbaden.

Farina, M. (2015), La Grammatica Metrica di Barhebraeus (XIII sec.) e le sue glosse. Siriaco, greco e arabo in contatto, in: Benedetti, M. (ed.), Rappresentazioni linguistiche dell'identità, Neapel (Quaderni di AION 3), 107–125.

Farina, M. (2017), The Syro-Arabic Glosses to Barhebraeus' Metrical Grammar, in: Molinelli, P. (ed.), Language and Identity in Multilingual Mediterranean Settings. Challenges for Historical Sociolinguistics, Berlin (Trends in Linguistics. Studies and Monographs 310), 157–170.

Fiaccadori, G. (1985), Cassiodorus and the School of Nisibis, in: Dumbarton Oaks Papers 39, 135–137.

Fiey, J. M. (1959), Mossoul chrétienne. Essai sur l'histoire, l'archéologie et l'état actuel des monuments chrétiens de la ville de Mossoul, Beirut.

Fiey, J. M. (1965), L'apport de Mgr Addaï Scher (†1915) à l'hagiographie orientale, in: Analecta Bollandiana 83, 121–142.

Fiey, J. M. (1966), Ĭchô'dnah, Métropolite de Basra, et son œuvre, in: L'Orient syrien 11, 431–450.

Fiey, J. M. (1970), Īšō'yaw le Grand. Vie du catholicos nestorien Īšō'yaw III d'Adiabène (580–659) (suite), in: Orientalia Christiana Periodica 36, 5–46.

Fiey, J. M. (1975), Chrétiens syriaques sous les Mongols. Il-Khanat de Perse, XIIIe–XIVe s., Löwen (CSCO 362, Subsidia 44).

Fiey, J. M. (1975–1976), Īšō'dnāḥ et la Chronique de Seert, in: Parole de l'Orient 6/7, 447–459.

Fiey, J. M. (1977), Nisibe métropole syriaque orientale et ses suffagants des origins à nos jours, Löwen (CSCO 388, Subsidia 54).

Fiori, E. (2011a), Mystique et liturgie entre Denys l'Aréopagite et le Livre de Hiérothée. Aux origines de la mystagogie syro-occidentale, in: Desreumaux, A. (2011), *27–44*.

Fiori, E. (2011b), Sergius of Rēš'aynā and Dionysius. Dialectical Fidelity, in: Watt, J., Lössl, J. (eds.), Interpreting the Bible and Aristotle. The Alexandrian Commentary Tradition from Rome to Baghdad, Farnham 2011, 179–194.

Fiori, E. (2014a), Introduzione, in: Nomi Divini, Teologia Mistica, Epistole. La versione siriaca di Sergio di Rēš'aynā (VI secolo), edito e tradotto da E. Fiori, Löwen (CSCO 656–657, Syr. 252–253).

Fiori, E. (2014b), Дионисий Ареопагит и Исаак Сирин: попытка переоценки, in: Alfeev, I. (ed.), Материалы Первой международной патристической конференции Общецерковной аспирантуры и докторантуры имени святых Кирилла и Мефодия Преподобный Исаак Сирин и его духовное наследие, Москва, 10–11 октября 2013 г. [Dionysius the Areopagite and Isaac the Syrian. An Attempt at Reassessment, in: Proceedings of the First International Patristic Conference of the Graduate and Doctoral School „Saint Cyril and Methodius“ on Saint Isaac the Syrian and His Spiritual Legacy, Moscow, 10–11 October 2013], Moskau, 288–307.

Furlani, G. (1922), Sul trattato di Sergio di Rēsh'aynā sulle categorie, in: Rivista trimestrale di studi filosofici e religiosi 3, 135–172.

Furlani, G. (1926), Il libro delle definizioni di Michele l'interprete, Roma (Atti della Reale Accademia Nazionale dei Lincei, memorie della classe di scienze morali, storiche e filologiche 6.2).

Gafni, I. (2002), Babylonian Rabbinic Culture, in: Biale, D. (ed.), Cultures of the Jews. A New History, New York, 223–265.

Gallay, P. (1978), Introduction, in: Grégoire de Nazianze. Discours 27–31 (Discours théologiques). Introduction, texte critique, traduction et notes, Paris (Sources chrétiennes 250), 1–67.

Gatzemeier, M., Makrokosmos, Mikrokosmos. I. (1980), Antike und Mittelalter, in: Historisches Wörterbuch der Philosophie 5, 640–642.

Goodblatt, D. (1975), Rabbinic Instruction in Sasanian Babylonia. Leiden (Studies in Judaism in late antiquity 9).

Goodblatt, D. (2006), The History of the Babylonian Academies, in: Katz, S. T. (ed.), Cambridge History of Judaism, Cambridge, 821–839.

Göttsberger, J. (1900), Barhebäus und seine Scholien zur Heiligen Schrift, Freiburg (Repr. Ann Arbor, MI, 2015).

Griffith, S. (1982), Theodore bar Kônî's „Scholion“. A Nestorian Summa contra gentiles from the First Abbasid Century, in: Garsoïan, N. G., Mathews, Th. F., Thomson, R. W. (eds.), East of Byzantium. Syria and Armenia in the Formative Period, Washington, 53–72.

Guillaumont, A. (1962), Les 'Képhalaia Gnostika' d'Évagre le Pontique et l'histoire de l'origénisme chez les Grecs et chez les Syriens, Paris (Patristica Sorbonensia 5).

Gutas, D. (1998), Greek Thought, Arabic Culture, London.
Gutas, D. (2001), The Presence of Antiquity in the Sasanian and Early ʿAbbāsid Empires, in: Kuhn, D., Stahl, H. (eds.), Die Gegenwart des Altertums. Formen and Funktionen des Altertumsbezugs in den Hochkulturen der Alten Welt, Heidelberg, 347-352.
Gutas, D. (2004), Geometry and the Rebirth of Philosophy in Arabic with al-Kindī, in: Arnzen, R., Thielmann, J. (eds.), Words, Texts and Concepts Cruising the Mediterranean Sea. Studies on the Sources, Contents and Influences of Islamic Civilization and Arabic Philosophy and Science. Dedicated to Gerhard Endress on his sixty-fifth Birthday, Löwen, 195–210.
Gutas, D. (2012), Die Verbreitung philosophischen Denkens. 2. Gelehrte als Vermittler philosophischen Denkens. Ḥunain ibn Isḥāq, Ṯābit ibn Qurra, in: Rudolph, U., Würsch, R. (eds.), Philosophie in der islamischen Welt 1. 8.–10. Jahrhundert, Basel (F. Ueberweg, Grundriss der Geschichte der Philosophie), 480ff.
Gutas, D. (2014), Avicenna and the Aristotelian Tradition. Introduction to Reading Avicenna's Philosophical Works, 2nd ed., Leiden (Islamic Philosophy, Theology and Science).
Gzela, H. (2015), A Cultural History of Aramaic. From the Beginnings to the Advent of Islam, Leiden (Handbuch der Orientalistik I.111).
Hage, W. (1991), Ecuminical Aspects of Barhebraeus' Christology, in: The Harp 4, 103–109.
Hage, W. (2001), Kalifenthron und Patriarchenstuhl. Zum Verhältnis von Staat und Kirche im Mittelalter, in: Breul-Kunkel, W. et al. (eds.), Rezeption und Reform. Festschrift für Hans Schneider zu seinem 60. Geburtstag, Kassel, 3–17.
Hagman, P. (2010), The Asceticism of Isaac of Nineveh, Oxford, (Oxford Early Christian Studies).
Hainthaler, T. (2002b), Die „antiochenische Schule" und theologische Schulen im Bereich des antiochenischen Patriarchats, in: Hainthaler, T. (ed.), Jesus der Christus im Glauben der Kirche II 3. Die Kirchen von Jerusalem und Antiochien nach 451 bis 600, Freiburg, 227–261.
Hainthaler, T. (2002a), Die Schule von Nisibis, in: Hainthaler, T., Grillmeier, A. (eds.), Jesus der Christus im Glauben der Kirche, vol. 2/3, Freiburg, 252–261.
Hainthaler, T. (2006), Thomas of Edessa, Causa de Nativitate. Some Considerations, in: Parole de l'Orient 31, 63–85.
Hainthaler, T. (2008), The Causes of the Feast, a Literary Genre of the East Syriac Church, in the 6th Century, in: The Harp 23, 383–400.
Hainthaler, T. (2010), Cyrus von Edessa und seine Erklärungen liturgischer Feste, in: Voigt, R. (ed.), Akten des 5. Symposiums zur Sprache, Geschichte, Theologie und Gegenwartslage der syrischen Kirchen (V. Deutsche Syrologentagung), Aachen, 43–57.
Hainthaler, T. (2014), Christ in the flesh, who is God over all (Rom 9,5 Pesh.). The letter of Catholicos Timothy I. (780–823) to the monks of Mār Māron, in: The Harp 29, 73–96.
Hansberger, R. (2013), Die Theologie des Aristoteles, in: Eichner, H., Perkams, M., Schäfer, C. (2013), 162–185.
Harrak, A. (2011), Seminary of St. John, in: Brock, S. P. et al. (2011), 365–66.
Hasse, D. N. (2014), The Soul's Faculties, in: Pasnau, R., van Dyke, C. (eds.), The Cambridge History of Medieval Philosophy, revised ed., 2 vols., Cambridge, vol. 1, 305–319.
Hayes, E. R. (1930), L'École d'Édesse, Paris.
Heal, K. S. (2015), Notes on the Acquisition History of the Mingana Syriac Manuscripts, in: Briquel-Chatonnet, F., Debié, M., 11–38.
Healey, J. F. (2014), Aramean Heritage, in: The Arameans in Ancient Syria, Leiden (Handbuch der Orientalistik I.106), 391–402.
Heimgartner, M. (2001), Pseudojustin, Über die Auferstehung, Berlin (Patristische Texte und Studien 54).
Heimgartner, M. (2007), Die Disputatio des ostsyrischen Patriarchen Timotheos (780–823) mit dem Kalifen al-Mahdī, in: Tamcke, M. (ed.), Christians and Muslims in Dialogue in the Islamic Orient

of the Middle Ages. Christlich-muslimische Gespräche im Mittelalter, Beirut (Beiruter Texte und Studien 117), 41–56.

Heimgartner, M. (2008), Trinitätslehre beim ostsyrischen Patriarchen Timotheos (780–823) in der Auseinandersetzung mit dem Islam, in: Tamcke, M. (ed.), Christliche Gotteslehre im Orient seit dem Aufkommen des Islams bis zur Gegenwart, Beirut (Beiruter Texte und Studien 126), 69–80.

Heimgartner, M., Roggema, B. (2009), Timothy I., in: David, T., Roggema, B. (eds.), Christian-Muslim Relations: A Bibliographical History, Leiden (History of Christian-Muslim Relations 11), 515–531.

Heimgartner, M. (2010a), Der ostsyrische Patriarch Timotheos in der Auseinandersetzung mit Nestorius von Bet Nuhadran und den Mystikern in seinem Umfeld, in: Tamcke, M. (ed.), Gotteserlebnis und Gotteslehre. Christliche und islamische Mystik im Orient, Wiesbaden (Göttinger Orientforschungen, Syriaca 38), 71–82.

Heimgartner, M. (2010b), Zur Edition der Briefe 42–58 des ostsyrischen Patriarchen Timotheos (780–823), in: Rainer, V. (ed.), Akten des 5. Symposiums zur Sprache, Geschichte, Theologie und Gegenwartslage der syrischen Kirchen (V. Deutsche Syrologentagung), Berlin 14.–15. Juli 2006, Aachen (Semitica et Semitohamitica Berolinensia 9), 59–74.

Heimgartner, M. (2011), Timotheos I., ostsyrischer Patriarch. Disputation mit dem Kalifen al- Mahdī. Textedition, Einleitung und Übersetzung, Löwen (CSCO 631–632, Syr. 244–245).

Heimgartner, M. (2012a), Der ostsyrische Patriarch Timotheos I. (780–823) und der Aristotelismus. Die aristotelische Logik und Dialektik als Verständigungsbasiszwischen den Religionen, in: Tamcke, M. (ed.), Orientalische Christen und Europa. Kulturbegegnung zwischen Interferenz, Partizipation und Antizipation, Wiesbaden (Göttinger Orientforschungen, Syriaca 41), 11–21.

Heimgartner, M. (2012b), Die Briefe 42–58 des ostsyrischen Patriarchen Timotheos I. Textedition, Einleitung und Übersetzung, Löwen (CSCO 644–645, Syr. 248–249).

Heimgartner, M. (2015a), Neue Fragmente Diodors von Tarsos aus den Schriften „Gegen Apollinarius", „Gegen die Manichäer" und „Über den heiligen Geist", in: ders., Bergjan, S.-P., Gleede, B. (eds.), Apollinarius und seine Folgen, Tübingen (Studien und Texte zu Antike und Christentum 93), 185–204.

Heimgartner, M. (2015b), Contexts of Christian Education in Baghdad. The Letters of the East Syrian Patriarch Timothy I, in: Griffith, S. H., Grebenstein, S. (eds.), Christsein in der islamischen Welt. Festschrift für Martin Tamcke zum 60. Geburtstag, Wiesbaden, 173–185.

Heimgartner, M. (2016), Die Briefe 30–39 des ostsyrischen Patriarchen Timotheos I. Textedition, Einleitung und Übersetzung, Löwen (CSCO 661–662, Syr. 256–257).

Heimgartner, M. (2020), Argumentation and Interpretation Techniques in the Letters of the East-Syrian Patriarch Timothy I (780–823), in: Papadogiannakis, I., Boggema, B. (eds.), Patterns of Argumentation and Exchange of Ideas in Late Antiquity and Early Islam, Miltoun 2020 (Publications of the Centre for Hellenic Studies).

Heimgartner, M. (im Druck), The Letters of the East Syrian Patriarch Timothy I. Scriptural Exegesis between Judaism, Christianity and Islam, in: Tamer, G. (ed.), Exegetical Crossroads. Understanding Scripture in Judaism, Christianity and Islam in the Medieval Orient (Konferenzbeiträge Erlangen 20.–22. Feb. 2014).

Herman, G. (2009), Note On The Recently Published Discourse on Priesthood (BL Add. 18295, ff. 137b–140b), in: Journal of Semitic Studies 54, 389–391.

Hermann, T. (1926), Die Schule von Nisibis vom 5. bis 7. Jahrhundert. Ihre Quellen und ihre Geschichte, in: Zeitschrift für die Neutestamentliche Wissenschaft 25, 89–122.

Høgel, C. (2010), An early anonymous Greek translation of the Qur'an, in: Collectanea Christiana Orientalia 7, 65–119.

Honnefelder, L. (1979), Ens inquantum ens. Der Begriff des Seienden als solchen als Gegenstand der Metaphysik nach der Lehre des Johannes Duns Scotus, Münster (Beiträge zur Geschichte der Philosophie und Theologie des Mittelalters NF 16).

Hoyland, R. G. (1997), Seeing Islam as Others Saw It. A Survey and Evaluation of Christian, Jewish and Zoroastrian Writings on Early Islam, Princeton (Studies in Late Antiquity and Early Islam 13).
Hugonnard-Roche, H. (2004), La logique d'Aristote du grec au syriaque. Études sur la transmisson des textes de l'Organon et leur interprétation philosophique, Paris.
Hugonnard-Roche, H. (2008), L'oeuvre logique de Barhebraeus, in: Parole de l'Orient 33, 129–143.
Hugonnard-Roche, H. (2009), Platon syriaque, in: Moezzi. M.-A. A. et al. (eds.), Pensée grecque et sagesse d'Orient. Hommage à Michel Tardieu, Turnhout (Bibliotheque de l'Ecole des Hautes Etudes, Sciences religieuses 142), 307–322.
Izdebski, A. (2014), Cultural Contacts between the Superpowers of Late Antiquity. The Syriac School of Nisibis and the Transmission of Greek Educational Experience to the Persian Empire, in: ders., Jasiński, D. (eds.), Cultures in Motion: Studies in the Medieval and Early Modern Periods, Krakau (Byzantina et Slavica Cracoviensia 8), 185–204.
Jacobs, B. (2018), Preliminary considerations on Dionysios bar Ṣalībī's Islamic sources, in: Hugoye 21.2, 105–137.
Joosse, N. P. (1999), Bar Hebraeus' Butyrum sapientiae. A Description of the Extant Manuscripts, in: Le Muséon 112, 417–458.
Jullien, F. (2015), Introduction, in: Histoire de Mar Abba, Catholicos de l'Orient. Martyres de Mār Grigor, général en chef du roi Khusro Ier et Mār Yazd-panāh, juge et gouverneur, ed. with French transl., Löwen (Corpus Scriptorum Christianorum Orientalium Syr. 255), I–LXVIII.
Kahn, C. (1966), The Greek Verb ‚To Be' and the Concept of Being, in: Foundations of Language 2, 245–265.
Kahn, C. (1976), Why Existence Does Not Emerge as a Distinct Concept in Greek Philosophy, in: Archiv für Geschichte der Philosophie 58, 323–334.
Kahn, C. (2009), Essays on Being, Oxford.
Kamil, M. (1970), Catalogue of All the Manuscripts in the Monastery of St. Catherine on Mount Sinai, Wiesbaden.
Karamanolis, G. (2013), The Philosophy of Early Christianity, Durham.
Kavvadas, N. (2012), Narsais Homilie „Über die Väter, die Lehrer Diodor von Tarsos, Theodor von Mopsuestia und Nestorios", in: Sacris Erudiri 51, 215–232.
Kavvadas, N. (2015a), Translation as Taking Stances. The Emergence of Syriac Theodoranism in 5th Century Edessa, in: Zeitschrift für Antikes Christentum 19, 89–103.
Kavvadas, N. (2015b), Die „Schule der Perser" in Edessa und die konfessionelle Identität der persischen Kirche, in: Ostkirchliche Studien 64, 130–147.
Kavvadas, N. (2015c), Isaak von Ninive und seine Kephalaia Gnostika. Die Pneumatologie und ihr Kontext, Leiden (Vigiliae Christianae, Supplements 128).
Kavvadas, N. (2017), Jerusalem zwischen Aachen und Bagdad. Zur Existenzkrise des byzantinischen Christentums im Abbasidenreich, Stuttgart (Jenaer mediävistische Beiträge 6).
Kawerau, Peter (1960), Die jakobitische Kirche im Zeitalter der syrischen Renaissance. Idee und Wirklichkeit, Berlin (Berliner byzantinistische Arbeiten 3).
Kessel, G. (2010), Sinai Syr. 24 as an Important Witness to the Reception History of Some Syriac Ascetic Texts, in: Briquel-Chatonnet, F., Debié, M. (eds.), Sur les pas des Araméens chrétiens. Mélanges offerts à Alain Desreumaux, Paris (Cahiers d'études syriaques 1), 207–18.
Kessel, G. (2011), Review of Adam H. Becker, Sources for the Study of the School of Nisibis, Liverpool 2008, in: Hugoye 14.1.
Kessel, G. (2015), Manuscript Collection of the Syriac Orthodox Church Meryemana in Diyarbakir: A Preliminary Survey, in: Briquel-Chatonnet, F., Debié, M. (2015), 79–123.
Kessel, G. (2016), Inventory of Galen's Extant Works in Syriac, in: Lamoreaux, J. C. (ed.), Ḥunayn ibn Isḥāq on his Galen Translations. A Parallel English-Arabic Text, Provo (Eastern Christian Texts 5), 168–192.

Kessel, G., Pinggéra, K. (2011), A Bibliography of Syriac Ascetic and Mystical Literature, Löwen (Eastern Christian Studies 11).

King, D. (2013), Why Were the Syrians Interested in Greek Philosophy?, in: Wood, P. (ed.), History and Identity in the Late Antique Near East, Oxford, 61–82.

King, D. (2015), Logic in the Service of Ancient Eastern Christianity. An Exploration of Motives, in: Archiv für Geschichte der Philosophie 97, 1–33.

Kiraz, G. A. (2011a), Audo, Toma, in: Brock, S. P. et al. (2011), 47–48.

Kiraz, G. A. (2011b), Mingana, Alphonse, in: Brock, S. P. et al. (2011), 292–3.

Klauser, T. (1977), War Cassiodors Vivarium ein Kloster oder eine Hochschule?, in: Lippold, A., Himmelmann, N. (eds.), Bonner Festgabe. Johannes Straub zum 65. Geburtstag am 18. Oktober 1977, Bonn (Bonner Jahrbücher. Beiheft 39), 413–420.

Kobusch, Th. (2006), Christliche Philosophie. Die Entdeckung der Subjektivität, Darmstadt.

Labourt, J. (1904), De Timotheo I, Nestorianorum patriarcha (728–823), et christianorum orientalium condicione sub caliphis Abbasidis. Accedunt XCIX ejusdem Timothei definitiones canonicae, e textu Syriaco inedito latine redditae, Paris.

Lammer, A. (2018), The Elements of Avicenna's Physics. Greek Sources and Arabic Innovations, Berlin (also Ph.D. thesis, LMU Munich, 2016) (Scientia Graeco-Arabica 20).

Lane, G. (1999), An Account of Gregory Bar Hebraeus Abu Al-Faraj and His Relations with the Mongols of Persia, in: Hugoye 2, 209–233.

Leclercq, H. (1935), Nisibe (École de), in: Dictionnaire d'archeologie chretienne et de liturgie 12, 1377–1386.

Leonhard, C. (2001), Ishodad of Merw's Exegesis of the Psalms 119 and 139–147, Löwen (CSCO 585, Subsidia 107).

Leontsini, M. (2004), Views regarding the Use of the Syrian Language in Byzantium during the 7th Century, in: Graeco-Arabica 9–10, 235–247.

Lewis, A. S. (1894), Catalogue of the Syriac Mss. in the Convent of S. Catharine on Mount Sinai, London (Studia Sinaitica 1).

Lim, R. (1995), Public Disputation, Power, and Social Order in Late Antiquity, Berkeley, CA, (The Transformation of the Classical Heritage).

Lloyd, A. C. (1990), The Anatomy of Neoplatonism, Oxford.

Loewe, R. (1974), Rabbi Joshua ben Hananiah: Ll.D. or D.Litt?, in: Journal of Jewish Studies 25, 137–154.

Longo, A., Syrianus (2010), in: Gerson, L. P. (ed.), The Cambridge History of Philosophy in Late Antiquity, Cambridge, 616–629.

Maas, M. (2003), Exegesis and Empire in the Early Byzantine Mediterranean, Tübingen (Studies and Texts in Antiquity and Christianity 17).

McCollum, A. C. (2015), An Update of the Eastern Christian Manuscript Project at the Hill Museum & Manuscript Library (with a Focus on Syriac Manuscripts), in: Briquel-Chatonnet, F., Debié, M., 65–72.

McCollum, A. (2011), Sergius of Reshaina as Translator. The Case of the De Mundo, in: Lössl, J., Watt, J. W. (eds.), Interpreting the Bible and Aristotle in Late Antiquity, Farnham, 165–178.

MacDonald, A. A., Twomey, M. W., Reinink, G. J. (eds.) (2003), Learned Antiquity. Scholarship and Society in the Near East, the Greco-Roman World, and the Early Medieval West, Löwen (Groningen Studies in Cultural Change 5).

Macina, R. (1982), Cassiodore et l'École de Nisibis. Contribution à l'étude de la culture chrétienne orientale à l'aube du moyen age, in: Muséon 95, 131–166.

Macina, R. (1982–1983), L'homme à l'école de Dieu d'Antioche à Nisibe. Profil herméneutique, théologique et kérugmatique du mouvement scoliaste nestorien, in: Proche Orient Chrétien 32–33: vol. 32, 86–124, 263–301; vol. 33, 39–103.

Macuch, R. (1976), Geschichte der spät- und neusyrischen Literatur, Berlin (Reprint Piscataway, NJ, 2009).

Macomber, W. F. (1964), The Theological Synthesis of Cyrus of Edessa, an East Syrian Theologian of the Mid Sixth Century, in: Orientalia Christiana Periodica 30, 5–38, 363–384.

Macomber, W. F. (1974), Introduction, in: ders. (ed.), Six Explanations of the Liturgical Feasts by Cyrus of Edessa. An East Syrian Theologian of the Mid Sixth Century, Löwen (CSCO 356, Syr. 156), VI–XXIX.

Malingrey, A.-M. (1961), „Philosophia“. Étude d'un groupe de mots dans la littérature grecque, des Présocratiques au IVe s. après J.-C., Paris.

Maniyattu, P. (1995), The Feast of the 'Pure Gold'. A Study on the Theological Significance of the Feast of the 'Friday of God' based on Hnana of Adiabene's Commentary, in: Christian Orient 16, 64–73.

Marrou, H. I. (1956), A History of Education in Antiquity (transl. George Lamb), London.

Mathews, E. G., Jr. (1997), The Armenian commentary on Genesis attributed to Ephrem the Syrian, in: Frishman, J., van Rompay, L. (eds.), The Book of Genesis in Jewish and Oriental Christian Interpretation. A Collection of Essays, Löwen (Traditio Exegeta Graeca 5), 143–161.

Mengozzi, A. (2011), Rhétoré, Jacques, in: Brock, S. P. et al. (2011), 351–2.

Meri, J. W. (2006), Medieval Islamic Civilization. An Encyclopedia, 2 vols., New York.

Metselaar, M. (2009), Die Nestorianer und der frühe Islam. Wechselwirkungen zwischen den ostsyrischen Christen und ihren arabischen Nachbarn, Frankfurt (Theion. Studien zur Religionskultur 23).

Meyerhof, M. (1930), Von Alexandrien nach Bagdad. Ein Beitrag zur Geschichte des philosophischen und medizinischen Unterrichts bei den Arabern, in: Sitzungsberichte der preußischen Akademie der Wissenschaften, 389–432.

Millar, F. (2006), A Greek Roman Empire. Power and Belief under Theodosius II, 408–450, Berkeley.

Millar, F. (2015a), Greek and Syriac in Edessa and Osrhoene, 213–363, in: ders., Empire, Church and Society in the Late Roman Near East. Greeks, Jews, Syrians and Saracens, Löwen (Late Antique History and Religion 10), 553–576.

Millar, F. (2015b), Greek and Syriac in Edessa. From Ephrem to Rabbula, 363–435, in: ders., Empire, Church and Society in the Late Roman Near East. Greeks, Jews, Syrians and Saracens, Löwen (Late Antique History and Religion 10), 577–630.

Millar, F. (2015c), The Evolution of the Syrian Orthodox Church in the Pre-Islamic Period. From Greek to Syriac?, in: ders., Empire, Church and Society in the Late Roman Near East. Greeks, Jews, Syrians and Saracens, Löwen (Late Antique History and Religion 10), 631–678.

Mingana, A. (1925), An Ancient Syriac Translation of the Ḳurʾān Exhibiting New Verses and Variants, in: Bulletin of the John Rylands Library 9, 188–235.

Mingana, A. (1928), The Debate on the Christian Faith between Patriarch Timothy I and Caliph Mahdi in 781 A.D. (Woodbrooke Studies. Christian Documents in Syriac, Arabic, and Garshuni Edited and Translated with a Critical Apparatus by A. Mingana with Introductions by Rendel Harris 2), Cambridge (Bulletin of the John Rylands Library 12).

Mingana, A. (1933), Catalogue of the Mingana Collection of Manuscripts, vol. 1. Syriac and Garshuni Manuscripts, Cambridge.

Molé, M. (1993), La légende de Zoroastre selon les textes pehlevis, Paris.

Molenberg, C. (1990), The Interpreter Interpreted. Išo Bar Nun's Selected Questions on the Old Testament, Ph.D. thesis, Groningen.

Molenberg, C. (1996), The Silence of the Sources. The Sixth Century and East-Syrian 'Antiochene' Exegesis, in: Allen, P., Jeffreys, E. (eds.), The Sixth Century. End or Beginning?, Brisbane (Byzantina Australiensia 10), 145–62.

Mundell Mango, M. (1982), The Continuity of the Classical Tradition in the Art and Architecture of Northern Mesopotamia, in: N. Garsoïan et al. (eds.), East of Byzantium. Syria and Armenia in the Formative Period, Washington, 115–134.

Murre-van den Berg, H. L. (1998), A Syrian Awakening. Alqosh and Urmia as Centers of Neo-Syriac Writing, in: Lavenant, R. (ed.), Symposium Syriacum VII. Uppsala University, Department of Asian and African Languages, 11–14 August 1996, Rom (Orientalia Christiana Analecta 256), 499–515.

Murre-van den Berg, H. L. (2006), Bedjan, P., Missionary for Life (1838–1920), in: Bedjan, P. (ed.), Homilies of Mar Jacob of Sarug, vol. 6, Piscataway, 339–369.

Murre-van den Berg, H. L. (2011), Hormizd, Monastery of Rabban, in: Brock et al. 2011, 203–205.

Murre-van den Berg, H. L. (2015), Scribes and Scriptures. The Church of the East in the Eastern Ottoman Provinces (1500–1850), Löwen.

Naayem, J. (1921), Shall This Nation Die?, New York.

Nagamia, H. F. (2009), The Bukhtīshū' Family. A Dynasty of Physicians in the Early History of Islamic Medicine, in: Journal of the Islamic Medical Association of North America 41, 7–12.

Nallino, C. A. (1923), Il Diritto Musulmano nel Nomocanone Siriaco Cristiano di Barhebreo, in: Rivista degli studi orientali 9, 512–580.

Nautin, P. (1974), L'auteur de la "Chronique de Séert". Ishodenah de Basra, in: Revue de l'histoire des religions 186, 113–126.

Opsomer, J. (2006), Was sind irrationale Seelen?, in: Perkams, M., Piccione, R. M. (eds.), Proklos. Methode, Seelenlehre, Metaphysik. Akten der Konferenz in Jena am 18.–20. September 2003, Leiden (Philosophia antiqua 98), 136–166.

Ouzounian, A. (1994), David l'Invincible, in: Dictionnaire des philosophes antiques 2, Paris, 614–615.

Payne, R. E. (2009), Persecuting Heresy in Early Islamic Iraq: The Catholicos Ishoyahb III and the Elites of Nisibis, in: Cain, A., Lenski, N. E. (eds.), The Power of Religion in Late Antiquity. Selected Papers from the Seventh Biennial Shifting Frontiers in Late Antiquity Conference, Farnham, 397–409.

Penelas, M. (2007), Contents of an Apologetic Nature in Ms. Raqqada 2003/2 (formerly Great Mosque of Kairouan 120/829), in: Monferrer Sala, J.-P. (ed.), Eastern Crossroads. Essaiys on Medieval Christian Legacy, Piscataway (Gorgias Eastern Christianity Studies 1), 275–299.

Penelas, M. (2008), Noticias sobre el Ms. Raqqada 2003/2 (olim Gran Mezquita de Qayrawan 120/829). El "dople hallazgo" de un códice largo tiempo desaparecido, in: Collectanea Christiana Orientalia 5, 209–210.

Penn, M. Ph. (2015), Envisioning Islam, Philadelphia.

Perhai, R. J. (2015), Antiochene Theoria in the Writings of Theodore of Mopsuestia and Theodoret of Cyrus, Minneapolis, MN (Emerging Scholars).

Perkams, M. (2008), Selbstbewusstsein in der Spätantike. Die neuplatonischen Kommentare zu Aristoteles' De anima, Berlin (Quellen und Studien zur Philosophie 85).

Perkams, M. (2013), Die Übersetzung philosophischer Texte aus dem Griechischen ins Arabische und ihr geistesgeschichtlicher Hintergrund, in: Eichner, H., Perkams, M., Schäfer, C. (2013), 115–142.

Perkams, M. (2015), Das Wissen des Nichtwissens in der Schule von Nisibis. Philosophie in Barḥadbšabbā von Ḥalwāns "Die Ursache der Gründung der Schulen" (um 590), in: Phasis (Tbilissi) 18, 166–190.

Perkams, M. (2017), Einheit und Vielfalt der Philosophie von der Kaiserzeit bis zur ausgehenden Antike, in: Christoph Riedweg (Hrsg.), Philosophia in der Konkurrenz von Schulen, Wissenschaften und Religionen. Zur Pluralisierung des Philosophiebegriffs in Kaiserzeit und Spätantike. Akten der 17. Tagung der Karl und Gertrud Abel-Stiftung vom 16.–17. Oktober 2014 in Zürich, Berlin (Philosophie der Antike 34), 3–31.

Perkams, M. (2018), Proklos, in: Riedweg, Ch., Horn, Ch. (eds.), Die Philosophie der Antike 5. Philosophie der Kaiserzeit und Spätantike (Grundriss der Geschichte der Philosophie. Begründet von F. Ueberweg), Basel, Bd. 3, 54–116.

Perkams, M. (2019), The Syro-Persian Reinvention of Aristotelianism: Paul the Persian's Treatise on the Scope of Aristotle's Works between Sergius of Rēšʿaynā, Alexandria, and Baghdad, in: Studia Graeco-Arabica 9, 71–87.

Perkams, M. (im Druck a), Sergius de Rēšʿaynā: Le renouveau syro-occidental de l'Aristotelisme et sa transmission syro orientale, in: Fiori, E., Hugonnard-Roche, H. (eds.), La Philosophie en syriaque, Paris.

Perkams, M. (im Druck b), Aristoteles, Ordner der Wissenschaften. Ein Bild des Sergios von Rēšʿaynā, seine Rezeption bei Paul dem Perser und die spätantiken Wurzeln der arabischen Aristoteles-Eulogien, in Sh. Talay (ed.), Überleben im Schatten. Geschichte, Sprache und Kultur des syrisch-aramäischen Christentums. Akten des 10. Deutschen Syrologentags, Wiesbaden.

Piccione, R. M. (2003), Sammeln, Neuordnen, Neues Schaffen: eine Perspektive der Forschung, in: Piccione, R. M., Perkams, M. (eds.) (2003), Selecta colligere, I. Akten des Kolloquiums „Sammeln, Neuordnen, Neues Schaffen. Methoden der Überlieferung von Texten in der Spätantike und in Byzanz (Jena, 21.–23. November 2002), Alessandria, VII–XIV.

Pinggéra, K. (2000), Christologischer Konsens und kirchliche Identität. Beobachtungen zum Werk des Gregor Bar Hebraeus, in: Ostkirchliche Studien 49, 3–30.

Pinggéra, K. (2002), Gregor Bar Hebraeus und die "Theologie der Hoffnung" des Joseph Ḥazzāyā. Anmerkungen zur Eschatologie im Ethikon und im Buch der Taube, in: Tamcke, M. (ed.), Syriaca. Zur Geschichte, Theologie, Liturgie und Gegenwartslage der syrischen Kirchen, Münster (Studien zur orientalischen Kirchengeschichte 17), 225–241.

Pinggéra, K. (2011), Art. 2. Syrische Tradition, in: Gemeinhardt, P. (ed.), Athanasius Handbuch, Tübingen, 397–407.

Platti, E. (1983), Yaḥyā Ibn ʿAdī, théologien chrétien et philosophe arabe. Sa théologie de l'Incarnation, Löwen (Orientalia Lovaniensia analecta 14).

Possekel, U. (1999), Evidence of Greek Philosophical Concepts in the Writings of Ephrem the Syrian, Löwen (CSCO 580, Subsidia 102).

Possekel, U. (2009), Ephrem's Doctrine of God, in: McGowan, A. B., Daley, B. E., Gaden, T. J. (eds.), God in Early Christian Thought. Essays in Memory of Ll. G. Patterson, Leiden (Vigiliae Christianae, Supplements 94), 195–237.

Possekel, U. (2011), Thomas von Edessa über das Epiphaniefest. Erste Anmerkungen zu einer unveröffentlichten Handschrift, in: Kinzig, W., Volp, U., Schmidt, J. (eds.), Liturgie und Ritual in der Alten Kirche. Patristische Beiträge zum Studium der gottesdienstlichen Quellen der Alten Kirche, Löwen (Patristic Studies 11), 153–176.

Possekel, U. (2012), Thomas von Edessa über die Taufe Jesu im Jordan und die christliche Taufe, in: Weltecke, D. (ed.), Geschichte, Theologie, Liturgie und Gegenwartslage der syrischen Kirchen. Beiträge zum sechsten deutschen Syrologen-Symposium in Konstanz, Juli 2009, Wiesbaden (Göttinger Orientforschungen: Reihe 1, Syriaca 40), 83–98.

Possekel, U. (2015), Selbstverständnis und Bildungsauftrag der Schule von Nisibis, in: Zeitschrift für antikes Christentum 19, 104–136.

Possekel, U., Coakley, J. F. (2019): Cf. s. v. Thomas von Edessa im Quellenverzeichnis.

Pratelli, S.I.M. (2013), Remarks on Linguistic and Philological Scholia to the Prophets in Gregory Barhebraeus' Storehouse of Mysteries, in: A. Mengozzi, M. Tosco (eds.), Sounds and Words through the Ages. Afroasoatic Studies from Turin, 303–313.

Ramelli, I. (2004), Linee introduttive a Barhadbeshabba di Halwan. Causa della fondazione delle scuole. Filosofia e storia della filosofia greca e cristiana in Barhadbeshabba, in: ʿIlu. Revista de Ciencias de las Religiones 9, 127–181.

Reinink, G. J. (1979), Studien zur Quellen- und Traditionsgeschichte des Evangelienkommentars der Gannat Bussame, Löwen (CSCO 414, Subsidia 57).
Reinink, G. J. (1995), 'Edessa Grew Dim and Nisibis Shone Forth'. The School of Nisibis in the Transition of the sixth-seventh century, in: Drijvers, J. W., MacDonald, A. A. (eds.), Centres of Learning. Learning and Location in Pre-modern Europe and the Near East, Leiden (Brill's Studies in Intellectual History 81), 77–90.
Reinink, G. J. (2003), Theology and Medicine in Jundishapur. Cultural Change in the Nestorian School Tradition, in: MacDonald, A. A., Twomey, M. W., Reinink, G. J. (eds.), Learned antiquity. Scholarship and society in the Near-East, the Greco-Roman world, and the early medieval West, Löwen (Groningen Studies in Cultural Change 5), 163–174.
Reinink, G. J. (2007), Man as Microcosm. A Syriac Didactic Poem and its Prose Background, in: ders., Harder, A., MacDonald, A. A. (eds.), Calliope's Classroom. Studies in Didactic Poetry from Antiquity to the Renaissance, Löwen, 123–149.
Reinink, G. J. (2008), The Cause of the Commemoration of Mary. Author, Date, and Christology, in: Kiraz, G. A. (ed.), Malphono w-Rabo d-Malphone. Studies in Honor of Sebastian P. Brock, Piscataway (Gorgias Eastern Christian Studies 3), 517–534.
Reinink, G. J. (2009), Tradition and the Formation of the 'Nestorian' Identity in Sixth- to Seventh-Century Iraq, in: Church History and Religious Culture 89, 217–250.
Reinink, G. J. (2010), George Warda and Michael Badoqa, in: Teule, H. G. B., Fotescu, C., ter Haar Romeny, B., van Ginkel, J. (eds.), The Syriac Renaissance, Löwen (Eastern Christian Studies 9), 65–74.
Reinink, G. J. (2013), The School of Seleucia and the Heritage of Nisibis, the 'Mother of Sciences', in: Noce, C., Pampaloni, M., Tavolieri, C. (eds.), Le vie del sapere in ambito siro-mesopotamico dal III al IX secolo. Atti del convegno internazionale tenuto a Roma nei giorni 12–13 maggio 2011, Rom (Orientalia Christiana Analecta 293), 115–131.
Riad, E. (1988), Studies in the Syriac Preface, Uppsala (Acta Universitatis Upsaliensis, Studia Semitica Upsaliensia 11).
Richard, J. (2001), Le séminaire Saint-Jean de Mossoul, in: Mémoire dominicaine. Histoire. Documents. Vie dominicaine 15, 241–247.
Riedel, D. (2015), Rez. zu Schilling, Mögliches, Unwahrscheinliches, Fabelhaftes. Die „Historia trium regum" des Johannes von Hildesheim und ihre orientalischen Quellen, in: Mediaevistik 28, 618–620.
ter Haar Romeny, B. (2004), Question-and-Answer Collections in Syriac Literature, in: Volgers, A., Zamagni, C., Erotapokriseis. Early Christian Question-and-Answer Literature in Context, Löwen (Contributions to biblical exegesis and theology 37), 145–163.
ter Haar Romeny et al. (2009), The Formation of a Communal Identity among West Syrian Christians. Results and Conclusions of the Leiden Project, in: Church History and Religious Culture 89, 1–52.
Rücker, A. (1932), Das „Obere Kloster" bei Mossul und seine Bedeutung für die Geschichte der ostsyrischen Liturgie, in: Oriens Christianus 3.7, 180–187.
Rücker, A. (1936), Aus dem mystischen Schrifttum nestorianischer Mönche des 6.–8. Jahrhunderts, in: Morgenland 28, 38–54.
Rubenstein, J. L. (2002), The Rise of the Babylonian Rabbinic Academy. A Reexamination of the Talmudic Evidence, in: Jewish Studies. An internet journal 1, 55–68.
Russell, D. A. ([4]2012), Syrianus, in: Oxford Classical Dictionary, 1422–1423.
Saffrey, H. D., Westerink, L. G. (eds.) (1968), Introduction, in: Proclus. Théologie platonicienne. Livre I, Paris.
Samir, S. K., Cheminement mystique d'Ibn al-ʿIbrī (1226–1286), in: Proche-Orient Chrétien 37, 71–89.

Samir, S. K. (1990), Alphonse Mingana, 1878–1937, and his Contribution to Early Christian-Muslim Studies, Birmingham.

Schall, A. (1960), Studien über griechische Fremdwörter im Syrischen, Darmstadt.

Schäublin, C. (1974), Untersuchungen zu Methode und Herkunft der antiochenischen Exegese , Köln (Theophaneia 23).

Scher, A. (1905a), The School of Nisibis. Its Origin, Statues, and Celebrated Personages [in Arabic], Beirut (Reprint Piscataway, NJ, 2012 (Analecta Gorgiana 656)).

Scher, A. (1905b), Catalogue des manuscrits syriaques et arabes conserves dans la Bibliothèque épiscopale de Séert, Kurdistan, Mossul.

Scher, A. (1906), Analyse de l'histoire de Rabban Bar 'Edta, moine nestorien du VIe siècle, in: Revue de l'Orient chrétien II.1.4 [11], 403–423, 2.1 [12] (1907), 9–13.

Scher, A., Notices sur les manuscrits syriaques conservés dans la bibliothèque du couvent des chaldéens de Notre-Dame-des-Semences, Journal asiatique, 10.7 (1906), 479–512; 10.8 (1906), 33–82.

Scher, A. (1907a), Notice sur les manuscrits syriaques conservés dans la bibliothèque du Patriarcat chaldéen de Mossoul, in: Revue des bibliothèques 17, 227–260 (Reprint Charleston, SC, 2018).

Scher, A. (1907b), Notice sur les manuscrits syriaques et arabes conservés à l'archevêché chaldéen de Diarbékir, in: Journal asiatique 10.10, 331–362, 385–431.

Scher, A. (1908), Notices sur les manuscrits syriaques et arabes conserves dans la bibliothèque de l'évêché chaldéen de Mardin, in: Revue des Bibliothèques 18, 64–95, (volume repr. London 2018).

Scher, A. (1909), Notice sur les manuscrits syriaques du Musée Borgia aujourd'hui à la Bibliothèque Vaticane, in: Journal asiatique 10.13, 249–287.

Scher, A. (1909), Joseph Ḥazzâyâ, écrivain syriaque du VIIIe siècle, in: Comptes-rendus des séances de l'Académie des Inscriptions et Belles-Lettres, Paris, 300–307.

Scheiner, J. J. (2010), Die Eroberung von Damaskus. Quellenkritische Untersuchung zur Historiographie in klassisch-islamischer Zeit, Leiden (Islamic History and Civilization).

Schilling, A. M. (2008a), Die Anbetung der Magier und die Taufe der Sāsāniden. Zur Geistesgeschichte des iranischen Christentums in der Spätantike, Löwen (CSCO 621, Subsidia 120).

Schilling, A. M. (2008b), L'apôtre du Christ, la conversion du roi Ardašīr et celle de son vizir, in: Jullien, C. (ed.), Controverses des Chrétiens dans l'Iran sassanide, Paris (Cahiers de Studia Iranica 36, Chrétiens en terre d'Iran vol. II), 89–111.

Schilling, A. M. (2014), Mögliches, Unwahrscheinliches, Fabelhaftes. Die „Historia trium regum" des Johannes von Hildesheim und ihre orientalischen Quellen, Stuttgart (Jenaer mediävistische Vorträge 2).

Schilling, A. M. (2018), Ein Koran-Florilegium in syrischer Überlieferung. Alphonse Mingana und der „Disput gegen die Nation der Araber" des Dionysios bar Ṣalībī, in: Bruns, P., Kremer, T. (eds.), Studia Syriaca, Wiesbaden (Eichstätter Beiträge zum Christlichen Orient 6), 155–180.

Schilling, A. M. (2011), Autour des Mages arabisées. La vie de Zoroastre selon Girgis ibn al-Amid al-Makin, in: Jullien, C. (ed.), Itinéraires missionnaires. Échanges et Identités, Paris (Studia Iranica. Cahier 44. Chrétiens en terre d'Iran 4), 143–188.

Schramm, M. (2018), Johannes Philoponos, Kommentar zu De anima (Einleitung und III 4–7), in: Busche, H., Perkams, M. (eds.), Antike Interpretationen zur aristotelischen Lehre vom Geist, Griechisch/Lateinisch-Deutsch, Hamburg, 351–487.

Schrier, O. (1997), The Syriac and Arabic Versions of Aristotle's Poetics, in: Endress, G., Kruk, R. (eds.), The Ancient Tradition in Christian and Islamic Hellenism. Studies on the Transmission of Greek Philosophy and Sciences Dedicated to H. J. Drossaart Lulofs on His Ninetieth Birthday, Leiden, 259–278.

Schwartz, D. L. (2013), Paideia and Cult. Christian Initiation in Theodore of Mopsuestia, Cambridge, MA (Hellenic Studies 57).
Segal, J. B. (1970), Edessa. "The Blessed City", London (Reprint Piscataway, N, 2010).
Selb, W. (1981/89), Orientalisches Kirchenrecht, vol. 1: Die Geschichte des Kirchenrechts der Nestorianer; vol. 2: Die Geschichte des Kirchenrechts der Westsyrer, Wien (Österreichische Akademie der Wissenschaften, philosophisch-historische Klasse, Sitzungsberichte 388/543).
Sinai, N. (2009), Fortschreibung und Auslegung. Studien zur frühen Koraninterpretation, Wiesbaden (Diskurse der Arabistik 16).
Sorabji, R. (1972), Aristotle, Mathematics, and Colour, in: The Classical Quarterly 22, 293–308.
Steel, C. (2010), Proclus, in: Gerson, L. P. (ed.), The Cambridge History of Philosophy in Late Antiquity, Cambridge, 630–653.
Steinhauf, B. (2003), Der Umbruch antiker Bildung in der ausgehenden Spätantike bei Cassiodor, in: Bruns, P. (ed.), Von Athen nach Bagdad. Zur Rezeption griechischer Philosophie von der Spätantike bis zum Islam, Bonn (Hereditas 22), 132–160.
Stewart, C. (2015), HMML and Syriac Manuscripts, in: Briquel-Chatonnet, F., Debié, M. (2015), 49–63.
Strohmaier, G. (1987), „Von Alexandrien nach Bagdad". Eine fiktive Schultradition, in: Wiesner, J. (ed.), Aristoteles. Werk und Wirkung. Paul Moraux gewidmet 2, Berlin, 380–389.
Strohmaier, G. (1994), Der syrische und arabische Galen, in: Aufstieg und Niedergang der römischen Welt II. 37.2, 1987–2017.
Suermann, H. (2004a), Timotheos I. und die Asienmission, in: Tamcke, M. (ed.), Syriaca II. Beiträge zum 3. Deutschen Syrologen-Symposium in Vierzehnheiligen 2002, Münster (Studien zur orientalischen Kirchengeschichte 33), 193–202.
Suermann, H. (2004b), Timotheus I., in: Klein, W. (ed.), Syrische Kirchenväter, Stuttgart, 152–167.
Swanson, M., (2009–2013) Abū Nūḥ al-Anbārī, in: Thomas, D. (ed.), Christian-Muslim Relations. A Bibliographical History, Leiden (History of Christian-Muslim relations 11, 14, 15, 17, 20), vol. 1, 397–400.
Takahashi, H. (2002), Barhebraeus und seine islamischen Quellen. Têgraṯ têgrāṯā (Tractatus tractatuum) und Ġazālīs Maqāṣid al-falāsifa, in: Tamcke, M. (ed.), Syriaca. Zur Geschichte, Theologie, Liturgie und Gegenwartslage der syrischen Kirchen, Münster, 147–175.
Takahashi, H. (2003), The Reception of Ibn Sīnā in Syriac. The Case of Gregory Barhebreus, in: Reisman, D. C., Al-Rahim, A. H. (eds.), Before and After Avicenna. Proceedings of the First Conference of the Avienna Study Group, Leiden (Islamic Philosophy, Theology and Science 52), 249–281.
Takahashi, H. (2005), Barhebraeus. A Bio-Bibliography, Piscataway, NJ.
Takahashi, H. (2006), Fakhr al-Dīn al-Rāzī, Qazwīnī and Bar Shakko, in: The Harp 19, 365–379.
Teixidor, J. (2009), Brèves notions de philosophie de Sylvain de Qardu, in: Amir-Moezzi, M.-A., Dubois, J.-D., Jullien, C., Jullien, F. (eds.), Pensée grecque et sagesse d'orient. Hommage à Michel Tardieu, Turnhout (Bibliothèque de l'École des Hautes Études, Sciences religieuses 142), 669–676.
Teule, H. (1999), It is not right to call ourselves orthodox and the other heretics. Ecumenical attitudes in the Jacobite church in the time of the crusaders, in: ders., Ciggaar, C. (eds.), East and West in the Crusaders States. Contexts-Contacts-Confrontations II, Löwen (Orientalia Lovaniensia Analecta 92), 13–27.
Teule, H. (2005), The Transmission of Islamic Culture to the World of Syriac Christianity. Barhebraeus' Translation of Avicenna's kitab al isarat wa l-tanbihat. First Soundings, in: van Ginkel, J. J., Murre-van den Berg, H. L., van Lint, T. M. (eds.), Redefining Christian Identity, Löwen (Orientalia Lovanensia Analecta 134), 167–184.
Teule, H. (2008), Christian Spiritual Sources in Barhebraeus' Ethicon and the Book of the Dove, in: Journal of Eastern Christian Studies 60, 333–354.

Teule, H. (2010a), The Interaction of Syriac Christianity and the Muslim World in the Period of the Syriac Renaissance, in: Winkler, D. W. (ed.), Syriac Churches Encountering Islam. Past Experiences and Future Perspectives, Piscataway, NJ (Pro Oriente. Studies in the Syriac Tradition 1), 110–128.

Teule, H. (2010b), The Syriac Renaissance, in: ders., Tauwinkl, C. F., ter Haar Romeny, B., van Ginkel, J. J. (eds.), The Syriac Renaissance, Löwen (Eastern Christian Studies 9), 1–30.

Teule, H., Barhebraeus (2012), in: Thomas, D., Mallett, A. (eds.), Christian-Muslim Relations. A Bibliographical History. Volume 4 (1200–1350), Leiden (History of Christian-Muslim Relations 17), 588–609.

Teule, H. (2013), Gregory Bar ʿEbrōyō and ʿAbdishoʿ Bar Brikhā: similar but different, in: Bruns, P., Luthe, H. O. (eds.), Orientalia Christiana. Festschrift für Hubert Kaufhold zum 70. Geburtstag, Wiesbaden (Eichstätter Beiträge zum Christlichen Orient 3), 543–551.

Tornau, Ch. (2018), Stephanos von Alexandria („Philoponos“), Kommentar zu De anima III 2. 4–6, in: Busche, H., Perkams, M. (eds.), Antike Interpretationen zur aristotelischen Lehre vom Geist, Griechisch/Lateinisch-Deutsch, 677–795.

Tubach, J. (2004), Bar Hebraeus, † 1286, in: Klein, W. (ed.), Syrische Kirchenväter, Stuttgart, 240–252.

Van Ess, J. (1991–1997), Theologie und Gesellschaft im 2. und 3. Jahrhundert Hidschra. Eine Geschichte des religiösen Denkens im frühen Islam, 6 vols., Berlin.

Van Ess, J. (1992), Theologie und Gesellschaft im 2. und 3. Jh. Hidschra, vol. 3, Berlin.

Van Rompay, L. (1995), La littérature exégétique syriaque et le rapprochement des traditions syrienne-occidentale et syrienne-orientale, in: Parole de l'Orient 20, 221–235.

Van Rompay, L. (1997), Antiochene Biblical Interpretation. Greek and Syriac, in: Frishman, J., Van Rompay, L. (eds.), The Book of Genesis in Jewish and Oriental Christian Interpretation. A Collection of Essays, Löwen (Traditio exegetica Graeca 5), 103–123.

Van Rompay, L. (2000a), Development of Biblical Interpretation in the Syrian Churches in the Middle Ages, in: Sæbø, M., Brekelmans, C., Haran, M. (eds.), Hebrew Bible / Old Testament. The History of Its Interpretation, vol. 1 From the Beginnings to the Middle Ages (Until 1300), p. 2 The Middle Ages, Göttingen, 559–576.

Van Rompay, L. (2004), Malpānā dilan Suryāyā. Ephrem in the Works of Philoxenos of Mabbog. Respect and Distance, in: Hugoye 7, 83–105.

Van Rompay, L. (2000b), Past and Present Perceptions of Syriac Literary Tradition, in: Hugoye 3, 71–103.

Van Rompay, L. (2011a), Aba I., in: Brock, S. P. et al. (2011), 1.

Van Rompay, L. (2011b), Abraham of Beth Rabban, in: Brock, S. P. et al. (2011), 8.

Van Rompay, L. (2011c), Abraham of Kashkar (ca. 500–588), in: Brock, S. P. et al. (2011), 8–9.

Van Rompay, L. (2011d), Hibas, in: Brock, S. P. et al. (2011), 196–197.

Vernet, J. (1984), Die spanisch-arabische Kultur in Orient und Okzident, aus dem Spanischen übersetzt von K. Maier, Zürich/München (Die Bibliothek des Morgenlandes).

Vööbus, A. (1965a), History of the School of Nisibis, Löwen (CSCO 266, Subsidia 26).

Vööbus, A. (1965b), Abraham de-Bēt Rabban and his Rôle in the Hermeneutic Traditions of the School of Nisibis, in: Harvard Theological Review 58, 203–214.

Vosté, J.-M. (1945), Les citations syro-hexaplaires d'Išodad dans le commentaire sur les Psaumes, in: Biblica 26, 12–36.

Wallace-Hadrill, D.S. (1982), Christian Antioch. A Study of Early Christian Thought in the East, Cambridge.

Watt, J. (2004), Syriac Translators and Greek Philosophy in Early Iraq, Journal of the Canadian Society for Syriac Studies 4, 15–26.

Watt, J. (2005), The Strategy of the Baghdad Philosophers. The Aristotelian Tradition as a Common Motif in Christian and Islamic Thought, in: Van Ginkel, J. et al. (eds.), Redefining Christian Identity. Cultural Interaction in the Middle East since the Rise of Islam, Löwen (Orientalia Lovaniensia Analecta 134), 151–165.
Watt, J. (2007), Christianity in the renaissance of Islam. Abū Bishr Mattā, al-Fārābī, and Yaḥyā Ibn ʿAdī, in: Tamcke, M. (ed.), Christians and Muslims in Dialogue in the Islamic Orient of the Middle Ages. Christlich-muslimische Gespräche im Mittelalter, Beirut (Beiruter Texte und Studien 117), 99–112 (Reprint in: Watt, J., Rhetoric and Philosophy from Greek to Syriac, Farnham 2010 (Variorum Collected Studies Series 960), Nr. XVI).
Watt, J. (2013), The Syriac Aristotle between Alexandria and Bagdad, in: Journal for Late Antique Religion and Culture 7, 26–50.
Watt, J. (2015), The Prolegomena to Aristotelian Philosophy of George, Bishop of the Arabs, in: Griffith, S. H., Grebenstein, S. (eds.), Christsein in der islamischen Welt. Festschrift für Martin Tamcke zum 60. Geburtstag, Wiesbaden, 141–163.
Watt, J. (2016), Pensée grecque et controverses syriaques, in: Ruani, F. (ed.), Les controverses religieuses en syriaque, Paris (Études syriaques 13), 349–380.
Watts, E. J. (2006), City and School in Late Antique Athens and Alexandria, Berkeley.
Weitz, L. (2014), Al-Ghazālī, Bar Hebraeus, and the „Good Wife“, in: Journal of the American Oriental Society 134, 203–223.
Weitzman, M. P. (1999), The Syriac Version of the Old Testament. An Introduction, Cambridge (University of Cambridge Oriental Publications 56).
Weltecke, D. (2013), Zum syrisch-orthodoxen Leben in der mittelalterlichen Stadt und zu den Hūddōyē (dem Nomokanon) des Bar ʿEbrōyō, in: Bruns, P., Luthe, H. O. (eds.), Orientalia Christiana. Festschrift für Hubert Kaufhold zum 70. Geburtstag, Wiesbaden (Eichstätter Beiträge zum Christlichen Orient 3), 585–613.
Wensinck, A. J. (1923), Mystic Treatises by Isaac of Nineveh, Amsterdam.
Westphal, G. (1901), Untersuchungen über die Quellen und die Glaubwürdigkeit der Patriarchenchroniken des Mārī ibn Sulaimān, ‚Amr ibn Matai und Ṣalība ibn Joḥannān. I. Abschnitt. Bis zum Beginn des Nestorianischen Streites, Doberlug-Kirchhain.
Wickert, U. (1962), Studien zu den Pauluskommentaren Theodors von Mopsuestia. Als Beitrag zum Verständnis der antiochenischen Theologie, Berlin (Beihefte zur Zeitschrift für die Neutestamentliche Wissenschaft und die Kunde der älteren Kirche 27).
Wilmshurst, D. (2000), The Ecclesiastical Organisation of the Church of the East, 1318–1913, Löwen (CSCO 582, Subsidia 104).
Wilmshurst, D. (2011), The Martyred Church. A History of the Church of the East, London.
Wolfson, H. A. (1935), The Internal Senses in Latin, Arabic, and Hebrew Philosophic Texts, in: Harvard Theological Review 28, 69–133.
Wood, P. (2013), The Chronicle of Seert. Christian Historical Imagination in Late Antique Iraq, Oxford.
Wright, W. (1871), Catalogue of the Syriac Manuscripts of the British Museum, vol. 2, London.
Wright, W. (1894), A Short History of Syriac Literature, London.
Wyrwa, D. (2017), Philosophie in der alexandrinischen Schule, in: Riedweg, C. (ed.), Philosophia in der Konkurrenz von Schulen, Wissenschaften und Religionen. Zur Pluralisierung des Philosophiebegriffs in Kaiserzeit und Spätantike, Berlin (Philosophie der Antike 34), 193–215.
Young, W. G. (1974), Patriarch, Shah and Caliph. A Study of the Relationships of the Church of the East with the Sassanid Empire and the Early Caliphates up to 820 A.D. With Special Reference to Available Translated Syriac Sources, Rawalpindi (Christian Study Centre Series 8).
Zimmermann, F. W. (1986), The Origins of the So-Called Theology of Aristotle, in: Kraye, J., Ryan, W. F., Schmitt, C. B.(eds.), Pseudo-Aristotle in the Midle Ags. The Theology and Other Texts, London (Warburg Institute Surveys and Texts), 110–240.

Zizioulas, J. (1985), Being as Communion. Studies in Personhood and the Church, London (Contemporary Greek Theologians 4).

Zizioulas, J. (1999), Ἡ ἑνότης τῆς Ἐκκλησίας ἐν τῇ θείᾳ εὐχαριστίᾳ καὶ τῷ ἐπισκόπῳ κατὰ τοὺς τρεῖς πρώτους αἰῶνας, Athen.

Zonta, M. (1992), Fonti greche e orientali dell'Economia di Bar-Hebraeus nell'opera "La crema della scienza", Neapel (AION, suppl.).

Register

https://doi.org/10.1515/9783110668292-011

www.ingramcontent.com/pod-product-compliance
Lightning Source LLC
LaVergne TN
LVHW081335011026
849161LV00013BB/2925